KB052490

이것이
AI 활용
업무혁신
이다

공저 최재용 김보성 김수진 양진향
유채린 이대윤 이도혜 장지현
주영도 최원하 홍건표
감수 김진선

이것이 AI활용 업무혁신이다

초 판 인 쇄	2024년 7월 19일
초 판 발 행	2024년 7월 31일
공 저 자	최재용 김보성 김수진 양진향 유채린 이대윤 이도혜 장지현 주영도 최원하 홍건표
감 수	김진선
발 행 인	정상훈
디 자 인	신아름
펴 낸 곳	미디어북

서울특별시 관악구 봉천로 472
코업레지던스 B1층 102호 고시계사

대 표 02-817-2400 팩 스 02-817-8998
考試界·고시계사·미디어북 02-817-0419
www.gosi-law.com
E-mail : goshigye@chollian.net

판 매 처	미디어북·고시계사
주 문 전 화	817-2400
주 문 팩 스	817-8998

정가 20,000원   ISBN 979-11-89888-89-3   13560

미디어북은 고시계사 자매회사입니다

이것이 AI활용
업무혁신이다

Preface

21세기는 정보와 기술의 시대이다. 기술의 발전은 우리의 삶을 급격히 변화시키고 있으며, 그 중심에는 인공지능(AI)이 있다. 특히, AI 챗봇과 프롬프트 기반의 기술들은 우리의 일상과 업무 방식에 혁신적인 변화를 가져오고 있다. 이 책은 이러한 변화의 흐름 속에서 독자들이 AI와 프롬프트 기술을 실질적으로 활용할 수 있도록 안내하기 위해 기획되었다.

첫 장에서는 이대윤 저자의 '챗GPT 프롬프트 활용 보고서, 기획서, 제안서 작성'은 프롬프트를 활용한 문서 작성의 실질적인 예시와 방법론을 제공한다. 이 책을 통해 독자들은 보다 효율적이고 설득력 있는 문서를 작성할 수 있는 능력을 기르게 될 것이다.

주영도 저자의 'Copilot 활용 스마트 보고서 협업 전략'은 팀 내 협업의 혁신적인 접근 방식을 소개한다. Copilot을 활용한 스마트한 보고서 작성과 협업 전략을 통해 업무 효율성을 극대화할 수 있는 방법을 배울 수 있다.

유채린 저자의 '질문으로 시작하는 친절한 프롬프트'는 올바른 질문의 중요성과 이를 통한 프롬프트 활용법을 강조한다. 질문은 문제 해결의 시작점이며, 올바른 질문은 정확한 답변을 이끌어내는 열쇠다.

최재용 저자의 '후카츠 프롬프트 기법'은 일본식 프롬프트 기법을 소개하며, 이를 통해 업무 효율성을 극대화하는 방법을 제시한다.

홍건표 저자의 'RAG 기반의 업무 최적화'는 최신 RAG 기술을 활용한 업무 최적화 전략을 다룬다. RAG 기술의 이해와 활용을 통해 업무의 효율성과 정확성을 높이는 방법을 배울 수 있다.

최원하 저자의 'AI 챗봇시대, D-ID로 AI 챗봇 나만의 비서 만들기'는 개인 맞춤형 AI 비서의 구현 방법을 소개한다. D-ID 기술을 통해 자신만의 AI 비서를 만들어 일상과 업무에서 활용하는 방법을 배울 수 있다.

이도혜 저자의 '데이터분석'은 데이터 기반 의사결정의 중요성과 이를 위한 분석 기법들을 소개한다. 데이터의 올바른 분석과 활용은 현대 비즈니스의 성공을 좌우하는 핵심 요소다.

다음 장은 김보성 저자의 '플라톤식 질문의 힘: 프롬프트와 상품 디자인 혁신'을 다루고 있다. 김보성 저자의 통찰력 있는 분석은 프롬프트 기술이 단순한 질문 도구를 넘어 상품 디자인과 비즈니스 모델 혁신에 어떻게 기여할 수 있는지를 보여준다.

다음으로, 김수진 저자는 '챗GPT로 배우는 실전 비즈니스 영어'의 중요성을 강조한다. 글로벌 비즈니스 환경에서 영어는 필수적이며, 챗GPT를 통해 효과적으로 영어 능력을 향상시키는 방법을 제시한다.

양진향 저자의 '맞춤형 교육을 위한 에듀테크 AI 도구의 활용'은 교육 분야에서 AI의 활용 가능성을 탐구한다. 맞춤형 교육과 AI 도구의 접목은 미래 교육의 방향성을 제시하며, 이를 통해 학생 개개인의 잠재력을 최대한 발휘할 수 있게 한다.

마지막으로, 장지현 저자의 '[가치토론] 'AI 시대, 생존전략''은 AI 시대에서의 생존전략을 다룬다. AI 기술의 발전과 함께 변화하는 비즈니스 환경 속에서 기업과 개인이 어떻게 생존하고 성장할 수 있는지를 논의한다.

이 책이 독자 여러분께 인공지능과 프롬프트 기술을 효과적으로 활용하는 데 있어 유익한 가이드가 되기를 바란다. 이 혁신적인 도구들을 통해 더 나은 미래를 설계하고, 변화하는 세상 속에서 앞서 나가기를 기원한다.

끝으로 이 책의 감수를 맡아 수고하신 파이낸스투데이 전문위원, 이사이며 (사)한국AINFT협회 이사장인 김진선 교수님께 감사를 드리며 미디어북 임직원 여러분께도 감사의 말씀을 전한다.

2024년 7월
디지털융합교육원 **최 재 용** 원장

공저자 소개

최 재 용

과학기술정보통신부 인가 사단법인 4차산업혁명연구원 이사장과 디지털융합교육원 원장으로 전국을 누비며 생성형 AI 활용 업무효율화 강의를 하고 있다. 또한 한성대학교 지식서비스&컨설팅대학원 스마트융합컨설팅학과 겸임교수로 근무하고 있다.

(mdkorea@naver.com)

큐레이션 웨이브 대표, 디지털융합교육원 지도교수 및 AI 칼럼니스트, AI 큐레이터로 활동 중이다. SK스토아, CJ ENM, GS리테일 등 20여 년간 미디어·커머스 기업에서 상품 기획과 신사업 전략 실무 경험을 바탕으로 기업에서의 생성형 AI 활용을 연구하고 컨설팅하고 있다. (hiaipost@naver.com)

김 보 성

김 수 진

부산 모전초등학교에서 영어전담 교사로 근무하고 있으며, 인공지능을 활용한 엄마표 영어 강사로도 활동하고 있다. 저서로는 『너에게만 알려주는 시크릿 가이드북』, 『AI로 쉽게 배우는 영어』, 『초등영어 마스터』, 교사들을 위한 『실전 책쓰기 전략』, 『동화작가가 되고 싶은 너에게』 등이 있다.

(h28841@gmail.com)

인공지능 콘텐츠 강사, 디지털 융합 교육원의 선임 연구원, 챗GPT 프롬프트 엔지니어 등 에듀테크 AI 활용 분야의 교육을 담당하고 있으며, 데이터 분석과 의사결정, 논문 초안 작성, 챗봇활용과 개발 등 다양한 디지털 혁신을 교육하고 있다.

양 진 향

(yangjinhyang@gmail.com)

유 채 린

알알이에듀_AI융합교육센터 대표, 한국 AINFT협회 이사를 맡고 있다. 생성형AI활용에 대해 다각도로 연구하며 강의를 진행하고 있으며, MS365코파일럿 전문가이다. 인공지능콘텐츠강사경진대회 최우수상, AI아트영역에서 최우수상과 우수상을 각각 수상한 경력이 있다. (lovelyjo85@naver.com)

미국 밴터빌트 대학교에서 'Prompt Engineering for ChatGPT' 과정을 수료했으며, 생성형AI프롬프트엔지니어 자격증, 인공지능 콘텐츠 강사 자격증 있다. 인공지능으로 영상제작 및 디지털 융합 교육원에서 지도교수로 활동하고 있다.

이 대 윤

(oiso79@naver.com)

이 도 혜

한국AI콘텐츠연구소 대표, 디지털융합교육원 지도교수, 틱톡102K 크리에이터. 삼성전자 본사, 삼성 인재개발원을 비롯한 대기업 강의를 계속 하고 있다. 생성형AI를 활용한 업무효율화, 데이터분석, 프롬프트 엔지니어링, 인공지능으로 영상제작, AI아트, 보고서쓰기, 기사쓰기 등 전국적으로 활발히 하고 있다. (dohye.edu@gmail.com)

창조행성연구소 소장, 대전·세종 전업미술가협회 사무국장, 현재 화가로서 활동 중이며, 예술가와 문학인을 대상으로 생성형 AI 이미지와 챗GPT를 활용한 연구와 교육에 참여하고 있다. 저서로는 『생성형AI 프롬프트 엔지니어링』(듀온교육 2024), 『프롬프트, 플라톤의 대화처럼』(디즈비즈북스 2024)이 있다. (time418@naver.com)

장 지 현

주 영 도

삼성SDS의 Principal Engineer로서, 통신시스템 S/W 개발과 인공지능 컨텐츠, 정보기술을 지도하고 있고, 사진작가와 초경량 비행장치 지도조종자, 언론사 객원 기자로도 활동하고 있다.

(verygoodnews@naver.com)

새만금노다지부동산 대표, 인공지능 콘텐츠 강사 자격증을 보유한 전문가이며 사회복지사, 보육교사, 방과후지도사, 미술심리지도사 자격증을 보유하고 초등학생 기초학습 관리를 담당하고 있다. 저서로는 학위논문 '거시경제환경의 변화가 지방 주택시장에 미치는 영향에 관한 연구'가 있다.

최 원 하

(sky95888@naver.com)

홍 건 표

프로그램 개발자로서 전동차 차상신호장치(ATC)를 국산화하였다. 현재 디지털융합교육원 지도교수, 안산시 지역아동센터 운영위원회 위원장, 언론사 객원 기자로 활동하고 있다. 저서로는 『개발자들을 위한 ARM 프로세서』(2006), 『Python과 OpenCV로 배우는 영상처리기초』(2018) 등이 있다.

(kilopapa@naver.com)

감수자

'i-MBC 하나더 TV 매거진' 발행인, 세종 대학교 세종 CEO 문학포럼 지도교수를 거쳐 현재 (사)한국AINFT협회 이사장, 파이낸스투데이 전문위원/이사, SNS스토리저널 대표로서 활동 중이다. 30여 년간 기자로서의 활동을 바탕으로 출판 및 뉴스크리에이터 과정을 진행하고 있다.

김 진 선

(hisns1004@naver.com)

Contents

챗GPT 프롬프트 활용 보고서, 기획서, 제안서 작성

Prologue · 23

1. 인공지능이란 · 25
1) 인공지능과 언어 모델의 이해 · 26
2) 챗GPT의 기술적 배경 및 개요 · 26

2. 챗GPT의 기본 활용법 · 28
1) 기본 대화 기능 소개 · 28
2) 일상적인 상황에서의 프롬프트 활용 · 29

3. 보고서 작성을 위한 프롬프트 활용 · 31
1) 데이터 분석 보고서 작성하기 · 32
2) 연구 결과 요약 및 발표 자료 준비하기 · 32

4. 기획서 및 제안서 작성 · 33
1) 기획서 작성 · 33
2) 제안서 작성 방법 · 34
3) 효과적인 제안서 작성을 위한 프롬프트 활용법 · 35

5. 고급 프롬프트 설정 및 개발 · 37
1) 사용자 입력에 따른 반응 조절 방법 · 37
2) 사용자 정의 프롬프트 개발을 위한 기술적 팁 · 38

6. 실제 사례 연구 · 39
1) 다양한 분야에서의 성공적인 프롬프트 활용 사례 · 39
2) 사례 분석을 통한 실용적인 교훈 · 41

7. 활용 도구 및 자원 · 43

1) 챗GPT와 함께 사용할 수 있는 보조 도구들 ・43
2) 온라인 자원 및 커뮤니티 안내 ・44

8. 나만의 GPT로 기획서 작성하기 ・45
1) GPT의 개념과 필요성 ・45
2) GPT 설정 방법과 기획서 작성 과정 ・45
3) 성공적인 기획서를 위한 GPT 활용 팁 ・46
4) 나만의 GPT활용하기 ・47

9. 결론 및 미래 전망 ・58
1) 언어 모델의 발전 가능성과 사회적 영향 ・58
2) 인공지능 기술의 미래 활용 방향 ・58

Epilogue ・59

Copilot 활용 스마트 보고서 협업 전략

Prologue ・63

1. 코파일럿(Copilot) 의 이해 ・64
1) 코파일럿이란? ・64
2) 주요 기능 ・65
3) 활용 분야 ・67

2. 스마트 보고서 설계 ・69
1) 스마트 보고서란 ? ・69
2) 필요성 ・69
3) 설계 원칙 ・70
4) 구조화 및 레이아웃 원칙 ・72

Contents

3. 코파일럿 협업 보고서 작성 • 73

　1) 코파일럿 웹 페이지 소개 • 74

　2) 협업 보고서 작성 방법 • 76

4. 업무 효율화 사례와 시사점 • 89

　1) 업무 효율화 사례 • 89

　2) 성공요인과 시사점 • 92

Epilogue • 93

CHAPTER
3

질문으로 시작하는 친절한 프롬프트

Prologue • 103

1. 효과적인 질문 작성법 • 104

　1) 좋은 질문의 특징과 효과 • 104

　2) 단계별 질문 접근법 • 108

　3) 맥락 제공을 위한 배경 질문의 중요성 • 109

2. MS365 Copilot과 ChatGPT 프롬프트 비교 • 111

　1) MS365 Copilot과 ChatGPT의 기본 개요 및 차이점 • 111

　2) MS365 Copilot의 프롬프트 설계 원리 • 113

　3) ChatGPT의 프롬프트 반응 메커니즘 • 115

3. 사용자 경험을 향상시키는 프롬프트 디자인 • 118

　1) 브레인스토밍과 아이디어 발상을 위한 질문 기법 • 118

　2) 문제 해결 프로세스에 적용하는 질문 프레임워크 • 120

　3) 팀 협업 시나리오에서의 효과적인 질문 활용법 • 123

Epilogue • 127

후카츠 프롬프트 기법

Prologue · 133

1. 핵심 개념과 작동 원리 · 134
   1) 후카츠 프롬프트 기법의 개념과 작동원리 · 134
   2) 후카츠 프롬프트 영상보기 · 135

2. 다양한 활용 분야 · 135
3. 후카츠 프롬프트 기법의 장점 · 136
4. 사업계획서 작성 활용 사례 · 136
   1) 사업계획서 작성 – 후카츠 프롬프트 예시 · 136
   2) 후카츠 프롬프트를 활용해 완성한 사업계획서 · 138

Epilogue · 139

RAG 기반의 업무 최적화

Prologue · 143

1. LLM과 RAG 그리고 Fine Tunning · 145
   1) LLM(Large Language Model) · 145
   2) RAG(Retrieval–Augmented Generation) · 149
   3) 파인 튜닝(Fine Tunning) · 152

2. RAG 구현의 기술 요소 · 155
   1) RAG의 데이터 처리 과정 · 155
   2) RAG 데이터 처리 및 응답 생성 프로세스 · 160

Contents

3. 왜 RAG인가? ·162
   1) 실시간 최신 정보 제공 ·162
   2) 정확성과 관련성 향상 ·162
   3) 다양한 응용 분야 ·163
   4) RAG의 PDF 분석 능력 ·163
   5) 다양한 모델과 RAG 성능 비교 ·165

4. RAG 활용 사례 ·166
   1) 삼성 SDS 'SKE-GPT'의 RAG 활용 ·167
   2) 콜센터 상담 ·169
   3) Amazon Bedrock, Kendra ·171
   4) 보험 언더라이팅 ·173
   5) 법률 연구 및 분석 ·174

5. RAG의 개념구현 ·176
   1) GhatGPT를 이용한 RAG 개념구현 ·176
   2) RAG의 동작 과정 ·180
   3) RAG의 Customize ·185

Epilogue : RAG의 현재와 미래 ·187

AI 챗봇시대, D-ID로 AI 챗봇 나만의 비서 만들기

Prologue ·191

1. 인공지능 챗봇의 등장 ·192
   1) AI 챗봇의 등장과 그 중요성 ·192
   2) D-ID 플랫폼의 역할 ·194

2. AI 챗봇 기술 개요 ·195

1) AI 챗봇의 기술적 기반 ·195

2) 자연어 처리(NLP) 머신러닝과 AI 통합 ·196

3) 다양한 AI 챗봇 개발 플랫폼의 비교 ·197

3. D-ID 플랫폼 소개 ·201

1) D-ID 생성적 AI 기술의 선구자 ·201

2) D-ID 플랫폼의 특징 ·202

3) 플랫폼의 구조와 기능 ·203

4. AI 챗봇 D-ID 에이전트 ·204

1) D-ID 기업이 고객과 소통하는 새로운 인터페이스 ·204

2) D-ID 에이전트 디지털 대화의 새로운 차원 ·205

3) D-ID 다양한 역할에서의 무한한 활용 가능성 ·206

4) D-ID 사용자 친화적 AI 구축 가이드 ·206

5. AI 챗봇 에이전트 개발의 첫걸음 ·208

1) 개발 환경 설정 ·208

2) 기본 도구와 라이브러리 소개 ·209

3) 챗봇의 대화 흐름 설계 ·209

4) 사용자 의도와 주요 정보(엔티티) 알아차리기 ·209

6. D-ID 나만의 비서만들기 ·210

1) 구글 크롬에서 검색하기 ·210

2) START FREE TRIAL 클릭 ·211

3) 로그인하고 시작하기 ·212

4) 'Create an Agent' 선택 ·212

5) 아바타 만들기 ·213

6) 지식창고(Knowledge sources) ·214

7) 환영 인사 만들기 ·215

7. 챗봇의 미래와 활용 사례 ·217

Contents

1) 다양한 산업에서의 AI 챗봇 활용 ·217
2) 산업에서의 AI 챗봇 활용 제안 ·219

Epilogue ·228

데이터분석

Prologue ·233

1. 챗GPT를 활용한 데이터 수집 ·235
1) 웹 스크래핑 및 API 활용 ·235
2) 챗GPT를 통한 데이터 수집 자동화 ·241

2. 데이터 전처리 ·247
1) 데이터 정제와 변환 ·247
2) 결측치 처리 및 이상치 탐지 ·252

3. 데이터 시각화 ·259
1) 데이터 시각화 도구 및 기술 ·259
2) 챗GPT를 활용한 시각화 자동화 사례 ·263

Epilogue ·267

플라톤식 질문의 힘: 프롬프트와 상품 디자인 혁신

Prologue ·271

1. 플라톤의 대화법과 상품 디자인의 만남 ·273
   1) 대화를 통한 문제 정의 ·273
   2) 철학적 질문을 통한 디자인 탐구 ·274
   3) 대화법을 통한 혁신적 해결책 도출 ·275

2. 질문으로 깊이 탐구 ·276
   1) 질문의 힘: 근본적인 가정에 도전하기 ·276
   2) 질문으로 디자인 개선 ·277
   3) 질문을 통한 창의적 해결책 모색 ·277

3. 아이디어 도출과 창의적 해결책 ·278
   1) 대화를 통한 아이디어의 시작 ·278
   2) 창의적 해결책 도출의 중요성 ·278
   3) 사례 연구: Dyson의 혁신적 팬 디자인 ·279

**4. 플라톤의 대화법을 적용한 프롬프트 적용 연구 :
캐시미어 100% 니트 디자인** ·280
   1) 시장 조사 및 초기 아이디어 도출 ·280
   2) 타깃 고객 분석 ·284
   3) 디자인 콘셉트 및 개발 ·286
   4) 프로토타입 상품 이미지 제작 및 피드백 ·289

**5. 플라톤의 대화법을 적용한 상품 디자인 기획의
장단점** ·298
   1) 장점 ·298
   2) 단점 ·299

Contents

3) 단점을 극복하는 생성형 AI 프롬프트 활용 • 299

Epilogue • 301

챗GPT로 배우는 실전 비즈니스 영어

Prologue • 305

1. 서론: AI와 영어의 만남 • 306
1) 인공지능과 영어 학습의 새로운 지평 • 306
2) 플라톤 대화법의 현대적 적용 • 306

2. 본론: AI와 함께하는 영어회화 • 307
1) 기초 대화 연습: AI와의 첫 대화 • 307
2) 심화 학습: 주제별 대화와 철학적 질문 • 310

3. 실전 적용: 여행과 비즈니스에서의 영어 • 315
1) 여행 영어에서의 AI 활용 • 315
2) 비즈니스 상황에서의 영어와 AI • 317

4. 결론: AI를 넘어서 • 322
1) AI 대화의 한계 • 322
2) 영어 학습과 AI의 미래 • 322

Epilogue • 323

맞춤형 교육을 위한 에듀테크 AI 도구의 활용

Prologue ·327

1. 맞춤형 교육과 에듀테크 AI의 이해 ·328
1) 맞춤형 학습의 필요성 ·328
2) 에듀테크 AI의 개념과 원리 ·329
3) 맞춤형 학습과 에듀테크 AI의 융합 ·330

2. 맞춤형 학습 자료 생성 도구 ·333
1) 텍스트 생성 도구 ·333
2) 이미지 및 비디오 생성 도구 ·335
3) 오디오 생성 도구 ·338

3. 학습 경로와 콘텐츠 개인화 도구 ·341
1) 적응형 학습 시스템 ·341
2) 상호작용 학습 플랫폼 ·344

4. 평가 및 피드백 도구 ·347
1) 자동 평가 시스템 ·347
2) 실시간 피드백 도구 ·350
3) 학습 성과 분석 도구 ·352

5. 협업 및 소통 도구 ·354
1) AI 기반 협업 플랫폼 ·354
2) 소셜 러닝 도구 ·356
3) AI 튜터와 챗봇 ·358

6. 에듀테크 AI 도구의 활용 전략 ·360
1) 도구 선택과 도입 전략 ·360
2) 교수자와 교육기관의 역할 ·362

Contents

3) 윤리적 고려사항과 AI 활용의 한계 ・363

Epilogue ・365

[가치토론] 'AI 시대, 생존전략'

Prologue ・369

1. 토론회 준비(소주제/질문작성) ・371
2. 참가자 정하기(앤드류 응/일론 머스크/유발 하라리/김대식)
   ・373
3. 기획서 작성 ・379
4. 진행 순서 정하기 ・381
5. 토론 시작 ・383
6. 토론회 마무리 ・398

Epilogue ・399

챗GPT 프롬프트 활용
보고서, 기획서,
제안서 작성

이 대 윤

Prologue

　인공지능의 진보가 사회의 각 영역에 심오한 영향을 미치고 있는 현재, 특히 자연어 처리 기술은 정보의 바다에서 우리가 나아갈 방향을 제시하는 등대와 같다. 이 기술의 최전선에서 활약하는 챗GPT는 단순한 텍스트 생성을 넘어, 복잡한 인간의 언어를 이해하고, 그것을 사용하는 방식을 혁신하고 있다. 본 책은 바로 이러한 현상을 다루며, 챗GPT를 활용한 보고서, 기획서, 제안서 작성의 실질적인 방법을 탐구한다.

　챗GPT, 또는 일반적으로 사용되는 Generative Pre-trained Transformer는, 대규모 데이터셋에서 학습하여 인간과 유사한 방식으로 언어를 생성할 수 있는 모델이다. 이 모델은 복잡한 언어 이해 작업을 단순화하고 자동화할 능력을 가지며, 기업과 개인에게 놀라운 가치를 제공한다. 특히 문서 작성의 경우, 이 기술은 생산성을 극대화하고, 창의적인 아이디어를 현실화하는 데 큰 도움을 준다.

이 책에서는 챗GPT를 활용하여 다양한 유형의 문서를 어떻게 효과적으로 작성할 수 있는지 구체적인 방법론을 제시한다. 기본적인 보고서 작성에서부터 복잡한 제안서와 기획서 작성에 이르기까지, 각 단계에서 챗GPT의 활용 사례를 통해 독자들에게 실질적인 가이드를 제공한다. 또한, 이 기술을 통해 얻을 수 있는 시간 및 비용 효율성의 향상도 중요한 논점 중 하나이다.

우리는 이 책을 통해 챗GPT의 기술적 배경, 학습 방법, 그리고 다양한 활용 사례들을 소개함으로써, 독자들이 이 혁신적인 도구를 자신의 필요에 맞게 어떻게 적용할 수 있는지 그 방법을 탐색할 수 있도록 돕고자 한다. 인공지능의 발전은 멈추지 않으며, 우리의 일상과 업무 방식에 지속적인 변화를 가져올 것이다. 이 책이 그 변화를 이해하고, 선제적으로 대응하는 데 도움이 되길 바란다.

이제, 챗GPT와 함께하는 여정을 시작해 보자. 언어의 장벽을 넘어, 생각의 경계를 확장하며, 우리 모두가 보다 나은 의사소통과 더 효율적인 작업 수행이 가능한 미래로 나아갈 준비가 되어 있다. 인공지능이 제공하는 무한한 가능성을 활용하여, 각자의 분야에서 혁신을 이루어 가는 것이 우리의 목표이다.

1. 인공지능이란

　인공지능은 사람의 학습, 추론, 인지 등의 지적 작업을 컴퓨터 시스템을 통해 모방하려는 기술 및 과학 분야이다. 이는 컴퓨터 소프트웨어와 하드웨어의 발달을 통해 실현되며 기계 학습, 자연어 처리, 로봇공학 등 다양한 하위 분야를 포함한다. 인공지능은 데이터 분석에서부터 자동화된 의사결정까지 일상 생활의 여러 측면에 통합되어 사용되고 있다. 또한 이 기술은 지속적으로 발전하고 있으며 미래 사회의 많은 변화를 이끌 주요 동력 중 하나로 평가되고 있다.

[그림1] 다양한 인공지능 응용 (출처 : OpenAI의 chatGPT)

1) 인공지능과 언어 모델의 이해

인공지능(AI)은 기계가 인간의 지능적인 행동을 모방하도록 설계된 기술이다. 이는 데이터를 분석하고 문제를 해결하며 학습할 수 있는 능력을 컴퓨터나 기계에 부여하는 것을 목표로 한다. 인공지능은 다양한 형태로 존재하며 특히 기계 학습(ML)과 딥러닝(DL)은 AI의 중요한 하위 분야로 간주된다.

언어 모델은 인공지능의 한 분야로 자연어 처리(NLP) 기술을 사용하여 언어의 구조를 이해하고 생성하는 데 초점을 맞춘다. 이러한 모델은 대규모의 텍스트 데이터를 학습하여 인간의 언어를 모사하는 패턴을 파악한다. 최근에는 트랜스포머(Transformer) 아키텍처를 기반으로 하는 모델들이 많이 사용되고 있는데 이는 자기 주의(self-attention) 메커니즘을 활용하여 주어진 입력에 대한 문맥을 더 잘 이해할 수 있도록 한다.

챗GPT와 같은 언어 모델은 특히 대화형 AI에서 중요한 역할을 한다. 이 모델들은 사용자의 질문이나 명령에 대해 자연스러운 언어로 응답을 생성할 수 있으며 다양한 주제에 대한 정보 제공, 사용자 지원, 문서 작성 등 여러 분야에서 활용될 수 있다. 이러한 모델들은 계속해서 학습과 개선 과정을 거치며 더욱 정교하고 효과적인 언어 이해 능력을 갖추게 된다.

2) 챗GPT의 기술적 배경 및 개요

챗GPT는 OpenAI에 의해 개발된 언어 모델로 자연어 이해와 생성을 목표로 하는 GPT(Generative Pre-trained Transformer) 시리즈의 일환으로 제작되었다. 이 모델은 인간과 같은 자연스러운 대화를 생성할 수 있는 능력을 가지고 있으며 다양한 주제에 대해 응답할 수 있는 범용성을 갖추고 있다.

(1) 기술적 배경

챗GPT의 핵심은 트랜스포머 아키텍처에 기반한다. 이 아키텍처는 2017년 Google의 연구진에 의해 처음 소개되었으며 'Attention is All You Need'라는 논문에서 제안되었다. 트랜스포머는 자기 주의 메커니즘을 사용하여 입력 데이터의 각 부분이 서로 어떻게 관련되어 있는지를 파악하고 이 정보를 바탕으로 출력을 생성한다. 이 모델은 기존의 순차적 처리가 필요한 RNN(Recurrent Neural Network)과 LSTM(Long Short-Term Memory) 기반 모델들보다 훨씬 빠른 처리 속도와 효율성을 보여준다.

(2) 학습 과정

챗GPT는 대규모 데이터셋을 통해 사전 학습된 후 특정 작업에 맞게 미세 조정(fine-tuning)되었다. 이 사전 학습 과정에서 모델은 인터넷에서 수집된 방대한 양의 텍스트 데이터를 활용하여 다양한 언어 패턴, 문맥, 정보를 학습한다. 이를 통해 모델은 주어진 텍스트에 대한 문맥을 파악하고 그에 맞는 적절한 응답을 생성할 수 있다.

(3) 응용 및 활용

챗GPT는 대화형 응용 프로그램을 포함해 다양한 분야에서 활용될 수 있다. 고객 서비스, 교육, 엔터테인먼트, 연구 및 문서 작성 등 사람이 언어를 사용하는 거의 모든 영역에서 응용이 가능하다. 또한 이 모델은 지속적인 업데이트와 개선을 통해 사용자 경험을 향상시키고 더욱 정교하고 다양한 대화 능력을 갖추게 된다.

이러한 기술적 배경과 활용 가능성 덕분에 챗GPT는 인공지능 분야에서 주목받는 기술 중 하나가 되었다.

2. 챗GPT의 기본 활용법

챗GPT는 다양한 상황에서 유용하게 사용될 수 있는 고급 언어 모델이다. 이 모델을 효과적으로 활용하기 위해 기본적인 사용법과 몇 가지 일반적인 적용 사례를 알아보자.

1) 기본 대화 기능 소개

챗GPT는 사용자와 자연스러운 대화를 나눌 수 있는 언어 모델이다. 이 모델의 기본 대화 기능을 이해하면 다양한 상황에서 효과적으로 활용할 수 있다. 여기서는 챗GPT의 주요 대화 기능들을 소개한다.

(1) 자연스러운 대화 생성

챗GPT는 자연어 처리 기술을 바탕으로 사용자의 질문이나 명령에 대해 인간처럼 자연스러운 대화를 생성할 수 있다. 이는 사용자가 일상적인 대화를 하듯이 질문을 하면 챗GPT가 그에 맞는 적절하고 이해하기 쉬운 답변을 제공하는 것을 의미한다.

(2) 문맥 인식 및 연속 대화 처리

대화 중에는 하나의 메시지로 끝나지 않는 경우가 많다. 챗 GPT는 대화의 연속성을 유지하며 이전의 대화 내용을 기억하여 새로운 질문에도 문맥에 맞게 응답할 수 있다. 이 기능은 복잡한 대화나 긴 대화에서 특히 유용하다.

(3) 다양한 주제에 대한 대응

챗GPT는 광범위한 주제에 대해 훈련되어 있기 때문에 거의 모든 주제에 대해 대화할 수 있다. 사용자가 역사, 과학, 기술, 문화 등 다양한 분야에 대해 질문할 경우, 관련된 정보를 바탕으로 답변을 제공한다.

(4) 감정 인식 및 적절한 응답 제공

대화에서 감정을 인식하는 것은 중요하다. 챗GPT는 사용자의 감정을 어느 정도 파악하고 그에 맞는 감정적 측면을 고려한 응답을 생성할 수 있다. 이를 통해 더 인간적이고 자연스러운 대화가 가능하다.

(5) 다국어 지원

챗GPT는 여러 언어로 대화를 할 수 있는 능력을 갖추고 있다. 이는 다양한 언어를 사용하는 사용자들이 모국어로 대화하면서도 효과적으로 정보를 얻거나 간단한 대화를 나눌 수 있게 해준다.

이러한 기본 대화 기능들은 챗GPT를 일상 생활, 교육, 고객 서비스, 엔터테인먼트 등 다양한 분야에서 활용할 수 있게 해준다. 사용자는 이 기능들을 이해하고 적절히 활용함으로써 챗GPT를 더욱 유용한 도구로 만들 수 있다.

2) 일상적인 상황에서의 프롬프트 활용

챗GPT와 같은 언어 모델을 일상적인 상황에서 활용하는 것은 매우 편리하다. 다음은 몇 가지 일반적인 상황에서 챗GPT를 활용할 수 있는 예시들이다.

(1) 일정 관리 및 알림 설정

사용자는 챗GPT에게 '내일 오후 3시에 치과 예약 알림을 설정해줘'라고 요청할 수 있다. 챗GPT는 이를 처리하고 설정된 시간에 사용자에게 알림을 보낼 수 있다.

(2) 레시피 추천 및 요리 도움

사용자가 '집에 달걀, 우유, 밀가루만 있는데 무엇을 만들 수 있을까?'라고 물어보면 챗GPT는 이 재료들로 만들 수 있는 간단한 레시피를 제공할 수 있다. 예를 들어 팬케이크 레시피를 추천하고 만드는 방법을 단계별로 안내할 수 있다.

(3) 여행 계획 및 정보 제공

'이번 주말 파리로 여행 가는데 추천 관광지 좀 알려줘'와 같은 요청에 챗GPT는 파리의 인기 관광지, 방문해야 할 레스토랑, 날씨 정보 등을 제공할 수 있다. 또한 예약이 필요한 행사나 티켓 정보도 안내해 줄 수 있다.

(4) 일상 대화 및 감정적 지원

사용자가 '오늘 기분이 좀 우울해'라고 말하면 챗GPT는 위로하는 말을 건네거나 기분 전환에 도움이 될 수 있는 활동을 제안할 수 있다.

(5) 공부 및 숙제 도움

학생이 '피타고라스 정리에 대해 설명해 줄래?'라고 질문하면 챗GPT는 피타고라스 정리의 기본 개념과 적용 예제를 설명할 수 있다. 또한 복잡한 수학 문제나 과학 프로젝트에 대한 도움도 제공할 수 있다.

(6) 쇼핑 조언 및 제품 리뷰

'최신 스마트폰 중에서 어떤 걸 사는 게 좋을까?'와 같은 질문에 대해 챗

GPT는 시장에 나와 있는 다양한 스마트폰의 장단점을 비교하고 사용자의 요구에 맞는 제품을 추천할 수 있다.

이처럼 챗GPT는 일상 생활의 다양한 상황에서 유용하게 사용될 수 있으며 이러한 프롬프트를 활용하면 일상적인 결정을 보다 효율적으로 내리고 생활을 더 편리하게 만들 수 있다.

3. 보고서 작성을 위한 프롬프트 활용

보고서를 작성하는 과정은 정보를 요약하고 조직하는 데 많은 시간과 정성이 필요하다. 챗GPT와 같은 언어 모델을 활용하면 이 과정을 효율적으로 진행할 수 있다. 다음은 두 가지 주요 보고서 작성 방법을 소개한다.

[그림2] 사무실 환경 (출처 : OpenAI의 chatGPT)

1) 데이터 분석 보고서 작성하기

데이터 분석 보고서는 특정 데이터 셋을 분석하여 그 결과를 문서화하는 것을 목표로 한다. 챗GPT를 사용하여 이 과정을 간소화할 수 있는 몇 가지 방법은 다음과 같다.

(1) 데이터 요약

'이 데이터 셋에서 주요 통계치를 요약해줘'라고 요청하여 평균, 중앙값, 표준편차 등의 통계적 요약을 받을 수 있다.

(2) 추세 식별

'이 데이터로부터 주요 추세를 분석해 보여줘'라고 요청하면 데이터에서 나타나는 주요 패턴이나 경향성을 식별할 수 있다.

(3) 결과 해석

'이 분석 결과가 무엇을 의미하는지 설명해줘'라고 요청하여 데이터 분석 결과의 의미나 가능한 영향을 해석하는 데 도움을 받을 수 있다.

2) 연구 결과 요약 및 발표 자료 준비하기

연구 결과를 요약하고 이를 발표하는 것은 학술적 또는 전문적 환경에서 중요한 역할을 한다. 챗GPT를 활용하여 다음과 같이 보고서와 발표 자료를 준비할 수 있다.

(1) 중요 내용 요약

'이 연구 논문의 주요 내용을 요약해줘'라고 요청하여 논문의 핵심 주제와 결론을 간략히 요약할 수 있다.

(2) 발표 슬라이드 제작

'이 요약을 바탕으로 발표 슬라이드를 만들어줘'라고 요청하면 연구 내용을 효과적으로 전달할 수 있는 슬라이드를 구성할 수 있다.

(3) 질문 대비

'이 연구 결과에 대해 자주 묻는 질문 목록을 만들어줘'라고 요청하여 발표 후 질의응답 시간에 대비할 수 있다.

4. 기획서 및 제안서 작성

기획서와 제안서는 비즈니스 또는 프로젝트의 성공을 위해 필수적인 문서로 이를 통해 프로젝트의 목표, 전략, 실행 계획 등을 명확히 전달하고 이해관계자나 투자자의 지지를 얻을 수 있다. 효과적인 기획서와 제안서를 작성하는 방법을 아래와 같이 소개한다.

1) 기획서 작성

기획서는 프로젝트의 기본 틀과 실행 계획을 제시하는 문서로 다음과 같은 단계를 포함한다.

(1) 서론

프로젝트의 배경과 중요성을 간략하게 소개한다.

(2) 목표 설정

구체적이고 측정 가능하며 달성 가능한 목표를 설정한다.

(3) 실행 계획

프로젝트의 단계별 실행 계획을 상세하게 기술한다.

(4) 자원 분배

필요한 자원과 인력 배치 계획을 명시한다.

(5) 위험 관리

예상되는 위험 요소를 식별하고 대응 방안을 제시한다.

(6) 예산 계획

프로젝트의 예산을 세부적으로 계획하고 근거를 명시한다.

(7) 평가 및 모니터링

프로젝트 진행 상황을 평가하고 조정하는 방법을 설명한다.

2) 제안서 작성 방법

제안서는 특정 제품, 서비스, 또는 아이디어를 판매하려는 목적의 문서로 다음과 같이 구성된다.

(1) 문제 인식

타깃 시장이나 고객이 직면한 문제를 명확하게 제시한다.

(2) 해결책 제공

문제에 대한 효과적인 해결책을 제안하고 그 이점을 설명한다.

(3) 경쟁 분석

시장 내 경쟁자들과 비교하여 제안의 우위를 강조한다.

(4) 실행 전략

제안을 실현하기 위한 구체적인 방안을 제시한다.

(5) 비용 및 예산 제시

제안 실행에 필요한 비용과 자금 조달 계획을 상세히 기술한다.

(6) 예상 결과

제안 실행 후 기대할 수 있는 결과와 이익을 예측한다.

(7) 행동 요구

이해관계자나 투자자에게 구체적인 행동을 요구하는 결론을 제시한다.

이러한 방법으로 기획서와 제안서를 작성하면 명확하고 전문적인 문서를 만들 수 있으며, 프로젝트 또는 제안의 신뢰성을 높이고 이해관계자의 지지를 얻는 데 도움이 될 것이다.

3) 효과적인 제안서 작성을 위한 프롬프트 활용법

제안서는 특정 프로젝트나 서비스를 제안하며 상대방에게 그 가치와 필요성을 설득하는 문서이다. 챗GPT를 활용하여 제안서를 작성할 때는 다음과 같은 프롬프트를 사용할 수 있다.

(1) 제안 배경 설명

'이 프로젝트의 배경과 중요성을 설명해줘'라고 요청하여 제안의 배경을 강조하는 내용을 생성한다.

(2) 핵심 가치 제안

'이 서비스의 주요 이점을 간결하게 요약해줘'라고 요청하여 제안의 핵심 가치와 이점을 명확하게 표현한다.

(3) 차별화 요소 강조

'이 제안이 경쟁 제안과 다른 점은 무엇인지 설명해줘'라고 요청하여 제안의 독특한 점과 경쟁 우위를 부각한다.

(4) 실행 계획 개요

'이 제안의 실행 계획을 단계별로 제시해줘'라고 요청하여 구체적인 실행 단계와 시간표를 설명한다.

(5) 예상 결과 및 ROI 분석

'이 프로젝트의 예상 결과와 ROI를 분석해줘'라고 요청하여 경제적 효과 및 투자 수익률을 분석한다.

[그림3] 사무실 제안서 문서 (출처 : OpenAI의 chatGPT)

5. 고급 프롬프트 설정 및 개발

고급 프롬프트 설정과 개발은 챗GPT와 같은 AI 언어 모델을 사용하여 더 정교하고 사용자 맞춤형 경험을 제공하는 방법이다. 여기에는 사용자의 입력에 따라 AI의 반응을 조절하고 사용자의 요구에 맞는 프롬프트를 개발하는 기술적 접근 방식이 포함된다.

1) 사용자 입력에 따른 반응 조절 방법

사용자의 입력에 기반하여 AI의 반응을 조절하는 것은 인터랙티브한 대화형 경험을 생성하는 데 중요하다. 다음은 이를 위한 몇 가지 방법이다.

(1) 컨텍스트 인식

사용자의 이전 대화 내용을 저장하고 참조하여 AI가 현재 대화의 맥락을 이해하고 그에 따라 반응할 수 있게 한다.

(2) 감정 분석

사용자의 입력에서 감정을 분석하여 그에 맞는 반응을 생성한다. 예를 들어 사용자가 슬픔을 표현할 때 위로하는 응답을 제공한다.

(3) 사용자 선호도 학습

사용자의 반복적인 피드백을 학습하여 선호도에 맞는 개인화된 응답을 제공한다.

2) 사용자 정의 프롬프트 개발을 위한 기술적 팁

사용자 정의 프롬프트를 개발하는 것은 AI와의 상호작용을 더욱 효과적으로 만들 수 있다. 이를 위한 몇 가지 기술적 팁은 다음과 같다.

(1) 명확한 목표 설정

프롬프트를 개발하기 전에 해당 프롬프트가 해결하고자 하는 문제와 목표를 명확히 한다.

(2) 데이터 기반 접근

효과적인 프롬프트를 개발하기 위해 관련 데이터를 수집하고 분석하여 사용자의 요구를 정확히 이해하고 반영한다.

(3) 테스트와 반복

프롬프트를 개발한 후 다양한 사용자 그룹을 대상으로 테스트를 실시하고 결과를 분석하여 필요에 따라 수정한다.

(4) AI 훈련

AI를 특정 프롬프트에 효과적으로 반응하도록 훈련시키기 위해 지속적으로 학습 데이터를 업데이트하고 최적화한다.

이러한 고급 프롬프트 설정과 개발 방법은 AI를 사용하는 애플리케이션의 유용성을 높이고 사용자 경험을 개선하는 데 기여할 수 있다.

6. 실제 사례 연구

실제 사례 연구는 챗GPT와 같은 언어 모델의 다양한 활용 방법을 보여주고 이를 통해 얻은 교훈을 공유함으로써 다른 사용자나 개발자가 이를 참고하여 더 나은 활용 전략을 개발할 수 있도록 한다. 다음은 다양한 분야에서의 성공적인 프롬프트 활용 사례와 그로부터 도출된 실용적인 교훈을 소개한다.

1) 다양한 분야에서의 성공적인 프롬프트 활용 사례

(1) 교육 분야

한 대학교에서 챗GPT를 활용하여 맞춤형 학습 지원 시스템을 개발하였다. 학생들이 수업 시간에 이해하지 못한 부분이나 과제에 대한 질문을 하면 챗GPT가 즉각적으로 답변을 제공하며 복잡한 개념을 쉽게 설명해 주는 튜터 역할을 한다. 이는 학생들의 학습 효율성을 크게 향상시켰다.

(2) 의료 분야

한 병원에서는 챗GPT를 활용하여 환자의 증상을 초기 분석하고 적절한 의료 조치를 추천하는 시스템을 구축하였다. 예를 들어 환자가 자신의 증상을 입력하면 챗GPT가 이를 분석하여 잠재적인 질병을 식별하고 해당 증상에 맞는 의료 전문가를 추천해준다. 이는 의료진의 업무 부담을 줄이고 환자에게 보다 빠르고 정확한 의료 서비스를 제공하는 데 기여하였다.

(3) 비즈니스 분야

한 스타트업에서는 챗GPT를 활용하여 고객 지원 채팅봇을 개발하였다. 이 채팅봇은 고객의 문의에 실시간으로 응답하고 자주 묻는 질문에 대한 자동 응답을 제공하여 고객 만족도를 높였다. 예를 들어 제품 사용법, 주문 상태 확인 환불 절차 등 다양한 질문에 신속하고 정확하게 답변함으로써 고객 서비스의 효율성을 크게 향상시켰다.

(4) 콘텐츠 제작 분야

한 미디어 회사에서는 챗GPT를 활용하여 기사 작성을 자동화하였다. 기자들이 기사의 기본 틀을 제공하면 챗GPT가 이를 바탕으로 완성된 기사를 작성해준다. 예를 들어 스포츠 경기 결과를 입력하면 경기의 주요 사건과 선수들의 성과를 포함한 완성된 기사를 작성해준다. 이는 콘텐츠 제작 시간을 단축시키고 더 많은 기사를 신속하게 배포할 수 있게 하였다.

[그림4] 챗GPT를 활용하여 기사 작성 (출처 : OpenAI의 chatGPT)

2) 사례 분석을 통한 실용적인 교훈

다양한 분야에서 챗GPT를 성공적으로 활용한 사례를 분석하면 몇 가지 실용적인 교훈을 얻을 수 있다.

(1) 효율성 향상

챗GPT를 통해 반복적인 업무를 자동화하면 효율성을 크게 높일 수 있다. 이는 직원들이 더 중요한 업무에 집중할 수 있게 하여 전체적인 생산성을 향상시킨다. 예를 들어 고객 지원 부서에서 챗GPT를 도입하면 24시간 서비스를 제공하면서도 인력을 줄일 수 있다.

(2) 맞춤형 서비스 제공

챗GPT는 사용자 입력을 기반으로 맞춤형 응답을 생성할 수 있다. 이를 통해 개인화된 서비스를 제공하여 사용자 만족도를 높일 수 있다. 예를 들어 교육 분야에서는 학생의 학습 수준에 맞춘 설명을 제공함으로써 학습 효율성을 극대화할 수 있다.

(3) 신속한 응답

실시간으로 응답을 제공하는 챗GPT의 능력은 고객 서비스와 같이 신속한 대응이 필요한 분야에서 큰 장점을 제공한다. 이는 고객의 신뢰를 높이고 충성도를 향상시키는 데 기여할 수 있다. 예를 들어 고객이 제품 문제로 문의할 때 신속하게 해결책을 제공함으로써 긍정적인 고객 경험을 제공할 수 있다.

(4) 비용 절감

챗GPT를 활용하면 인건비를 절감할 수 있다. 예를 들어 의료 분야에서는 챗GPT가 초기 진단을 돕고 환자를 적절한 전문의에게 연결함으로써 의료진의 업무 부담을 줄일 수 있다. 이는 전체적인 의료 비용 절감으로 이어질 수 있다.

(5) 지속적인 학습과 개선

챗GPT는 사용자와의 상호작용을 통해 지속적으로 학습하고 개선될 수 있다. 이를 통해 시간이 지남에 따라 더 정확하고 유용한 정보를 제공할 수 있게 된다. 예를 들어 고객 지원 채팅봇은 시간이 지날수록 더 많은 고객 질문에 대한 데이터를 축적하여 더욱 정확한 답변을 제공할 수 있게 된다.

이러한 사례와 교훈을 통해 챗GPT는 다양한 분야에서 효율성을 높이고 사용자 경험을 향상시키며, 비용을 절감하는 데 중요한 도구로 활용될 수 있다. 이는 앞으로 더욱 발전하고 확장될 가능성이 크다.

7. 활용 도구 및 자원

1) 챗GPT와 함께 사용할 수 있는 보조 도구들

챗GPT와 함께 사용할 수 있는 유용한 보조 도구들을 소개한다.

(1) 프로그래밍 라이브러리 및 API

- Transformers : Hugging Face의 Transformers 라이브러리는 다양한 사전 훈련된 모델을 쉽게 로드하고 활용할 수 있게 해준다.

(2) OpenAI API

OpenAI의 공식 API를 통해 챗GPT를 포함한 다양한 모델에 접근하고 사용자의 요구에 맞는 맞춤화된 프롬프트를 생성할 수 있다.

(3) 통합 개발 환경(IDE) 및 코드 에디터

- Visual Studio Code, PyCharm : 이들 개발 환경은 Python 코드를 효율적으로 작성하고 실행할 수 있게 하며, AI 개발을 지원하는 다양한 플러그인과 확장 기능을 제공한다.

(4) 데이터 처리 및 분석 도구

- Pandas, NumPy : 이 라이브러리들은 데이터를 처리하고 분석하는 데 필수적이다.
- Jupyter Notebook : 데이터 분석 결과를 시각적으로 표현하고 공유하기 쉬운 형태로 작업할 수 있게 한다.

(5) 자동화 및 워크플로우 관리 도구

- Zapier, Integromat : 도구들을 사용하여 챗GPT를 다른 서비스와 연동하고, 일상 작업을 자동화할 수 있다.

(6) 커뮤니케이션 통합 도구

- Slack, Discord : 플랫폼들에 챗GPT를 통합함으로써 팀 커뮤니케이션을 자동화하고 향상시킬 수 있다.

2) 온라인 자원 및 커뮤니티 안내

(1) 교육 자원

- Coursera, edX, Udemy 플랫폼들은 인공지능 및 기계학습 관련 강좌를 제공한다.
- OpenAI 문서 및 블로그 : 최신 AI 연구와 개발에 관한 심층 정보를 제공한다.

(2) 온라인 포럼 및 커뮤니티

- GitHub : 오픈 소스 프로젝트, 코드 예제, 라이브러리를 찾을 수 있는 곳이다.
- Stack Overflow, Reddit의 r/MachineLearning, r/LanguageTechnology : AI 개발자와 연구자들이 활동하는 온라인 공간이다.

(3) 콘퍼런스 및 워크샵

NeurIPS, ICML, ACL 콘퍼런스들은 AI 분야의 최신 연구와 트렌드를 파악할 수 있는 기회를 제공한다. 웹사이트를 통해 자료에 온라인으로 접근할 수 있다.

각 도구와 자원에 대한 접근 방법, 활용 사례, 그리고 실제 사용자 경험을 포함하는 것이 독자들에게 실질적인 도움이 된다.

8. 나만의 GPT로 기획서 작성하기

1) GPT의 개념과 필요성

GPTS(Generative Pre-trained Transformer System)는 사용자가 자신의 필요에 맞춰 생성형 AI를 설정하고 활용하는 시스템이다. GPT는 기획서 작성 과정에서 큰 도움이 될 수 있으며 효율성을 높이고 창의적인 아이디어를 생성하는 데 유용하다. 특히 복잡한 프로젝트 기획서나 비즈니스 전략서를 작성할 때 GPT를 통해 체계적이고 논리적인 문서를 작성할 수 있다.

2) GPT 설정 방법과 기획서 작성 과정

GPT를 설정하고 기획서를 작성하는 과정은 다음과 같다.

(1) 목표 설정

기획서의 목적과 목표를 명확히 정의한다. 예를 들어, 새로운 제품 출시 계획서, 마케팅 전략서 등을 작성하고자 할 때 목표를 명확히 설정한다.

(2) 프롬프트 설계

목표에 맞는 프롬프트를 설계한다. 프롬프트는 GPT에게 제공할 입력으로 필요한 정보를 구체적으로 제공해야 한다. 예를 들어 '우리 회사의 새로운 제품 출시를 위한 마케팅 전략을 작성해줘'와 같은 프롬프트를 사용할 수 있다.

(3) GPT 설정

OpenAI의 GPT-4 모델을 기반으로 자신의 필요에 맞게 GPT를 설정한다. 이는 프롬프트의 세부 사항을 조정하고 응답 형식을 설정하는 과정을 포함한다.

(4) 초안 작성

설정된 GPT를 통해 기획서의 초안을 작성한다. GPT는 제공된 프롬프트를 기반으로 논리적이고 체계적인 초안을 생성할 것이다.

(5) 검토 및 수정

생성된 초안을 검토하고 필요한 수정 작업을 수행한다. 이 과정에서 내용의 정확성을 확인하고, 추가적인 정보를 보완한다.

(6) 최종 기획서 작성

수정된 초안을 기반으로 최종 기획서를 작성한다. 이 과정에서 GPT가 제공한 내용을 바탕으로 완성도를 높인다.

3) 성공적인 기획서를 위한 GPT 활용 팁

성공적인 기획서를 작성하기 위해 GPT를 활용하는 몇 가지 팁을 소개한다.

(1) 명확한 프롬프트 제공

GPT가 이해할 수 있도록 명확하고 구체적인 프롬프트를 제공해야 한다. 모호한 지시보다는 구체적인 요구사항을 명시하는 것이 중요하다.

(2) 반복적 피드백

초안 작성 후 GPT에게 반복적으로 피드백을 제공하여 점차적으로 내용의 질을 높인다. 이를 통해 보다 완성도 높은 기획서를 작성할 수 있다.

(3) 다양한 시나리오 테스트

여러 가지 시나리오를 테스트하여 다양한 접근 방식을 모색한다. 이는 기획서의 풍부한 내용을 구성하는 데 도움이 된다.

(4) 전문가 검토

최종 기획서를 작성한 후 해당 분야의 전문가에게 검토를 의뢰하여 내용의 정확성과 타당성을 확인한다. 이는 기획서의 신뢰성을 높이는 데 중요하다.

(5) 추가 자료 활용

GPT가 생성한 내용 외에도 추가 자료나 데이터를 활용하여 기획서를 보완한다. 이는 기획서의 깊이와 신뢰성을 더할 수 있다.

4) 나만의 GPT활용하기

GPT를 활용하는 방법은 여러 가지이만 초보자도 쉽게 만드는 이용하는 방법을 알아보자.

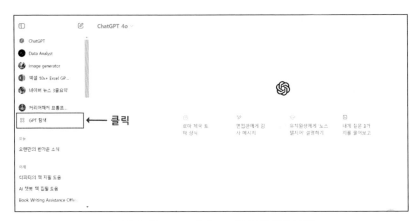

[그림5] 챗GPT4o에서 GPT를 탐색하여 클릭

[그림6] 보고서 작성기 입력

※ 보고서 작성기

사용자가 필요로 하는 다양한 종류의 보고서를 작성하는 데 도움을 주는 도구이다.

① 보고서 작성 지원

사용자가 필요한 보고서의 주제와 내용을 입력하면 보고서 작성기는 이에 맞춰 보고서를 작성해준다. 다양한 유형의 보고서를 지원한다.

② 구조화된 보고서 제공

보고서의 표지, 목차, 서론, 본문, 결론 등 기본적인 보고서 구조를 갖춘 형태로 작성해준다.

사용자는 기본 틀을 제공받아 더 쉽게 보고서를 완성할 수 있다.

③ 대화형 작성 지원

사용자는 채팅을 통해 보고서 작성기와 상호작용하며 필요한 정보를 입력하거나 질문할 수 있다. '대화 스타터'와 같은 기능을 활용하여 특정 주제에 대한 보고서를 쉽게 시작할 수 있다.

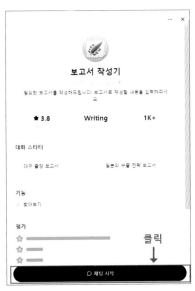

[그림7] 보고서 작성기 채팅시작

④ 보고서 작성기 채팅시 팁

보고서를 작성할 때 명령문을 효과적으로 사용하려면 다음의 몇 가지 팁을 따를 수 있다.

ㄱ. 명확하고 간결하게 작성하기

명령문은 간결하고 명확하게 작성해야 한다. 불필요한 단어를 줄이고 핵심적인 내용을 전달한다.

예시: '파일을 저장하십시오.' (O) / '파일을 저장해야 합니다.' (X)

ㄴ. 능동태 사용하기

명령문에서는 주로 능동태를 사용하여 독자가 직접 행동을 취하도록 한다.

예시: '보고서를 제출하세요.' (O) / '보고서는 제출되어야 합니다.' (X)

ㄷ. 구체적인 지시사항 제공하기

구체적인 행동을 지시하여 독자가 혼동하지 않도록 한다.

예시: '다음의 단계를 따라 주십시오: 1) 파일을 열기 2) 수정하기 3) 저장하기' (O) / '파일을 열고 수정하고 저장하세요.' (X)

ㄹ. 긍정적인 어조 사용하기

명령문을 작성할 때 긍정적인 어조를 사용하여 독자가 따르기 쉽게 만든다.

예시: '문서를 검토해 주세요.' (O) / '문서를 검토해야 합니다.' (X)

ㅁ. 일관성 유지하기

명령문에서 사용하는 어조와 형식을 일관되게 유지한다.

예시: '항상 올바른 형식을 사용하십시오.' (O) / '올바른 형식을 사용하는 것이 중요합니다.' (X)

⑤ 보고서 예시

현황보고서 중 2024년 상반기 IT 서비스 현황 보고서 작성

[그림8] 명령문 입력

⑥ 완성도 높은 보고서 만들어보자

ㄱ. 표지 (Cover Page)

표지는 첫인상을 결정짓는 중요한 부분이다. 깔끔하고 전문적인 디자인
을 유지하기 위해서는 다음 요소를 포함할 수 있다.

ㄴ. 보고서 제목

- 부제목 (필요시)
- 작성자 이름
- 부서명
- 소속 기관
- 제출일
- 로고 (필요 시)

ㄷ. 목차 (Table of Contents)

목차는 보고서의 구조를 한눈에 보여준다.

각 섹션 및 하위 섹션의 제목과 페이지 번호를 포함한다.

ㄹ. 요약 (Executive Summary)

보고서의 핵심 내용을 간략하게 요약한다.

보고서의 목적, 주요 결과, 결론, 그리고 권장 사항을 포함한다.

ㅁ. 본문 (Main Body)

보고서의 본문은 명확하고 논리적인 구조로 작성되어야 한다.

▷ 도입 (Introduction)

보고서의 배경, 목적, 범위, 방법론을 설명한다.

▷ 본론 (Body)

주제를 여러 섹션으로 나누어 상세히 설명한다.

각 섹션은 논리적 흐름을 유지하며 필요에 따라 표와 그림을 사용하여 시각적으로 보충한다.

▷ 결론 (Conclusion)

보고서의 주요 발견과 논의한 내용을 요약한다.

제안이나 권장 사항을 포함한다.

ㅂ. 참고 문헌 (References)

보고서에서 참조한 모든 자료를 나열한다.

일관된 인용 스타일 (APA, MLA 등)을 사용한다.

ㅅ. 부록 (Appendices)

보고서 본문에 포함하기에는 너무 자세한 정보나 자료를 추가한다.

추가적인 표, 그림, 데이터, 설문지 등

[그림9] 부족한 사항을 다시 요청하기

※ 예시 〈 2024년 상반기 IT 서비스 현황 보고서 〉

2024년 상반기 IT 서비스 현황 보고서
-디지털 전환과 서비스 개선 현황-

- 작성자: 이대윤
- 부서: IT 서비스 관리팀
- 소속: 전산실
- 제출일: 2024년 7월 9일

- 목차 -

1. 요약

2. 도입

3. 배경

4. 목적

5. 범위

6. 방법론

7. 본론

  1) IT 서비스 현황

   (1) IT 인프라 상태

   (2) 서비스 가용성

  2) 주요 성과 및 개선 사항

   (1) 서비스 성능 지표

   (2) 고객 만족도

  3) 디지털 전환 추진 현황

   (1) 디지털 전환 목표

   (2) 추진 현황 및 성과

  4) 향후 계획

  5) 도전 과제 및 해결 방안

8. 결론

9. 참고 문헌

10. 부록

1. 요약

본 보고서는 2024년 상반기 동안 군청의 IT 서비스 현황을 종합적으로 분석하고, 디지털 전환 및 서비스 개선의 주요 성과를 요약합니다. 보고서는 IT 인프라의 상태, 서비스 가용성, 주요 성과 및 개선 사항, 디지털 전환 추진 현황, 그리고 향후 계획을 다룹니다.

2. 도입

3. 배경

 디지털 전환은 공공기관의 효율성 증대와 국민 서비스 향상을 위한 핵심 전략입니다. 군청의 IT 서비스의 품질과 효율성을 높이기 위해 다양한 노력을 기울이고 있습니다.

4. 목적

 본 보고서는 2024년 상반기 동안 군청의 IT 서비스 현황을 평가하고, 디지털 전환의 성과를 분석하여 향후 개선 방향을 제시하는 것을 목적으로 합니다.

5. 범위

 보고서는 2024년 1월부터 6월까지의 IT 서비스 현황을 다루며, 서비스 가용성, 성능 지표, 고객 만족도, 디지털 전환 추진 현황 등을 포함합니다.

6. 방법론

 본 보고서는 내부 데이터 분석, 고객 설문조사, 외부 벤치마킹 자료 등을 바탕으로 작성되었습니다.

7. 본론

 1) IT 서비스 현황
 (1) IT 인프라 상태

 2024년 상반기 동안 군청의 IT 인프라는 전반적으로 안정적이었으며, 요 시스템의 업타임은 99.9%를 기록했습니다. 서버 및 네트워크 장비의 정기적인 유지보수와 업그레이드를 통해 안정성을 유지하였습니다. 주요 시스템의 업타임은 99.9%로 매우 높은 수준을 유지하였으며 정기적인 시스템 점검과 유지보수가 그 이유로 분석되었습니다.

(2) 서비스 가용성

서비스 가용성은 평균 99.8%로, 대부분의 서비스가 안정적으로 제공되었습니다. 주요 다운 타임 원인은 시스템 업그레이드와 네트워크 장애였습니다. 서비스 중단 시 신속한 대응 체계를 구축하여 평균 복구 시간을 30분 이내로 유지하였습니다.

2) 주요 성과 및 개선 사항
(1) 서비스 성능 지표
- 응답 시간: 평균 2.5초로 사용자 만족도 조사 결과 응답 속도에 대한 만족도가 높았습니다.
- 장애 처리 시간: 평균 45분으로 긴급 장애의 경우 평균 15분 이내에 복구되었습니다.
- 고객 지원 요청 처리 시간: 평균 1시간 이내로 고객 요청의 90% 이상이 1시간 내에 처리되었습니다.

(2) 고객 만족도

고객 만족도 조사 결과 IT 서비스에 대한 전반적인 만족도는 85%로 전년 대비 5% 상승하였습니다. 특히 응답 시간과 장애 처리 시간에 대한 만족도가 높았습니다.

3) 디지털 전환 추진 현황
(1) 디지털 전환 목표
- 모든 서비스를 디지털화하여 국민 편의성 증대
- 데이터 기반 의사결정 시스템 구축

(2) 추진 현황 및 성과
- 클라우드 전환: 주요 서비스의 70%가 클라우드로 이전되었습니다.
- 데이터 분석 시스템 도입: 실시간 데이터 분석을 통한 빠른 의사결정 지원
- 전자정부 서비스 확대: 전자문서 시스템 도입으로 행정 효율성 증대

4) 향후 계획
- IT 인프라 확장: 클라우드 기반 인프라 확장을 통해 가용성 및 확장성 향상
- 보안 강화: 보안 시스템 업그레이드 및 정기적인 보안 점검 시행
- 고객 지원 개선: 24/7 고객 지원 체계 구축 및 AI 기반 고객 지원 시스템 도입

5) 도전 과제 및 해결 방안
- 예산 제한: 효율적인 예산 사용 계획 수립 및 외부 자원 활용
- 기술 격차: 최신 기술 도입을 위한 직원 교육 프로그램 강화
- 데이터 관리: 데이터 품질 관리 시스템 구축 및 데이터 보호 방안 강화

8. 결론
  2024년 상반기 동안 군청의 IT 서비스는 안정적인 가용성을 유지하며, 디지털 전환 추진에 있어 큰 성과를 이루었습니다. 앞으로도 지속적인 개선과 혁신을 통해 국민에게 더 나은 서비스를 제공할 계획입니다.

9. 참고 문헌
  내부 데이터 분석 보고서 (2024)
  고객 만족도 조사 결과 (2024)
  외부 벤치마킹 자료 (2024)

10. 부록
  [부록 A] 2024년 상반기 IT 서비스 장애 기록
  [부록 B] 고객 만족도 조사 설문지
  [부록 C] 디지털 전환 추진 계획서

9. 결론 및 미래 전망

1) 언어 모델의 발전 가능성과 사회적 영향

언어 모델의 발전 가능성은 매우 크다. GPT-4와 같은 모델은 점점 더 정교해지고 있으며 다양한 분야에서 인간의 역할을 보완하거나 대체할 수 있는 능력을 갖추고 있다. 이는 생산성 향상 새로운 비즈니스 모델 창출, 개인화된 서비스 제공 등 긍정적인 영향을 미칠 수 있다. 그러나 동시에 일자리 감소, 개인정보 보호 문제, 윤리적 이슈 등 사회적 도전 과제도 함께 제기되고 있다. 따라서 이러한 기술 발전에 대한 적절한 규제와 사회적 합의가 필요하다.

2) 인공지능 기술의 미래 활용 방향

인공지능 기술의 미래 활용 방향은 매우 다양하다. 의료 분야에서는 진단 보조, 맞춤형 치료 계획 수립, 의료 데이터 분석 등에 활용될 수 있다. 교육 분야에서는 개인 맞춤형 학습 프로그램 제공, 교육 자료 자동 생성 등이 가능하다. 비즈니스 분야에서는 고객 서비스 자동화, 시장 분석, 경영 전략 수립 등에 큰 도움을 줄 수 있다. 또한 환경 보호, 스마트 시티 구축, 우주 탐사 등 다양한 공공 및 과학 분야에서도 인공지능 기술의 활용 가능성이 높다. 앞으로도 인공지능 기술은 지속적으로 발전하며 우리의 삶을 혁신적으로 변화시킬 것이다.

이 책은 인공지능과 챗GPT의 기본 개념부터 고급 활용법 실제 사례 연구까지 다양한 내용을 포괄적으로 다룰 것이다. 독자들이 챗GPT를 효과적으로 활용하여 보고서, 기획서, 제안서를 작성하는 데 필요한 모든 정보를 제공하는 것을 목표로 한다.

우리가 지금까지 살펴본 바와 같이, 챗GPT는 단순한 대화 도구를 넘어서 다양한 분야에서 혁신적인 변화를 주도하고 있다. 이 책을 통해 여러분은 챗GPT가 어떻게 각종 문서 작성 과정을 개선하고, 일상의 문제를 해결하며, 비즈니스 기회를 창출하는지에 대한 깊은 이해를 얻게 되었을 것이다. 그리고 이 모든 것은 한때 상상조차 할 수 없었던 일들이었다.

챗GPT의 능력을 통해 우리는 더 빠르고 정확하게 정보를 처리하고, 개인화된 응답을 생성할 수 있게 되었다. 문서 작성은 물론, 고객 서비스, 교육, 그리고 연구 분야에서도 그 진가가 발휘되고 있다. 이러한 변화는 오직 시작에 불과하며, 앞으로 챗GPT와 같은 기술이 우리 사회와 산업에 더욱 깊숙이 통합될 것이다.

챗GPT를 이용한 프로젝트를 직접 수행하면서 얻은 경험들은 여러분에게도 분명 큰 자산이 되었을 것이다. 본서를 통해 소개된 다양한 사용 사례와 팁들이 실제 상황에서 여러분의 문제 해결 방식에 영감을 주었기를 바란다. 또한, AI와의 상호작용을 통해 더 나은 사용자 경험을 만들어가는 과정 자체가 흥미롭고 보람찬 여정이었을 것이다.

이 책이 마무리되는 지금, 챗GPT와 같은 기술이 인류의 언어를 사용하는 방식을 어떻게 변화시킬지, 그리고 우리의 생각과 소통 방식에 어떤 새로운 가능성을 열어줄지 기대된다. 인공지능 시대를 살아가는 우리 모두에게 이는 매우 중요한 변화의 순간이며, 이 변화를 이끌어가는 것은 바로 우리 자신이다.

2

Copilot 활용
스마트 보고서
협업 전략

주 영 도

Prologue

디지털 전환(digital transformation)은 현재 많은 기업들이 혁신과 경쟁력 강화를 위해 빠르게 도입하고 있는 핵심적인 기술 트렌드이다. 기업의 경쟁력 강화를 위해 디지털 전환은 필수적이며, 이 과정에서 효율적인 보고서 작성은 매우 중요한 역할을 한다. 보고서는 의사결정(decision-making), 전략 수립(strategy formulation), 성과 평가(performance evaluation) 등 다양한 비즈니스 활동의 필수적인 도구이다.

'Copilot 활용 스마트 보고서 협업 전략'은 이러한 디지털 전환 시대의 중심에 서 있는 독자들에게 데이터 관리 기술, 보고서 작성 기술, 협업 기술, 문제 해결 능력 등의 향상 방안을 제시한다. 이는 급변하는 디지털 환경에서 기업과 개인의 경쟁력을 높이고, 의사결정의 신속성과 정확성을 제고하는데 도움이 될 것이다.

특히 코파일럿 AI 도구를 활용한 스마트 보고서 작성법은 보고서의 신속성과 정확성을 크게 높일 수 있고, 보고서 작성 과정에서 코파일럿의 데이터 분석, 문안 작성, 시각화 기능을 통해 독자들의 업무 생산성과 효율성을 극대화할 것이다.

이 책은 디지털 전환을 주도하는 기업 전문가와 프로젝트 리더, 일반 회사원을 포함하여 관심 있는 일반 독자들, 그리고 디지털 환경에서 경쟁력을 높이고자 하는 이들에게 실질적인 도움이 되는 지침서가 되기를 기대한다.

1. 코파일럿(Copilot) 의 이해

1) 코파일럿이란?

코파일럿은 GitHub Copilot과 Micorsoft 365 Copilot으로 존재한다. GitHub Copilot은 Microsoft 자회사인 GitHub에서 개발한 AI 도구이다. 주로 코드 자동 완성 및 개발자 지원 도구로 사용되며, GitHub에 공개된 코드들을 학습하여 개발자에게 적합한 코드를 실시간으로 추천해준다.

반면 Microsoft 365 Copilot은 데이터 수집, 분석, 시각화, 보고서 생성 및 협업을 자동화하여 업무 효율성을 높이고, 다양한 비즈니스 영역에서 복잡한 데이터 작업을 간소화하고, 정확한 정보를 제공하여 의사결정을 지원한다.

특히 Microsoft 365 Copilot은 보고서에 필요한 데이터를 수집, 분석, 시각화하고, 보고서의 목적과 대상, 형식과 구조, 스타일과 톤에 따라 보고서를 즉시 또는 자동으로 생성, 검토, 수정할 수 있다. 워드, 이메일, 프리젠테이션 등 텍스트 작성에 도움을 주고, 웹페이지 요약, PDF 분석 등을 통해 정보를 쉽고, 정확하게 파악하고 내용을 요약 정리할 수도 있다. 이를 통해 업무 시간과 자원이 절감되어 생산성 향상, 비용 절감, 문서 품질과 업무 만족도 향상, 의사결정 개선 등의 다양한 측면에서 업무 효율화가 촉진될 수 있다.

따라서 GitHub Copilot과 Microsoft 365 Copilot은 모두 'Copilot'이라는 이름을 공유하고 Microsoft 자회사에서 개발되었지만, 해당 도메인 내에서 각기 다른 용도로 사용되고 있다. 본서는 업무 효율화를 위한 보고서 협업 전략이라는 주제에 맞추어 Microsoft 365 Copilot을 대상으로 보고서 설계와 협업 방법론을 기술한다.

2) 주요 기능

코파일럿은 무료 사용자와 유료 사용자에 따라 각기 기능들을 차별화하여 제공하고 있으며, 유료 사용자 내에서도 개인, 비즈니스, 엔터프라이즈 등의 가입 유형에 따라 각기 다른 UI 와 기능들이 제공되고 있으므로 코파일럿 웹사이트에 가입하기 전에 어떤 목적으로 코파일럿을 활용할 것인지에 대해 신중히 검토한 후 가입하기를 추천한다.

아래의 [표1]은 무료 사용자와 개인 구독 신청자의 코파일럿 기능 사용 제약사항을 정리한 것이다.

기능	무료	유료	설명	도구	이용대상
데이터 분석 및 시각화	√	√	복잡한 데이터 분석을 자동 수행하고, 시각적으로 이해하기 쉽게 표현	AI Excel, Power Bi	데이터분석가, 애널리스트, 연구원, 학생 등
자동화된 보고서 생성	X	√	정기 보고서 또는 복잡한 보고서를 자동으로 생성하고 업데이트	Google Docs, MS Word	PM, 관리자, 사무직 등
팀 협업 및 실시간 편집	√	√	동시 보고서 편집 및 실시간 변경사항 반영	Google Docs, MS Word	팀리터, PM, 학생, 연구원 등
데이터 무결성 검사	X	√	데이터를 검증하고 무결성을 유지하여 오류를 최소화 함	Excel, SQL	데이터 엔지니어, 데이터 관리자, IT 관리자, 사무직 등
고급 데이터 모델링	X	√	예측 분석과 시뮬레이션 수행	Python, R	데이터 과학자, 애널리스트, 연구원, 학생 등
사용자 맞춤형 대시보드	√	√	사용자 지정 대시보드를 통해 중요 데이터를 한눈에 파악	Power BI, Tableau	경영진, 관리자, 자영업자, 연구원, 학생
클라우드 데이터 통합	X	√	클라우드 서비스와 연동하여 다양한 데이터를 통합 분석	AWS, Google Cloud	클라우드 엔지니어, 데이터 엔지니어, IT관리자, 연구원 등
API 연동 기능	X	√	다양한 비즈니스 어플리케이션과 API 연동	Zapier, RESTful API	소프트웨어 개발자, 시스템통합 관리자, IT관리자, 자영업자
실시간 데이터 피드	X	√	실시간 데이터 업데이트 및 최신 정보를 반영한 보고서 제공	SQL, Streaming Platforms	금융 분석가, 트레이더, 애널리스트, 연구원

사용자 교육 및 지원	√	√	온라인 튜토리얼과 고객 포털을 통해 교육 자료 및 지원 서비스	LMS, Help Desk Systems	교육 담당자, 학생, 자영업자, 신규 사용자 등
사용자 활동 로그 및 분석	X	√	사용자 활동관리 로그 기록 및 분석하여 보안과 사용성 향상	SIEM, Log Management Tools	보안관리자, 시스템 관리자, IT 관리자
커스터마이징 가능한 템플릿	√	√	다양한 템플릿 제공 및 사용자 커스터마이징 가능	MS Word, Google Docs	마케팅 팀, 보고서 작성자, 사무직
고급 보안 기능	X	√	데이터 암호화, 접근 보안제어 등 고급 보안 기능을 제공하여 데이터 제어 보호 강화	Encryption Software, IAM	보안관리자, IT관리자, 자영업자
사용자 피드백 수집	√	√	사용자 피드백을 수집, 분석하여 서비스 개선에 반영	Survey Monkey, Google Forms	제품관리자, 고객서비스 관리자, 연구원, 자영업자 등

[표1] 코파일럿 무료 사용자 및 개인 구독자 제공 기능

3) 활용 분야

코파일럿 AI 도구는 다양한 분야에서 효과적으로 활용될 수 있다. 특히 금융, 마케팅, 운영, 인사, 프로젝트 등 업무 영역에서 코파일럿은 업무 효율성을 극대화할 수 있다.

예를 들어, 금융 분야에서는 코파일럿을 활용해 신속하게 보고서를 작성하고, 복잡한 데이터를 분석하여 의미 있는 통찰을 얻을 수 있다. 마케팅 부서에서는 코파일럿을 통해 고객 데이터를 시각화하고, 효과적인 캠페인을 설계할 수 있다.

이와같이 코파일럿은 다양한 업무 영역에서 사용자의 생산성과 의사결정 능력을 향상시키는 AI 도구로 인정받고 있다. 아래 [표2]는 코파일럿과 협업한 활용 분야를 예시하였다.

구분	활용 유형	설명
금융	재무·신용·투자·예산·감사 보고서 등	데이터 수집, 분석, 시각화한 재무 보고서 예) 월별 재무제표, 예산 추적
마케팅	마케팅·캠페인·시장조사·고객만족도·소셜미디어 보고서 등	다양한 소스에서 데이터를 수집, 분석하여 마케팅 보고서 내용을 간소화 예) 캠페인 성과, 소셜 미디어 분석
운영	운영·생산·재고·품질·공급망 보고서 등	생산, 재고 및 공급망 관리에 대한 세부 보고서 생성을 자동화하여 운영 효율성 향상 예) 재고 관리, 생산 지표.
인사	인사·근무시간·급여·성과·교육 보고서 등	직원 데이터 수집 및 분석을 자동화하여 HR 보고 기능 향상 예) 직원 성과 검토, 교육 완료 보고서
프로젝트	프로젝트·일정·진행·예산·위험 보고서 등	프로젝트 상태, 일정 및 위험에 대한 최신 보고서 제공 및 프로젝트 관리 용이성 제공 예) 프로젝트 일정, 위험 평가
판매	판매 보고서	판매 데이터 수집, 정리, 분석, 시각화 및 통찰력 제공 및 판매 보고서 품질 향상 예) 월간 판매 요약, 성과 리뷰
연구	연구 보고서	연구 데이터 수집, 정리, 분석, 시각화 및 통찰력 제공 및 연구 보고서 정확성 향상 예) 학술 연구, 시장 조사
기타	기타 보고서	다른 영역의 보고서 품질을 향상하여 사용자의 요구와 기대에 따라 보고서를 최적화 및 개선 예) 맞춤형 비즈니스 보고서, 전문 산업 분석

[표2] 코파일럿 협업 활용분야

2. 스마트 보고서 설계

이번 장에서는 효과적인 업무 보고서 작성을 위한 선행 작업으로서 스마트 보고서 설계 방법론에 대해 살펴보고자 한다. 코파일럿과의 협업을 통해 보고서 작성에 앞서 보고서 설계 원칙과 구조, 레이아웃, 데이터 연동, 업데이트, 시각화 등 다양한 요소를 종합적으로 고려하여 스마트 보고서를 설계하는 방법을 모색한다.

1) 스마트 보고서란 ?

이 책에서 다루는 스마트 보고서는 인공지능(AI) 기술을 활용하여 보고서 작성 과정을 혁신적으로 변화시키는 새로운 보고서 작성 방식을 이른다. 코파일럿과 같은 AI 도구를 활용하여 보고서 작성에 소요되는 시간과 노력을 획기적으로 줄이면서도, 보고서의 내용, 구조, 표현 등은 크게 개선하게 된다. 즉, 스마트 보고서는 보고서 작성의 효율성과 보고서의 품질을 동시에 향상시킬 수 있는 혁신적인 보고서 작성 방식이라고 할 수 있다.

2) 필요성

스마트 보고서 설계 과정은 코파일럿과의 협업을 통해 업무 보고서를 효과적으로 작성하는데 필수적인 단계이다. 이 단계에서는 보고서의 목적과 독자를 명확히 정의하는 것부터 시작한다. 성공적인 보고서는 그 목적에 부합하는 정확한 데이터와 분석을 바탕으로 하며, 이를 위해서는 데이터 소스의 신뢰성과 접근성이 매우 중요하다.

보고서의 구조는 논리적이고 일관성이 있어야 하며, 레이아웃은 직관적이고 정보 전달에 효과적이어야 한다. 이를 위해, 헤더(header)와 푸터(footer), 목차, 그리고 섹션 분류는 체계적으로 구성되어야 한다. 데이터 연동은 가급적 자동화를 통해 실시간으로 업데이트한 것을 권장하나 코파일럿의 구독 제한이 있을 경우 수작업으로도 수행할 수 있다.

또한, 시각화는 복잡한 데이터를 이해하기 쉬운 형태로 전환하는 데 중요한 역할을 한다. 차트, 그래프, 테이블 등을 사용하여 핵심 포인트를 강조하고, 인사이트를 명확히 전달할 수 있어야 한다. 코파일럿은 이러한 시각화 작업을 지원하며, 사용자가 보고서의 효과를 극대화할 수 있도록 돕는다.

마지막으로, 스마트 보고서는 협업과 공유에 최적화되어 있어야 한다. 코파일럿은 팀원들과의실시간 협업을 가능하게 하고, 보고서의 버전 관리와 피드백 수집을 용이하게 한다. 이 모든 요소들이 결합되어 업무의 효율성이 극대화되고, 의사결정 과정이 강화될 것이다.

이상과 같은 코파일럿과의 협업을 통해 스마트 보고서를 작성하기 위한 설계의 원칙에 대해 아래 3)항에서 상세히 다룬다.

3) 설계 원칙

(1) 목적과 대상

원칙	설명
명확한 정의	보고서의 목적과 대상을 명확하게 정의하고, 이해하는 것부터 시작한다.
디자인	보고서 목적을 달성하는 데 필요한 내용, 형식, 데이터, 통찰력, 결론 및 권고사항에 대해 구상한다.
코파일럿 협업	코파일럿이 보고서의 목적과 대상을 이해했는지 확인하고, 의도한 메시지를 가장 잘 전달할 수 있는 내용과 형식을 결정한다.

[표3] 설계 원칙 - 목적과 대상

(2) 형식과 구조

원칙	설명
선택 기준	가독성과 직관성을 높이는 형식(레이아웃)과 구조를 선택한다.
디자인	효과성, 효율성, 일관성 및 표준화에 중점을 두고 보고서를 디자인한다.
코파일럿 협업	코파일럿을 통해 보고서 형식과 구조를 제안, 적용하고 지속적으로 조정하여 최적의 프리젠테이션을 디자인한다.

[표4] 설계 원칙 - 형식과 구조

(3) 스타일과 톤

원칙	설명
선택 기준	보고서의 목적과 대상에 적합한 스타일과 톤을 선택하여 적용한다.
디자인	표현력, 설득력, 감정, 태도, 관계, 의사소통을 고려하면서 간결하고 명확하며 친근한 스타일을 디자인한다.
코파일럿 협업	코파일럿과 협력하여 스타일과 톤을 제안, 적용, 조정하여 선정한다.

[표5] 설계 원칙 - 스타일과 톤

(4) 데이터와 통찰력

원칙	설명
선택 기준	보고서의 데이터와 통찰력을 적절하게 선택하고 적용한다.
디자인	데이터와 인사이트가 보고서에 가치, 신뢰성, 타당성, 영향력 및 결과를 추가하는지 확인한다.
코파일럿 협업	코파일럿과 협력하여 데이터와 인사이트를 제안, 적용 및 조정하여 영향력과 정보성을 극대화한다.

[표6] 설계 원칙 - 데이터와 통찰력

(5) 기타

① 보고서의 데이터를 실시간으로 업데이트하고, 최신 상태로 유지한다.

② 보고서의 품질과 효율성을 평가하고, 피드백을 받아 개선한다.

③ 보고서를 협업하고, 공유한다.

4) 구조화 및 레이아웃 원칙

(1) 보고서 구조

구분	설명
표지	보고서 제목과 부제, 작성자와 작성일, 수신자와 접수일자, 보고서 목적, 요약 문으로 구성한다.
목차	보고서의 구조, 보고 내용 및 페이지 번호 등을 표시한다.
서론	보고의 배경과 목적, 범위와 방법, 가정과 제한, 기대 효과와 결과 등을 요약하여 설명한다.
본문	보고할 내용, 데이터 분석, 인사이트, 결론, 권장사항 등을 설명 및 시각화하고, 근거를 제시하여 작성한다.
결론	본문의 핵심 내용을 명확하게 요약 및 강조하고, 전체 보고서의 주요 인사이트와 시사점, 향후 계획 등을 제시한다.
참고문헌	보고서에 사용된 자료와 출처, 인용 방법 등을 명시한다.
부록	보고서 본문에 포함하기 어려운 데이터와 심층 정보, 추가 분석 자료, 시각화 자료, 상세데이터, 기타 참고자료 등을 추가한다.

[표7] 보고서 구조

(2) 작성 원칙

① 간결성

보고서의 레이아웃은 간결하고, 단순하고, 명료하게 한다. 불필요한 요소와 장식, 중복과 장황, 혼란과 불명확 등을 피한다.

② 일관성

보고서의 레이아웃은 일관되고, 표준화되고, 균형있게 한다. 폰트와 색상, 크기와 위치, 간격과 정렬, 마진과 여백, 번호와 기호 등을 통일하고, 조화롭게 한다.

③ 가독성

보고서의 레이아웃은 가독성이 좋고, 이해하기 쉽고, 주목받게 한다. 대제목과 소제목, 제목과 본문, 표와 그래프, 이미지와 텍스트, 단락과 줄바꿈 등을 구분하고, 강조하고, 배치한다.

④ 효과성

보고서의 레이아웃은 효과적이고, 효율적이고, 유익하게 한다. 보고서의 목적과 대상, 형식과 구조, 스타일과 톤, 데이터와 통찰력 등을 고려하고, 반영하고, 최적화한다.

3. 코파일럿 협업 보고서 작성

코파일럿 웹사이트의 사용자 인터페이스(UI)는 보고서 작성과 관련된 다양한 기능을 제공하여 업무 효율성을 높인다. 이번 장에서는 데이터 분석 및 시각화, 즉시 보고서 작성, 자동화 보고서 생성, 그리고 팀 협업 및 실시간 편집과 같은 주요 기능들에 대해 상세하게 살펴보고, 이러한 기능들을 어떻게 활용하는지 절차적 측면으로 알아본다.

특히, 코파일럿은 Microsoft 365 응용 프로그램과의 통합을 통해 Outlook 및 Excel에서 사용할 수 있는 자동화 보고서 기능을 제공하고 있다. 이 고급 기능은 Microsoft 365 비즈니스 또는 엔터프라이즈 구독을 통해 이용 가능한 이유로 본 장에서는 이러한 구독이 필요한 자동화 기능에 대해서는 상세히 다루지 않음을 양해를 구한다.

본서에서는 코파일럿의 기본 기능을 활용하여 보고서 작성 과정을 최적화하는 방법에 초점을 맞추어 설명하고, 사용자에게 코파일럿과 협업하여 보다 효과적이고 혁신적인 방식으로 보고서 작성 방법을 제시하도록 한다.

1) 코파일럿 웹 페이지 소개

[그림1] 코파일럿 초기 접속 화면

코파일럿 웹 페이지에는 보고서 작성 경험을 향상시키도록 설계된 사용자 친화적인 인터페이스가 구성되어 있다. 주요 구성 요소에 대해 아래에 간략히 소개한다.

(1) 헤더 바

① 로고 및 브랜딩

좌측 상단에 위치한 코파일럿 로고는 애플리케이션으로 브랜드 아이덴티티이다.

② 언어 및 사용자 옵션

오른쪽 상단에 사용자 가이드 보기, 언어 변경(예: 영어, 한국어) 및 기타 설정 액세스 옵션이 있다.

(2) 메인 디스플레이

① 추천 콘텐츠 캐러셀

중앙에 위치한 이 캐러셀은 사용자가 관심을 가질 수 있는 다양한 콘텐츠를 보여준다. 여기에는 코파일럿을 활용하는 데 도움이 되는 기사, 팁, 튜토리얼이 포함되어 있다.

② 코파일럿 개요

코파일럿에 대한 간략한 소개의 글로 일상적인 AI 동반자로서의 역할을 강조한다.

(3) 채팅 선택 및 입력

① 대화 스타일 선택

사용자는 다양한 대화 스타일(예: 창의적인, 균형잡힌, 정확한)을 선택하여 선호도에 따라 상호작용을 맞춤화할 수 있다.

② 채팅 입력 상자

화면 하단에 있는 채팅 입력 상자는 사용자가 쿼리나 명령을 입력하여 새로운 대화를 시작하도록 초대한다. 이 상자에는 음성 입력 및 메시지 보내기 옵션도 포함되어 있다.

(4) 사이드바
① CoPilot GPT 및 플러그인

오른쪽 메뉴에는 Designer, Vacation Planner, Cooking Assistant, Fitness Trainer 등 사용 가능한 CoPilot GPT 옵션 및 플러그인이 나열되어 있다. 이를 통해 원하는 기능에 빠르게 접근할 수 있다.

② 최근 활동

플러그인 옵션 아래의 최근 활동 섹션에서는 사용자의 최신 상호작용 및 작업을 빠르게 확인할 수 있다.

(5) 바닥글

화면 하단에는 지원 링크, 개인 정보 보호 정책, 사용 약관, FAQ 및 CoPilot Pro 체험 옵션이 제공되어 사용자가 도움말과 추가 리소스를 쉽게 찾아 볼 수 있다.

2) 협업 보고서 작성 방법
(1) 데이터 분석 및 시각화

코파일럿은 복잡한 데이터를 자동으로 분석하고, 이해하기 쉬운 시각적 결과물을 제공하고, 데이터 트렌드, 패턴, 상관관계 등을 쉽게 파악할 수 있도록 도와준다. 데이터 분석과 시각화는 다음과 같은 절차로 실행한다.

① Microsoft 365 관리 센터에 로그인한다.

② 분석하고자 하는 데이터 파일을 선택하고, 업로드한다.

③ 업로드된 데이터를 확인하고, 데이터 유형, 범위, 필터 등을 설정한다.

④ CoPilot의 분석 도구를 선택하고, 분석을 실행한다.

⑤ 분석 결과를 확인하고, 시각적 결과물을 생성한다.

⑥ 시각적 결과물은 표, 그래프, 차트 등 다양한 형태 중에서 선택하여 작성을 마무리한다.

⑦ 시각적 결과물을 저장하거나, 보고서에 삽입하거나, 협업 멤버와 공유한다.

아래 그림은 Windows10, Windows11의 기본 메뉴로 제공되고 있는 Microsoft 365의 앱 기능 중 Home 탭 메뉴를 실행하여 파일 업로드를 실행하는 화면이다. Home 탭 메뉴가 실행되면 업로드 메뉴 버튼을 클릭한 후 내 컴퓨터 파일을 선택하여 업로드한다.

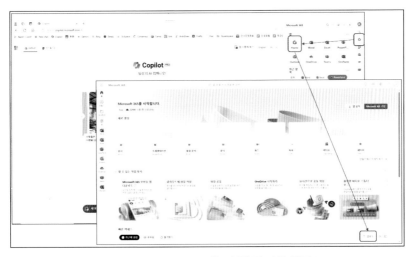

[그림2] Microsoft 365 메뉴 실행 및 파일 업로드

업로드한 파일을 화면에서 더블 클릭하여 웹페이지 상에서 파일을 오픈하여 상기에서 설명한 순서로 데이터를 분석하고, 시각화 작업을 수행한다. 이 기능을 이용하면 예를 들어, 매출 데이터를 분석하여 매출 트렌드, 상위 판매 제품, 고객 세분화 등의 데이터를 확인할 수 있고, 대시보드에도 표시할 수도 있다.

이상과 같이 설명한 데이터 분석과 시각화 사용 절차를 요약하여 아래 [표8]에 정리하였다.

구분	내용
기능 명	데이터 분석 및 시각화
개요	복잡한 데이터를 자동으로 분석하고 이해하기 쉬운 시각적 결과물 제공
실행 방법	Microsoft 365 관리 센터 〉 데이터 업로드 〉 분석 시작
실행 절차	1. 데이터를 업로드한다. 2. Co-Pilot의 분석 도구를 사용하여 분석을 수행한다. 3. 시각적 출력을 생성한다.
예시	판매 데이터를 분석한 후 대시보드를 생성한다.

[표8] 데이터 분석 및 시각화 사용 절차

(2) 즉시 보고서

코파일럿은 실시간으로 데이터를 수집하여 즉시 보고서를 생성할 수 있다. 데이터가 변경될 때마다 보고서도 자동으로 업데이트하여 빠르고 정확한 보고서를 작성할 수 있다. 즉시 보고서는 다음과 같이 MS-Office 의 프로그램 별로 절차를 숙지하여 사용한다.

■ MS-Word

① Microsoft 365 관리 센터에 로그인한다.

② 'MS Word' 〉 '파일' 〉 '새로 만들기' 〉 '빈 문서' 또는 템플릿에서 선택한다.

③ '홈' 탭에서 텍스트 형식을 지정한다.

  – 글꼴, 크기, 색상을 변경하고 굵게, 기울임꼴, 밑줄과 같은 스타일을 적용할 수 있다.

④ Copilot 창에서 '2분기 판매 실적 보고서 만들기'와 같은 프롬프트를 입력한다.

⑤ 이미지, 표, 도형을 추가하려면 '삽입' 탭에서 원하는 요소를 선택하고 문서에 배치한다.

⑥ '파일' 〉 '다른 이름으로 저장'을 클릭하고 문서를 저장할 위치와 형식을 지정한다.

아래 [그림3]은 MS-Word 로 즉시 보고서를 작성하기 위해 실행하는 코파일럿 화면이며, [그림4]는 표출된 MS-Word 문서에서 코파일럿 아이콘을 클릭하여 프롬프트 창을 표출한 화면이다.

사용자는 필요한 보고서를 프롬프트 입력 창에서 직접 작성 후 입력하면 코파일럿이 문서의 초안을 작성하게 되고, 코파일럿이 작성한 문서 초안을 사용자가 검토한 후, 수정 사항을 반복 피드–백하여 문서의 완성도를 높여 최종 보고서를 완성하는 것이다.

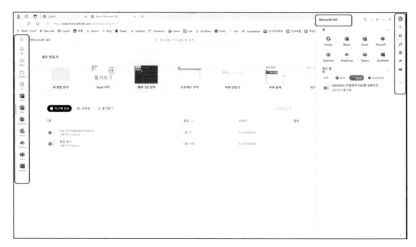

[그림3] MS-Word 선택 화면

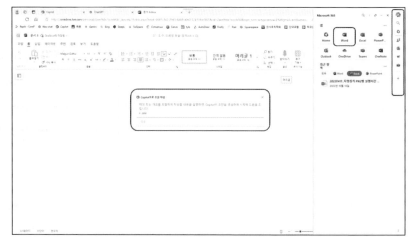

[그림4] MS-Word 프롬프트 입력 화면

■ Excel

① Microsoft 365 관리 센터에 로그인한다.

② MS Excel을 열고 '파일' 〉 '새로 만들기' 〉 '빈 통합 문서'를 클릭한다.

③ 셀을 클릭하고 데이터를 입력한다.

　– 수평으로 다음 셀로 이동하려면 'Tab' 키, 수직으로 이동하려면 'Enter' 키를 사용한다.

④ 셀 서식을 지정하려면 '홈' 탭을 사용한다.

　– 셀 색상과 테두리를 변경하고 숫자 형식(예: 통화, 백분율)을 적용할 수 있다.

⑤ 데이터 범위를 강조 표시하고 '삽입' 〉 '차트'로 이동하여 막대형, 선형 또는 원형 차트와 같은 다양한 유형의 차트를 만든다.

⑥ '파일' 〉 '다른 이름으로 저장'을 클릭하고 통합 문서를 저장할 위치와 형식을 선택한다.

아래 그림은 MS-Execl 로 즉시 보고서를 작성하기 위해 실행하는 코파일럿 화면이다. MS-WORD 와 같이 엑셀 문서에서도 사용자는 필요한 보고서를 프롬프트 입력 창에서 상세히 작성하여 입력하면 코파일럿은 해당하는 보고서의 초안을 엑셀로 작성한다.

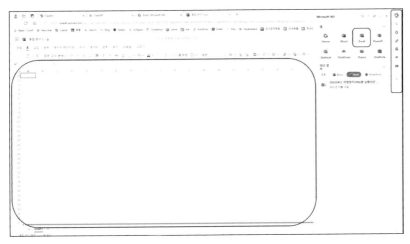

[그림5] Excel 작업 화면

■ Power-Point

① Microsoft 365 관리 센터에 로그인한다.

② 'PowerPoint' 〉 '파일' 〉 '새로 만들기' 〉 '빈 프레젠테이션' 또는 템플릿에서 선택한다.

③ 새 슬라이드를 추가하려면 '홈' 탭에서 '새 슬라이드'를 클릭한다.
  – 각 슬라이드의 레이아웃을 선택한다(예: 제목 슬라이드, 제목 및 콘텐츠).

④ 텍스트 상자, 이미지, 차트 및 기타 요소를 슬라이드에 추가하려면 '삽입' 탭을 사용한다.

⑤ 슬라이드 사이에 전환을 적용하려면 슬라이드를 선택하고 '전환' 탭으로 이동한다.

⑥ '파일' 〉 '다른 이름으로 저장'을 클릭하고 프레젠테이션 저장 위치와 형식을 선택한다.

아래 그림은 MS-PowerPoing 로 즉시 보고서를 작성하기 위해 실행하는 코파일럿 화면이다. 마찬가지로 파워포인트 문서에서도 사용자는 필요한 보고서 형태를 프롬프트 입력 창에서 상세히 작성하여 입력하면 코파일럿은 해당하는 보고서의 초안을 파워포인트로 작성한다.

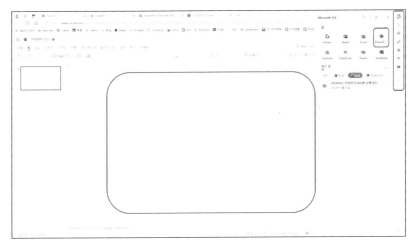

[그림6] PowerPoint 작업 화면

Microsoft 365 Copilot을 사용하여 보고서를 생성하는 단계별 가이드를 정리하면 다음의 [표9]의 내용과 같다.

먼저, Microsoft 365 애플리케이션(예: Word, Excel, PowerPoint)을 열어 시작한다. 그런 다음, '홈' 탭 아래의 도구 모음에서 Copilot 아이콘을 찾아 활성화하고, 새 보고서를 시작하기 위해 Copilot 창에 '2024년 2분기에 대한 판매 보고서 만들기'와 같은 메시지를 입력한다.

이후, 필요한 데이터를 제공하거나 Copilot이 요청할 경우 데이터 파일을 업로드한다. Copilot은 입력된 데이터를 기반으로 표, 차트, 요약이 포함된 예비 보고서를 생성한다. 생성된 보고서는 검토 후, 특정 섹션의 수정이나 세부 정보의 추가를 Copilot에 요청하여 맞춤설정한다.

보고서의 완전성과 적절한 형식을 보장하기 위해 콘텐츠와 레이아웃을 최종 편집한다. 마지막으로, '파일' 메뉴에서 '다른 이름으로 저장'을 선택하여 보고서를 저장하고, 선택한 형식과 위치에 따라 필요한 대상과 공유한다. 이렇게 하여 Microsoft Copilot을 통한 보고서 생성 과정이 완료된다.

단계	설명	내용
1	Microsoft 365 열기	사용하려는 Microsoft 365 애플리케이션(예: Word, Excel, PowerPoint)을 실행한다.
2	코파일럿 활성화	일반적으로 '홈' 탭 아래에 있는 도구 모음에서 Copilot 아이콘을 찾아 클릭한다.
3	새 보고서 시작	코파일롯 창에서 보고서를 시작하라는 메시지를 입력한다. (예: '2024년 2분기에 대한 판매 보고서 만들기').
4	입력 데이터 및 구조	필요한 데이터를 제공하거나 Copilot에서 메시지가 표시되면 데이터 파일을 업로드한다.
5	보고서 생성	Copilot은 데이터를 처리하고 표, 차트, 요약이 포함된 예비 보고서를 생성한다.
6	검토 및 맞춤설정	생성된 보고서를 검토하고 Copilot에게 특정 섹션을 수정하거나 세부 정보를 추가하도록 요청한다.
7	보고서 마무리	완전성과 적절한 형식을 보장하기 위해 콘텐츠와 레이아웃을 최종 편집한다.
8	저장 및 공유	'파일' 〉 '다른 이름으로 저장'을 통해 보고서를 저장하고 형식과 위치를 선택한 다음 필요에 따라 공유한다.

[표9] 단계별 보고서 작성 가이드

(3) 자동화 보고서

사용자가 필요할 때마다 실시간으로 생성되는 즉시 보고서와 달리, 자동 보고서는 미리 정의된 일정에 따라 자동으로 생성되는 보고서 형태를 말한다. 자동 보고서는 주기적으로 업데이트되며 설정된 시간 간격(예: 매일, 매주, 매월)에 따라 자동으로 생성된다.

사용자는 반복적으로 모니터링이 필요한 경우나 정기적인 데이터 분석이 필요할 때 자동 보고서를 아웃룩 또는 팀즈에서 설정하고, 지정된 주기에 따라 자동으로 보고를 받는다.

앞서 언급한 바와같이 Outlook 및 Excel과 같은 Microsoft 365 응용 프로그램과 통합된 자동화 보고서 기능은 Microsoft 365 비즈니스 또는 엔터프라이즈 구독이 필요한 관계로 본 서에서는 다루지 않고 별도 섹션에서 소개하기로 한다.

(4) 팀 협업 및 실시간 편집

Microsoft 365의 팀 협업 및 실시간 편집 기능은 사용자들이 문서나 프로젝트에 대해 동시에 작업하고, 각자의 변경 사항을 즉시 볼 수 있게 해주는 매우 유용한 협업 도구이다. 이 기능을 통해 팀원들은 지역적 제약 없이 협업할 수 있으며, 작업의 효율성과 생산성을 크게 향상시킬 수 있다. 실시간으로 문서를 공유하고 편집함으로써, 의사소통이 원활해지고, 프로젝트의 진행 상황을 빠르게 파악하며, 의사결정을 신속하게 내릴 수 있다.

본 기능을 사용하기 위해 다음과 같은 사전작업이 필요하다. 즉, 유효한 Microsoft 365 구독이 필요하며, 모든 참여자가 해당 서비스에 액세스할 수 있어야 하고, 협업할 문서는 OneDrive 또는 SharePoint에 저장되어 있어야 한다.

모든 참여자가 접근 권한을 가져야 하며, 팀 협업을 위해 Microsoft Teams 앱이 설치되어 있어야 하고, 모든 참여자가 팀에 추가되어 있어야 한다. 또한, 문서를 공유하기 전에, 필요한 경우 편집 권한을 설정하고, 공유 링크를 생성하여 참여자와 공유하여야 한다.

■ 팀 구성 및 조직
① Microsoft 365 관리 센터에 로그인한다.
② 왼쪽 사이드바에서 'Teams'를 오픈한다.
③ Teams 목록 하단의 '팀 참가 또는 생성'을 클릭한다.
④ '팀 생성'을 선택하고 팀 이름을 지정하고 구성원을 추가한다.
 – 프로젝트, 부서 등 적절한 기준에 따라 팀을 조직할 수 있다.

팀 구성 및 조직이 완료되면 팀 이름 옆에 초록색 점이 표시된다. 이는 팀 협업 기능이 활성화 되었음을 의미하는 것이다. 사용자가 이미 구성된 팀에 가입하려면 팀 탭에서 가입하고 싶은 팀을 클릭하면 팀 정보와 가입하기 버튼이 나타나고, 가입하기 버튼을 클릭하면 팀에 가입할 수 있게 된다.

아래 [그림기은 팀즈에서 새모임을 조직하기 위한 메뉴를 실행하는 화면이다.

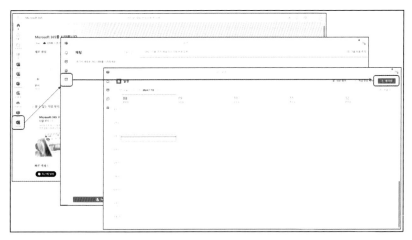

[그림7] 팀즈 새모임 조직

■ 실시간 협업 설정

① MS-Word / Excel / PowerPoint

ㄱ. 문서, 스프레드시트, 프레젠테이션 등의 문서를 오픈한다.

ㄴ. 화면 우측 상단의 '공유' 버튼을 클릭한다.

ㄷ. 협업할 팀원의 이메일 주소를 입력한다.

ㄹ. 권한 설정(예: '편집 가능' 또는 '보기 가능')을 설정하고 '보내기'를 클릭한다.

② Microsoft Teams

ㄱ. 채널 내에서 파일을 공유하기 위해 '파일' 탭을 클릭한다.

ㄴ. 팀 협업을 위해 문서를 업로드한다.

ㄷ. 파일을 클릭하여 Teams에서 직접 열어 실시간 편집을 진행할 수 있다.

실시간 편집이 가능한 프로그램 종류에는 MS-Word, Excel, PowerPoint 외, Otulook, OneNote 등의 Office 앱 유형이 해당한다. 다음의 [그림8]은 MS-Word를 팀원과 실시간 공유하기 위한 협업 설정 화면이며, [그림9]는 Teams에서 업로드한 파일을 프롬프트를 이용하여 협업 설정하는 화면이다.

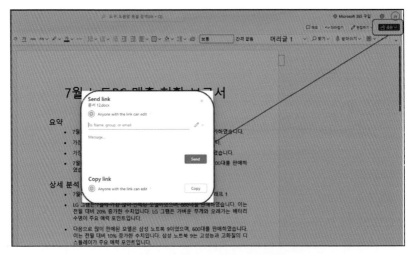

[그림8] MS-Word 실시간 협업 설정

[그림9] Terms 실시간 협업 설정

이와 같이 Microsoft 365 는 다양한 기능과 서비스를 제공하는 클라우드 기반의 협업 플랫폼이다. 아래 [표10]에 이러한 Microsoft 365 기능을 요약 정리하였다.

구분	주요기능
Office 앱	Word, Excel, PowerPoint, Outlook, OneNote 등을 포함한다. 문서 작성, 스프레드시트 관리, 이메일 및 일정 관리 등
OneDrive	클라우드 기반의 파일 저장 및 공유 서비스이다. 파일을 온라인에 저장하고 다른 사용자와 공유 모바일 기기에서도 파일 액세스 가능
Teams	협업 및 커뮤니케이션 도구이다. 채팅, 화상 회의, 파일 공유, 작업 관리 기능 팀 단위 조직화하여 효과적인 팀워크 지원
SharePoint	문서 관리 및 팀 사이트 구축을 위한 플랫폼이다. 팀 문서, 정보, 리소스를 중앙에서 관리 웹 페이지 생성, 문서 공유, 워크플로 자동화 등 기능
Exchange Online	클라우드 기반의 이메일, 일정, 연락처 관리 서비스이다. 강력한 스팸 방지 기능, 메일 박스 용량 확장성 제공

[표10] Microsoft 365 기능 요약

4. 업무 효율화 사례와 시사점

1) 업무 효율화 사례

다양한 비즈니스 영역에서 코파일럿이 어떻게 사용되고 있는지에 대한 실제 사례와 데이터를 다음과 같이 소개한다.

(1) 마케팅 분석 및 개인화

구분		주요내용
사례		모 글로벌 마케팅 팀은 코파일럿을 활용하여 고객 데이터를 분석하고, 세분화된 마케팅 캠페인 기획에 활용
실제 데이터	성과	고객 참여율 20% 증가, 전환율 15% 증가
	활용	과거 고객 데이터를 분석해 더 좁은 범위의 세그먼트를 식별하고 개인화된 마케팅 메시지를 전달함으로써 성과 향상

[표11] 마케팅 활용 사례

(2) Excel 데이터 분석

구분		주요내용
사례		모 대기업의 데이터 분석 팀은 코파일럿을 사용하여 복잡한 데이터 세트를 신속하게 분석하고 보고서 작성에 활용
실제 데이터	성과	분석 시간 40% 절감, 보고서 작성 시간 50% 감소
	활용	Excel에서 데이터 정리, 시각화 및 분석 작업을 자동화하여 실무에 바로 활용할 수 있는 결과 도출

[표12] Excel 데이터 분석 사례

(3) 업무 자동화

구분		주요내용
사례		모 금융 회사는 코파일럿을 통해 일상적인 회계 작업을 자동화하여 효율성을 높임
실제 데이터	성과	매월 30시간 절약, 오류율 50% 감소
	활용	영수증 처리, 회계 보고서 작성 등의 작업을 자동화하여 직원들이 더 중요한 업무에 집중할 수 있도록 지원

[표13] 업무 자동화 사례

(4) 업무 효율성 향상

구분		주요내용
사례		여러 기업이 코파일럿을 도입하여 업무 효율성이 크게 향상
실제 데이터	성과	68%의 직원들이 업무의 질이 향상되었다고 보고 67%가 절약된 시간을 더 중요한 업무에 사용했다고 응답
	활용	코파일럿의 AI 기능을 통해 반복적인 작업을 줄이고 창의적인 작업에 집중화 가능

[표14] 업무 효율성 향상 사례

(5) 프로젝트 관리 최적화

구분		주요내용
사례		IT 컨설팅 회사는 코파일럿을 도입하여 프로젝트 관리 프로세스 개선
실제 데이터	성과	프로젝트 완료 시간 25% 단축 고객 만족도 30% 증가
	활용	코파일럿은 프로젝트 일정, 자원 할당 및 위험 관리를 자동화하여 프로젝트 관리자가 전략적인 결정에 더 집중할 수 있게 함

[표15] 프로젝트 관리 최적화 사례

(6) 고객 서비스 혁신

구분		주요내용
사례		소매업체는 코파일럿을 활용하여 고객 서비스 경험 혁신
실제 데이터	성과	고객 문의 처리 시간 50% 감소 고객 만족도 35% 증가
	활용	코파일럿은 고객 문의를 자동으로 분류하고, 적절한 답변을 제안하여 고객 서비스 팀의 업무 효율성 향상

[표16] 고객 서비스 혁신 사례

(7) 인사 관리 효율화

구분		주요내용
사례		대형 병원 그룹은 코파일럿을 사용하여 인사 관리 작업을 자동화 함
실제 데이터	성과	인사 관련 문서 처리 시간 40% 감소 직원 만족도 20% 증가
	활용	코파일럿은 직원 데이터 관리, 근태 관리, 성과 평가 보고서 작성 등 인사 관리 작업을 자동화하여 HR 팀 업무 부담 경감

[표17] 인사 관리 효율화 사례

2) 성공요인과 시사점

코파일럿을 활용한 보고서 작성의 성공 요인과 시사점을 상기 업무 효율화 사례를 통해 다음과 같이 확인할 수 있다.

(1) 성공 요인

① **맞춤형 보고서 작성**: 사용자의 의도와 선호를 반영하여, 수신자의 기대에 부합하는 고품질의 보고서를 작성한다. 이는 각 보고서가 그 맥락과 상황에 최적화되어 있음을 의미한다.

② **효율적인 데이터 관리**: 필요한 데이터를 수집, 정제, 분석 및 시각화하여 보고서의 품질을 높이고, 작성 시간을 단축한다.

③ **협업 촉진**: 작성자와 수신자 간의 협업을 용이하게 하여 다양한 관점을 반영하고 팀워크를 강화한다.

④ **실시간 업데이트**: 데이터 변화에 실시간으로 반응하여 보고서를 최신 상태로 유지한다.

⑤ **지속적인 개선**: 보고서의 품질을 평가하고 피드백하여 지속적인 개선을 도모한다.

(2) 시사점

코파일럿은 직장인과 학생 모두에게 유용한 도구이다. 마케팅, 금융, 데이터 분석 등 다양한 분야에서 활용될 수 있으며, 보고서의 품질과 효율성을 향상시키는데 기여한다. 이러한 도구의 활용은 보고서 작성 능력을 향상시키고, 시간 관리에 있어서도 큰 도움이 된다.

코파일럿을 통해, 직장인과 학생들은 보다 전문적이고 효과적인 보고서를 작성할 수 있으며, 이는 업무 및 학업 성과를 높이는데 기여하게 될 것이다.

Epilogue

이 책에서는 Micorsoft 365 Copilot을 활용하여 스마트한 보고서 협업 작성 전략에 대해 살펴보았다. 코파일럿은 살펴본 바와같이 인공지능(AI) 기술을 활용하여 보고서 작성과 향상을 지원하는 혁신적인 도구이다. 또한 코파일럿은 다양한 기능과 서비스를 제공하며, 광범위한 분야에서 활용될 수 있다.

지면의 제약과 다양한 버전의 코파알럿 기능을 모두 다루지는 못하였으나 본서에서 다룬 내용만으로도 코파일럿은 보고서의 품질과 효율성을 높이고, 보고서 작성자의 시간과 노력을 절감할 뿐만 아니라, 보고서 수신자의 만족도와 통찰력을 증진시키며, 의사결정을 지원하는 매우 혁신적인 도구임을 알 수 있었다.

코파일럿의 미래는 무한한 가능성을 가지고 있다. AI 기술의 발전과 함께 코파일럿은 보고서 작성 및 향상에 필요한 기능과 서비스를 지속적으로 개선하고 확장할 것이다. 미래학자들은 AI가 비즈니스 프로세스에서 차지하는 역할이 더욱 증가할 것으로 예측하고 있다. 코파일럿은 이러한 변화를 선도하고 효율성, 정확성, 협업을 증진시키는 혁신적인 솔루션이 될 것이다.

월별 판매 실적 보고서

작성자: 홍길동
작성일: 20xx년 8월 1일
받는 사람: 팀장, 영업 관리자
제출 날짜: 20xx년 8월 2일
목적: 20xx년 7월 판매 실적 종합 분석 제공
요약 설명: 주요 판매 지표, 목표 대비 성과, 개선을 위한 기초자료 제공

목 차
1. 소개
2. 사업개요
3. 상세분석
4. 결론 및 권고사항
5. 참고자료
6. 부록

1. 소개
1) 배경 및 목적
오늘날 경쟁이 치열한 비즈니스 환경에서 영업 성과를 이해하는 것은 정보에 입각한 결정을 내리고 전략적 계획을 세우는 데 매우 중요하다. 이 보고서는 20xx년 7월 판매 실적에 대한 상세한 분석 정보를 제공하는 것을 목표로 한다. 판매 데이터를 평가하고 추세를 식별하며 실행 가능한 대응전략을 도출함으로써 경영진이 판매 전략을 최적화하고 전반적인 성과를 개선할 수 있도록 지원하고자 한다.

2) 범위 및 방법

분석에는 20xx년 7월 한 달 동안 회사 내 모든 영업 활동을 포함한다. 여기에는 다음과 같은 다양한 소스에서 수집된 데이터를 포함하였다.

① CRM 시스템

상세 판매 거래, 고객 상호 작용 및 파이프라인 활동

② 고객 피드백

고객 만족도와 충성도를 측정하기 위해 설문조사와 직접 피드백을 통해 수집한 데이터

③ 영업팀 보고서

영업팀이 성과, 과제, 성과를 자세히 설명하여 생성한 보고서

포괄적인 분석을 보장하기 위해 다양한 분석 기술이 사용되었다. 여기에는 성과 지표를 측정하기 위한 정량 분석, 고객 감정을 이해하기 위한 정성 분석, 판매 목표에 대한 벤치마킹을 위한 비교 분석 데이터를 포함한다.

3) 가정 및 제한

본 보고서의 목적상, 분석에 수집되고 사용된 모든 데이터는 수집일 현재 정확하다고 가정합니다. 그러나 고려해야 할 몇 가지 제한 사항이 있다.

① 데이터 정확성

CRM 시스템의 수동 입력 오류 또는 업데이트 지연으로 인해 판매 보고에 경미한 불일치가 있을 수 있다.

② 시장 상황

　회사가 통제할 수 없는 외부 시장 상황은 판매 실적에 영향을 미칠 수 있으나 이 분석에서는 고려하지 않는다.

③ 고객 피드백

　수집된 피드백은 응답률과 고객의 피드백 제공 의지에 따라 달라지므로 전체 고객 기반을 완전하게 나타내지 못할 수 있다.

4) 기대되는 이점 및 결과

　이 보고서는 다음과 같은 몇 가지 주요한 이점과 결과를 제공하는 것을 목표로 한다.

① 객관적 평가

　강점과 개선 영역을 포함하여 판매 실적에 대한 명확한 정보를 제공한다.

② 전략적 방안

　영업 전략을 개선하고 확인된 문제를 해결하기 위한 실행 가능한 전략과 권장 사항을 세공한다.

③ 성능 추적

　향후 성능 추적 및 비교를 위한 벤치마크를 설정한다.

④ 의사 결정

　회사의 판매 전략에 긍정적인 영향을 미칠 수 있는 데이터에 기반한 의사 결정에 필요한 정보를 경영진에 제공한다.

2. 사업개요

- 총 매출: $500,000
- 판매 목표: $550,000
- 성과: 목표의 90.9% 달성
- 주요 측정항목

  신규 고객 확보: 50

  반복 고객: 120

  평균 판매 가치: $4,000

  고객 만족도 점수: 85%

3. 상세 분석

1) 지역별 실적

지역	판매	대상	성능
북쪽	$150,000	$180,000	83.3%
남쪽	$200,000	$210,000	95.2%
동쪽	$100,000	$90,000	111.1%
웨스트	$50,000	$70,000	71.4%

2) 제품별 성능

지역	판매	대상	성능
제품 A	$200,000	$220,000	90.9%
제품 B	$150,000	$160,000	93.8%
제품 C	$100,000	$120,000	83.3%
제품 D	$50,000	$50,000	100%

3) 결과 분석

- 가장 성과가 좋은 지역: 동부(타겟의 111.1%)

- 실적이 가장 낮은 지역: 서부(타겟의 71.4%)
- 주요 상품: 판매량이 가장 높은 A상품

4. 결론 및 권고사항
  20xx년 7월 전체 판매 실적은 목표 대비 90.9%이다. 동부지역은 좋은 성적을 거뒀지만 서부지역은 개선이 필요하다. 이러한 결과로 다음과 같은 개선 전략이 필요한 것으로 분석된다.

1) 매출 증대를 위해 서부지역 교육 및 지원, 자원을 집중한다.
2) 실적이 저조한 제품에 대한 새로운 마케팅 전략을 수립한다.
3) 동부 지역에서 성공적인 전략은 지속 유지한다.

5. 참고자료
1) 판매 데이터 출처: 회사 CRM 시스템
2) 고객 피드백: SurveyMonkey
3) 영업팀 보고서: 내부 문서

6. 부록
1) 부록 A: 지역별 세부 매출 데이터
2) 부록 B: 고객 피드백 분석
3) 부록 C: 영업팀 성과 지표

3

질문으로 시작하는
친절한 프롬프트

유 채 린

</br>

Prologue

최근 몇 년간 인공지능(AI) 기술의 발전은 우리의 일상생활과 업무 방식에 많은 변화를 가져왔다. 특히, 생성형 AI와 자연어 처리(NLP) 기술의 발전은 우리에게 새로운 가능성을 열어주었다. 인공지능 시대의 도래와 함께 우리는 새로운 소통 방식을 배우고 있다. 이제 우리의 대화 상대는 더이상 인간에 국한되지 않는다. ChatGPT, MS365 Copilot과 같은 대규모 언어 모델들이 우리의 일상적인 대화 상대가 되었다. 이러한 AI 모델들과 효과적으로 소통하는 능력은 21세기의 필수 기술이 되어가고 있다.

'프롬프트 엔지니어링'이라는 새로운 분야가 등장한 것도 이러한 맥락에서다. AI 기술을 효과적으로 활용하기 위해서는 사용자가 AI에게 정확하고 명확한 지시를 내리는 것이 중요하다. 이는 곧 '프롬프트 엔지니어링'의 중요성을 의미한다. 프롬프트 엔지니어링은 AI 모델에게 최적의 입력을 제공하여 원하는 출력을 얻는 기술이다. 그리고 이 기술의 핵심에는 '질문'이 있다. 적절한 질문은 AI 모델의 성능을 극대화하고, 사용자가 원하는 결과를 얻는 데 결정적인 역할을 한다.

이 장에서는 '질문으로 시작하는 친절한 프롬프트'라는 주제로, AI 모델과의 효과적인 소통 방법을 탐구한다. 우리는 먼저 효과적인 질문 작성법에 대해 알아볼 것이다. 좋은 질문의 특징과 효과, 단계별 질문 접근법, 그리고 맥락 제공을 위한 배경 질문의 중요성 등을 다룰 예정이다.

다음으로, 현재 가장 주목받고 있는 두 AI 모델인 MS365 Copilot과 ChatGPT의 프롬프트를 비교 분석할 것이다. 각 모델의 특성을 이해하고, 그에 맞는 최적의 프롬프트 설계 방법을 살펴볼 것이다.

마지막으로, 이러한 지식을 바탕으로 사용자 경험을 향상시키는 프롬프트 디자인 방법에 대해 논의할 것이다. 브레인스토밍, 문제 해결, 팀 협업 등 다양한 상황에서 AI 모델을 효과적으로 활용하는 방법을 제시할 것이다.

이를 통해 독자들은 AI 시대의 새로운 소통 방식을 익히고, 자신의 업무와 일상에서 AI 모델을 더욱 효과적으로 활용할 수 있게 될 것이다. AI는 더 이상 멀리 있는 기술이 아니다. 지금 바로, 우리의 일상 속에서 AI와 소통하는 방법을 배워보자.

1. 효과적인 질문 작성법

1) 좋은 질문의 특징과 효과

AI 모델과의 상호작용에서 좋은 질문을 작성하는 것은 핵심적인 기술이다. 좋은 질문은 명확하고, 구체적이며, 목적 지향적이어야 한다. 이러한 특징을 갖춘 질문은 AI 모델로부터 더 정확하고 유용한 응답을 이끌어낸다.

명확성은 좋은 질문의 첫 번째 특징이다. 모호하거나 중의적인 표현을 피하고, 질문의 의도를 분명히 전달해야 한다. 예를 들어, 사용자가 '오늘 날씨 어때?'라고 묻는 경우, 질문이 모호하기 때문에 인공지능은 사용자가 원하는 정보를 정확히 파악하기 어렵다. 그러나 '오늘 서울의 날씨는 어때?'라는 질문은 구체적이고 명확하기 때문에 인공지능이 적절한 답변을 제공할 수 있다.

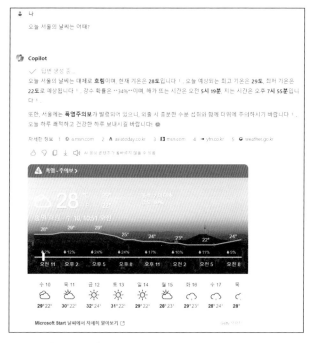

[그림1] '오늘 서울의 날씨는 어때?'에 대한 코파일럿의 답변

구체성은 두 번째 중요한 특징이다. 일반적인 질문보다는 특정한 정보나 예시를 요구하는 질문이 더 효과적이다. '경제에 대해 설명해줘'라는 질문보다는 '2023년 한국 경제의 주요 지표와 그 의미를 설명해줘'라고 묻는 것이 더 구체적이다.

[그림2] '2023년 한국 경제의 주요 지표와 그 의미를 설명해줘'에 대한 코파일럿의 답변

목적 지향성은 질문의 결과물이 실제로 어떻게 사용될 것인지를 고려하는 것이다. '인공지능에 대해 설명해줘'라는 질문보다는 '초등학생들에게 인공지능을 소개하는 5분짜리 발표 자료를 만들고 싶어. 주요 포인트를 알려줘'라고 묻는 것이 더 목적 지향적이다.

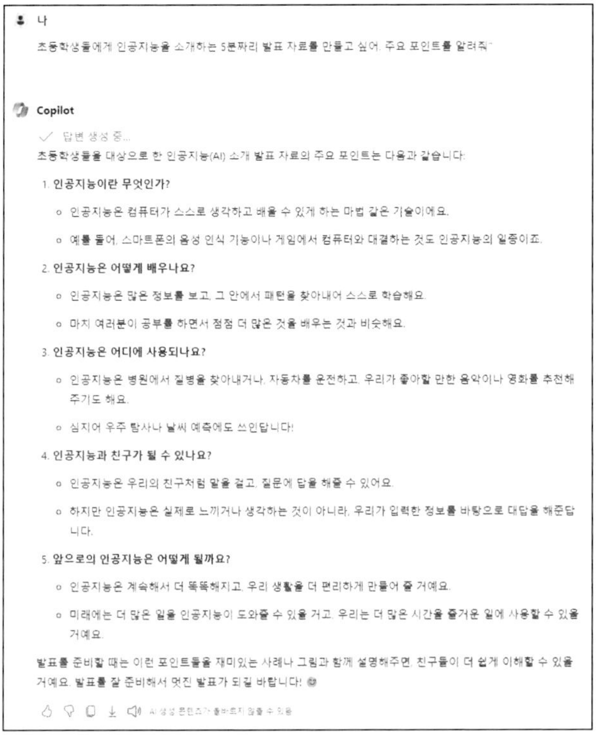
나

초등학생들에게 인공지능을 소개하는 5분짜리 발표 자료를 만들고 싶어. 주요 포인트를 알려줘"

Copilot

답변 생성 중...

초등학생들을 대상으로 한 인공지능(AI) 소개 발표 자료의 주요 포인트는 다음과 같습니다:

1. **인공지능이란 무엇인가?**
   - 인공지능은 컴퓨터가 스스로 생각하고 배울 수 있게 하는 마법 같은 기술이에요.
   - 예를 들어, 스마트폰의 음성 인식 기능이나 게임에서 컴퓨터와 대결하는 것도 인공지능의 일종이죠.
2. **인공지능은 어떻게 배우나요?**
   - 인공지능은 많은 정보를 보고, 그 안에서 패턴을 찾아내어 스스로 학습해요.
   - 마치 여러분이 공부를 하면서 점점 더 많은 것을 배우는 것과 비슷해요.
3. **인공지능은 어디에 사용되나요?**
   - 인공지능은 병원에서 질병을 찾아내거나, 자동차를 운전하고, 우리가 좋아할 만한 음악이나 영화를 추천해 주기도 해요.
   - 심지어 우주 탐사나 날씨 예측에도 쓰인답니다!
4. **인공지능과 친구가 될 수 있나요?**
   - 인공지능은 우리의 친구처럼 말을 걸고, 질문에 답을 해줄 수 있어요.
   - 하지만 인공지능은 실제로 느끼거나 생각하는 것이 아니라, 우리가 입력한 정보를 바탕으로 대답을 해준답니다.
5. **앞으로의 인공지능은 어떻게 될까요?**
   - 인공지능은 계속해서 더 똑똑해지고, 우리 생활을 더 편리하게 만들어 줄 거예요.
   - 미래에는 더 많은 일을 인공지능이 도와줄 수 있을 거고, 우리는 더 많은 시간을 즐거운 일에 사용할 수 있을 거예요.

발표를 준비할 때는 이런 포인트들을 재미있는 사례나 그림과 함께 설명해주면, 친구들이 더 쉽게 이해할 수 있을 거예요. 발표를 잘 준비해서 멋진 발표가 되길 바랍니다! 😊

AI 생성 콘텐츠가 올바르지 않을 수 있음

[그림3] '초등학생들에게 인공지능을 소개하는 5분짜리 발표 자료를 만들고 싶어. 주요 포인트를 알려줘'에 대한 코파일럿의 답변

이러한 특징을 갖춘 좋은 질문은 여러 가지 긍정적인 효과를 낳는다. 첫째, AI 모델의 응답 정확도를 높인다. 명확하고 구체적인 질문은 AI 모델이 사용자의 의도를 정확히 파악하고 관련된 정보를 제공할 수 있게 한다. 둘째, 시간과 자원을 절약한다. 잘 구성된 질문은 불필요한 추가 질문이나 설명을 줄여, 원하는 정보를 빠르게 얻을 수 있게 한다. 이는 특히 업무 환경에서 중요한 이점이 된다. 셋째, 더 깊이 있는 탐구를 가능케 한다. 좋은 질문은 종종 예상치 못한 통찰력을 제공하거나, 새로운 질문으로 이어져 주제에 대한 더 깊은 이해를 가능케 한다.

2) 단계별 질문 접근법

복잡한 주제나 문제를 다룰 때는 단계별 질문 접근법이 효과적이다. 이 방법은 큰 주제를 작은 부분으로 나누어 순차적으로 접근하는 것이다. 이를 통해 복잡한 문제를 체계적으로 해결하고, AI 모델의 응답을 더 잘 제어할 수 있다.

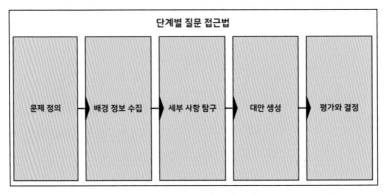

[그림4] 단계별 질문 접근법

단계별 질문 접근법의 첫 단계는 '문제 정의'다. 이 단계에서는 해결하고자 하는 문제나 얻고자 하는 정보를 명확히 정의한다. 예를 들어, '신제품 출시 전략을 수립하고 싶어'라는 문제를 정의할 수 있다.

두 번째 단계는 '배경 정보 수집'이다. 이 단계에서는 문제와 관련된 기본적인 정보를 AI에게 요청한다. '신제품 출시 전략 수립 시 고려해야 할 주요 요소들은 무엇인가?'와 같은 질문을 할 수 있다.

세 번째 단계는 '세부 사항 탐구'다. 여기서는 각 요소에 대해 더 깊이 있는 질문을 한다. '시장 분석 단계에서 어떤 구체적인 데이터를 수집하고 분석해야 하는가?'와 같은 질문이 이에 해당한다.

네 번째 단계는 '대안 생성'이다. 이 단계에서는 가능한 해결책이나 접근 방법을 요청한다. '신제품 출시를 위한 마케팅 전략의 다양한 옵션을 제시해줘'와 같은 질문을 할 수 있다.

마지막 단계는 '평가와 결정'이다. 여기서는 생성된 대안들을 평가하고 최종 결정을 내리는 데 도움을 요청한다. '제시된 마케팅 전략 중 우리 회사의 상황에 가장 적합한 것은 무엇이며, 그 이유는 무엇인가?'와 같은 질문을 할 수 있다.

이러한 단계별 접근은 복잡한 문제를 체계적으로 해결하는 데 도움을 준다. 각 단계마다 AI의 응답을 검토하고 필요에 따라 추가 질문을 할 수 있어, 더 정확하고 맞춤화된 해결책을 얻을 수 있다.

3) 맥락 제공을 위한 배경 질문의 중요성

AI 모델과의 효과적인 상호작용을 위해서는 적절한 맥락 제공이 필수적이다. 배경 질문은 이러한 맥락을 제공하는 중요한 도구다. 배경 질문은 AI 모델이 사용자의 상황, 목적, 제약 조건 등을 이해하도록 돕는다.

맥락 제공의 첫 번째 요소는 '상황 설명'이다. 현재의 문제나 질문이 발생한 배경을 간략히 설명하는 것이 중요하다. 예를 들어, '우리 회사는 중소기업으로, 최근 해외 시장 진출을 고려하고 있어'와 같은 설명을 제공할 수 있다.

두 번째 요소는 '목적 명시'다. 질문을 통해 얻고자 하는 최종 목표를 분명히 해야 한다. '이는 회사의 성장 전략의 일환으로, 새로운 수익원을 창출하기 위함이야'와 같이 목적을 명시할 수 있다.

세 번째 요소는 '제약 조건 설명'이다. 시간, 예산, 인력 등의 제약을 명확히 해야 한다. '우리는 1년 내에 첫 해외 진출을 목표로 하고 있으며, 초기 투자 예산은 5억 원 정도야'와 같은 정보를 제공할 수 있다.

네 번째 요소는 '기존 지식 공유'다. 이미 알고 있는 정보나 시도한 방법들을 공유하는 것이 중요하다. '우리는 이미 동남아 시장에 대한 기초 조사를 마쳤고, 현지 파트너십에 관심이 있어'와 같은 정보를 제공할 수 있다.

이러한 배경 정보를 제공함으로써 얻을 수 있는 이점은 다양하다. 첫째, AI 모델의 응답 정확도가 높아진다. 맥락을 이해한 AI는 더 관련성 높고 실용적인 답변을 제공할 수 있다. 둘째, 시간을 절약할 수 있다. 충분한 배경 정보가 있으면 AI는 불필요한 설명을 줄이고 핵심적인 내용에 집중할 수 있다. 셋째, 맞춤형 해결책을 얻을 수 있다. 구체적인 상황과 제약 조건을 알면, AI는 더 현실적이고 적용 가능한 제안을 할 수 있다. 넷째, 더 깊이 있는 분석이 가능하다. 풍부한 배경 정보는 AI가 다각도에서 문제를 분석하고, 때로는 사용자가 미처 생각하지 못한 측면을 고려하게 한다. 마지막으로, 연속적인 대화의 질을 높인다. 한 번의 상세한 배경 설명으로 이후의 관련 질문들에 대해 더 일관되고 연관성 있는 답변을 얻을 수 있다.

효과적인 질문 작성은 AI와의 상호작용에서 핵심적인 기술이다. 명확하고 구체적이며 목적 지향적인 질문, 단계별 접근법, 그리고 충분한 맥락 제공을 통해 AI 모델의 잠재력을 최대한 활용할 수 있다. 이러한 기술을 익히고 실천함으로써, 사용자는 AI를 더욱 효과적인 문제 해결 도구로 활용할 수 있을 것이다.

2. MS365 Copilot과 ChatGPT 프롬프트 비교

1) MS365 Copilot과 ChatGPT의 기본 개요 및 차이점

MS365 Copilot과 ChatGPT는 모두 강력한 AI 언어 모델이지만, 그 목적과 기능에 있어 중요한 차이점을 가진다. 이 두 시스템의 기본적인 특성과 차이점을 이해하는 것은 효과적인 프롬프트 작성에 필수적이다.

MS365 Copilot은 Microsoft의 Office 365 제품군과 통합된 AI 도우미다. 이 시스템은 Word, Excel, PowerPoint, Outlook 등 Microsoft의 생산성 도구들과 긴밀하게 연동되어 작동한다. Copilot의 주요 목적은 사용자의 일상적인 업무 과정을 지원하고 생산성을 향상시키는 것이다. 예를 들어, Word에서 문서 초안을 작성하거나, Excel에서 데이터 분석을 수행하거나, PowerPoint에서 프레젠테이션 슬라이드를 생성하는 등의 작업을 지원한다.

반면 ChatGPT는 OpenAI에서 개발한 범용 대화형 AI 모델이다. 이 시스템은 특정 소프트웨어나 도구에 종속되지 않고, 다양한 주제에 대해 자연어로 대화할 수 있도록 설계되었다. ChatGPT는 일반적인 질문에 답변하거나, 창의적인 글쓰기를 수행하거나, 코드를 생성하는 등 광범위한 작업을 수행할 수 있다.

이 두 시스템의 주요 차이점은 다음과 같다.

구분	MS365 Copilot	ChatGPT
통합성	Microsoft 제품군과 긴밀히 통합 사용자의 문서, 이메일, 캘린더 등에 접근 가능	독립적으로 작동
특화된 기능	특정 Office 작업에 최적화 (예: Excel 데이터 분석, Power Point 슬라이드 생성)	특정 도구 최적화 없음, 넓은 범위의 주제에 대해 대화 가능
정보 업데이트	Microsoft 365 환경 내의 최신 정보에 접근 가능	정기적으로 업데이트 실시간 정보에 접근 불가
사용 환경	Microsoft 365 앱 내에서 사용 각 앱에 최적화된 사용자 인터페이스	주로 웹 인터페이스나 API를 통해 접근
맞춤화	사용자의 작업 스타일, 문서 히스토리, 조직 내 역할 등을 고려한 개인화된 지원 제공	각 대화 세션에서 제공된 정보를 바탕으로 응답

[표1] MS365 Copilot과 ChatGPT 비교

　두 시스템의 주요 차이점은 그 목적과 사용 사례에 있다. MS365 Copilot 은 주로 업무 생산성을 향상시키는 데 중점을 두며, Microsoft 365의 기존 도구와 밀접하게 연동된다. 반면, ChatGPT는 보다 일반적인 대화와 텍스트 생성 작업에 적합하며, 독립적으로 다양한 플랫폼에서 사용될 수 있다. Copilot은 특정 작업에 대한 깊이 있는 지원을 제공하는 반면, ChatGPT는 다양한 주제에 대한 넓은 범위의 지원을 제공한다. 이러한 차이점을 이해 하는 것은 각 시스템에 대한 효과적인 프롬프트를 작성하는 데 중요하다. Copilot을 사용할 때는 특정 Office 작업과 관련된 명확한 지시를 제공하는 데 효과적이다.

2) MS365 Copilot의 프롬프트 설계 원리

MS365 Copilot의 프롬프트 설계 원리는 사용자가 명확한 목표를 설정하고, 이를 달성하기 위한 구체적인 지시를 내릴 수 있도록 돕는 데 중점을 둔다. Copilot은 사용자가 업무를 보다 효율적으로 수행할 수 있도록 다양한 기능을 제공한다.

MS365 Copilot의 프롬프트를 설계할 때는 이 시스템의 특성을 고려해야 한다. Copilot은 Microsoft 365 환경에 최적화되어 있으므로, 이를 활용한 프롬프트 설계가 효과적이다. 다음은 Copilot의 프롬프트 설계 원리다.

(1) 구체적인 작업 지시: Copilot은 특정 Office 작업에 특화되어 있으므로, 구체적인 작업 지시를 포함하는 것이 중요하다. 예를 들어, '이 PowerPoint 프레젠테이션의 디자인을 현대적이고 전문적인 스타일로 업데이트해줘'와 같이 명확한 지시를 제공해야 한다.

(2) 문서 컨텍스트 활용: Copilot은 현재 작업 중인 문서의 내용을 이해할 수 있다. 따라서 '이 문서의 주요 아이디어를 요약해줘'나 '이 스프레드시트의 데이터를 기반으로 차트를 생성해줘'와 같이 현재 문서의 컨텍스트를 활용하는 프롬프트가 효과적이다.

(3) 조직 데이터 참조: Copilot은 사용자의 조직 내 데이터에 접근할 수 있다. '우리 팀의 최근 프로젝트 보고서를 분석하여 주요 성과를 정리해줘'와 같이 조직 내 정보를 활용하는 프롬프트를 작성할 수 있다.

(4) 단계별 작업 요청: 복잡한 작업의 경우, 단계별로 나누어 요청하는 것이 효과적이다. '먼저 이 보고서의 주요 포인트를 추출하고, 그 다음 이를 바탕으로 5분 분량의 프레젠테이션을 만들어줘'와 같이 작업을 나누어 요청할 수 있다.

(5) 포맷 및 스타일 지정: Copilot은 문서의 형식과 스타일을 조정할 수 있다. '이 Word 문서를 APA 형식에 맞게 재구성해줘'나 '이 Excel 데이터를 사용해 경영진 보고용 대시보드를 만들어줘'와 같이 특정 포맷이나 스타일을 요청할 수 있다.

(6) 협업 기능 활용: Copilot은 팀 협업 기능을 지원한다. '이 Teams 채팅의 내용을 요약하고 주요 결정사항을 정리해줘'와 같이 협업 도구와 연계된 프롬프트를 작성할 수 있다.

(7) 시간 관리 지원 요청: Outlook과 통합된 Copilot의 기능을 활용할 수 있다. '다음 주 일정을 분석하고 회의 준비에 필요한 시간을 확보해줘'와 같은 프롬프트가 가능하다.

예를 들어, 사용자가 '이번 주 회의 일정을 정리해줘'라고 요청하면, Copilot은 사용자의 일정 관리 도구를 통해 회의 일정을 정리하고, 필요한 정보를 제공할 수 있다. 이때 Copilot은 사용자의 일정, 참석자, 회의 주제 등을 고려하여 최적의 일정을 제안한다.

또한, Copilot은 사용자의 작업 패턴과 선호도를 학습하여 개인화된 도움을 제공한다. 예를 들어, 사용자가 자주 사용하는 문구나 서식을 기억하고, 이를 자동으로 적용하는 기능을 제공한다. 이러한 개인화된 도움을 통해 사용자는 반복적인 작업을 줄이고, 보다 중요한 업무에 집중할 수 있다.

Copilot의 또 다른 예로는 이메일 작성이 있다. 사용자가 '프로젝트 진행 상황에 대한 이메일 작성해줘'라고 요청하면, Copilot은 프로젝트 관련 정보를 바탕으로 이메일 초안을 작성해준다. 이때 Copilot은 사용자의 이전 이메일 패턴을 분석하여 적절한 어조와 형식을 사용한다. 이러한 기능은 사용자가 보다 빠르고 효율적으로 이메일을 작성하는 데 도움을 준다.

3) ChatGPT의 프롬프트 반응 메커니즘

ChatGPT의 프롬프트 반응 메커니즘은 자연스러운 대화를 중시한다. ChatGPT는 사용자의 질문에 대해 다양한 맥락을 이해하고, 적절한 답변을 제공할 수 있다. 이는 ChatGPT가 대량의 텍스트 데이터를 학습하여, 다양한 주제에 대한 지식을 가지고 있기 때문이다. ChatGPT의 프롬프트 반응 메커니즘을 이해하면 더 효과적인 프롬프트를 작성할 수 있다. 다음은 ChatGPT의 주요 반응 메커니즘이다.

(1) **컨텍스트 이해**: ChatGPT는 대화의 전체 맥락을 고려하여 응답한다. 따라서 이전 대화 내용을 참조하는 프롬프트가 효과적이다. 예를 들어, '앞서 설명한 인공지능의 윤리적 문제 중 프라이버시와 관련된 부분을 더 자세히 설명해줘'와 같이 이전 대화를 참조할 수 있다.

(2) **다중 턴 대화 지원**: ChatGPT는 연속적인 대화를 통해 복잡한 주제를 탐구할 수 있다. '인공지능의 발전 과정에 대해 설명해줘'로 시작하여 '그렇다면 딥러닝의 등장은 어떤 영향을 미쳤어?'와 같이 대화를 발전시킬 수 있다.

(3) **역할 설정 반응**: ChatGPT는 특정 역할이나 페르소나를 맡아 응답할 수 있다. '너는 환경 전문가야. 기후 변화가 해양 생태계에 미치는 영향에 대해 설명해줘'와 같이 특정 역할을 부여할 수 있다.

(4) **형식 지정 응답**: ChatGPT는 요청된 형식에 맞춰 응답할 수 있다. '5 단락 에세이 형식으로 디지털 혁명의 영향에 대해 설명해줘'와 같이 특정 형식을 요청할 수 있다.

(5) **창의적 작업 수행**: ChatGPT는 창의적인 작업을 수행할 수 있다. '우주 탐사를 주제로 한 단편 소설의 줄거리를 만들어줘'와 같은 창의적인 작업을 요청할 수 있다.

(6) 다국어 지원: ChatGPT는 다양한 언어로 소통할 수 있다. '다음 내용을 프랑스어로 번역해줘'와 같이 언어 전환을 요청할 수 있다.

(7) 코드 생성 및 설명: ChatGPT는 프로그래밍 관련 작업을 수행할 수 있다. 'Python으로 간단한 웹 스크래퍼를 만드는 코드를 작성해줘'와 같은 코딩 관련 프롬프트를 사용할 수 있다.

(8) 정보의 한계 인식: ChatGPT는 자신의 지식의 한계를 인식한다. 최신 정보나 개인적인 데이터에 대해서는 '죄송합니다. 제가 가진 정보는 [특정 날짜]까지의 것이어서 최신 정보는 제공하기 어렵습니다'와 같이 응답할 수 있다.

예를 들어, 사용자가 '오늘 날씨가 어떤가?'라고 묻는 경우, ChatGPT는 사용자가 있는 위치를 파악하고, 해당 지역의 날씨 정보를 제공할 수 있다. 또한, 사용자가 '오늘 날씨가 어떤가?'라고 묻는 경우, ChatGPT는 '어느 지역의 날씨를 알고 싶으신가요?'라는 추가 질문을 통해 보다 구체적인 정보를 얻을 수 있다. 이를 통해 사용자는 필요한 정보를 보다 정확하게 얻을 수 있다.

또한, ChatGPT는 사용자의 질문을 분석하여 적절한 추가 정보를 제공할 수 있다. 예를 들어, 사용자가 '오늘 날씨가 어떤가?'라고 묻는 경우, ChatGPT는 '어느 지역의 날씨를 알고 싶으신가요?'라는 추가 질문을 통해 보다 구체적인 정보를 얻을 수 있다. 이를 통해 사용자는 필요한 정보를 보다 정확하게 얻을 수 있다.

ChatGPT의 또 다른 예로는 창의적인 글쓰기가 있다. 사용자가 '판타지 소설의 첫 문장을 작성해줘'라고 요청하면, ChatGPT는 판타지 소설의 첫 문장을 작성해줄 수 있다. 이때 ChatGPT는 다양한 판타지 소설의 문체와 주제를 참고하여 창의적이고 흥미로운 첫 문장을 작성한다. 이러한 기능은 사용자가 창의적인 작업을 보다 쉽게 시작할 수 있도록 돕는다.

MS365 Copilot과 ChatGPT는 각각 고유한 특성과 강점을 가지고 있다. Copilot은 Microsoft 365 환경에서의 생산성 향상에 특화되어 있으며, 사용자의 개인 및 조직 데이터를 활용할 수 있다. 반면 ChatGPT는 더 넓은 범위의 주제에 대해 유연하게 대응할 수 있는 범용 AI 모델이다. 효과적인 프롬프트 작성을 위해서는 각 시스템의 특성을 이해하고, 그에 맞는 접근 방식을 채택해야 한다.

Copilot을 사용할 때는 구체적인 Office 작업과 관련된 지시를 제공하고, 조직 내 데이터를 활용하는 것이 효과적이다. ChatGPT를 사용할 때는 더 개방적이고 다양한 주제에 대한 탐구가 가능하며, 창의적인 작업이나 다단계 대화를 통한 복잡한 문제 해결에 적합하다. 두 시스템 모두 사용자의 의도를 명확히 전달하고, 단계별로 구체적인 지시를 제공하는 것이 중요하다. 이러한 이해를 바탕으로 각 AI 시스템의 장점을 최대한 활용할 수 있는 프롬프트를 설계할 수 있다.

결론적으로, MS365 Copilot과 ChatGPT는 각각의 프롬프트 설계 원리와 반응 메커니즘에 차이가 있다. Copilot은 주로 업무 생산성을 높이는 데 중점을 두며, 개인화된 도움을 제공한다. 반면, ChatGPT는 자연스러운 대화를 중시하며, 다양한 주제에 대한 넓은 범위의 지원을 제공한다. 이러한 차이를 이해하고, 각 시스템의 장점을 활용함으로써 사용자는 보다 효율적이고 효과적으로 인공지능을 활용할 수 있다.

3. 사용자 경험을 향상시키는 프롬프트 디자인

1) 브레인스토밍과 아이디어 발상을 위한 질문 기법

브레인스토밍과 아이디어 발상은 창의적 문제 해결의 핵심이다. AI 모델을 활용한 효과적인 브레인스토밍을 위해서는 특별히 설계된 프롬프트가 필요하다. 이러한 프롬프트는 창의성을 자극하고, 다양한 관점을 탐색하며, 기존의 제약에서 벗어나 새로운 아이디어를 생성하도록 돕는다.

[그림5] 브레인스토밍하는 사람들의 모습, 코파일럿 생성

(1) 역설적 질문 기법: 이 기법은 문제를 반대로 생각해보는 것이다. 예를 들어, 고객 만족도를 높이는 방법을 찾는 대신 '고객을 완전히 실망시키는 방법은 무엇일까?'라고 묻는다. 이후 도출된 답변을 반대로 해석하여 실제 해결책을 찾는다.

프롬프트 예시: 우리 제품의 사용자 경험을 최악으로 만드는 10가지 방법을 제안해줘. 그리고 각각의 반대되는 긍정적 접근법을 제시해줘.

(2) SCAMPER 기법 활용: SCAMPER는 Substitute(대체), Combine(결합), Adapt(적용), Modify(수정), Put to another use(다른 용도), Eliminate(제거), Reverse(뒤집기)의 약자로, 각 요소를 기반으로 아이디어를 발전시키는 기법이다.

프롬프트 예시: 현재의 스마트폰 디자인에 SCAMPER 기법을 적용해서 혁신적인 새 모델을 제안해줘. 각 요소별로 하나씩 아이디어를 제시해.

(3) 유추적 사고 촉진: 서로 다른 분야나 개념을 연결하여 새로운 아이디어를 도출하는 방법이다.

프롬프트 예시: 자연의 생태계와 도시 교통 시스템 사이의 유사점을 5가지 찾아줘. 그리고 이를 바탕으로 도시 교통 문제를 해결할 수 있는 혁신적인 아이디어를 3가지 제안해.

(4) 시간 여행 상상법: 미래나 과거의 관점에서 현재의 문제를 바라보는 방법이다.

프롬프트 예시: 50년 후의 미래에서, 현재의 온라인 교육 시스템을 바라본다면 어떤 점이 가장 구식으로 보일까? 그리고 그것을 개선하기 위해 현재에서 할 수 있는 혁신적인 아이디어 5가지를 제안해줘.

(5) 무작위 자극법: 랜덤한 단어나 개념을 제시하여 새로운 연결고리를 만드는 방법이다.

프롬프트 예시: 다음 5개의 랜덤 단어(나비, 우산, 블록체인, 요가, 달)를 사용해서 새로운 친환경 에너지 솔루션에 대한 아이디어를 만들어줘. 각 단어를 최소 한 번씩 사용해야 해.

(6) 극단적 제약 설정: 극단적인 제약을 설정하여 창의적 사고를 자극하는 방법이다.

프롬프트 예시: 만약 모든 디지털 기기의 사용이 갑자기 불가능해진다면, 현대 사회의 주요 서비스(교육, 의료, 금융 등)를 어떻게 유지할 수 있을까? 각 분야별로 3가지씩 혁신적인 해결책을 제안해줘.

(7) 다중 관점 접근법: 다양한 이해관계자의 관점에서 문제를 바라보는 방법이다.

프롬프트 예시: 도시 내 자전거 도로 확충에 대해 다음 5가지 관점(자전거 이용자, 자동차 운전자, 보행자, 상점 주인, 환경 운동가)에서 각각의 우려 사항과 기대사항을 나열해줘. 그리고 이 모든 관점을 고려한 최적의 해결책을 3가지 제안해.

이러한 질문 기법들을 활용하면 AI 모델로부터 더욱 창의적이고 다각적인 아이디어를 얻을 수 있다. 브레인스토밍 세션에서는 이러한 프롬프트들을 순차적으로 또는 조합하여 사용할 수 있으며, 각 단계에서 얻은 아이디어를 바탕으로 다음 단계의 프롬프트를 구성할 수도 있다. 중요한 것은 초기에는 아이디어의 양을 중시하고, 판단을 유보하는 것이다. 이후 단계에서 아이디어를 평가하고 발전시키는 프롬프트를 사용할 수 있다.

2) 문제 해결 프로세스에 적용하는 질문 프레임워크

효과적인 문제 해결을 위해서는 체계적인 접근이 필요하다. AI 모델을 활용한 문제 해결 프로세스에서는 각 단계에 맞는 질문 프레임워크를 사용하여 더 깊이 있고 구조화된 해결책을 도출할 수 있다. 다음은 문제 해결 프로세스의 각 단계별 질문 프레임워크와 그에 따른 프롬프트 예시다.

(1) 문제 정의 단계

- **5W1H 프레임워크 활용**: 누가(Who), 무엇을(What), 어디서 (Where), 언제(When), 왜(Why), 어떻게(How)를 명확히 하는 질문 들을 사용한다.

프롬프트 예시: 우리 회사의 고객 이탈률 증가 문제에 대해 5W1H 프레임 워크를 사용하여 분석해줘. 각 요소별로 상세한 설명을 포함해야 해.

(2) 원인 분석 단계

- **5 Whys 기법 적용**: 문제의 근본 원인을 찾기 위해 연속적으로 '왜?' 라는 질문을 5번 던진다.

프롬프트 예시: 우리 회사의 제품 품질 저하 문제에 대해 5 Whys 기법을 적용해줘. 각 단계에서 가능한 여러 원인을 제시하고, 가장 타당한 원인을 선택하여 다음 단계로 넘어가는 방식으로 분석해.

(3) 해결책 도출 단계

- **TRIZ 개념 활용**: 창의적 문제 해결 이론인 TRIZ의 40가지 발명 원리 를 적용한다.

프롬프트 예시: 우리 회사의 생산 공정 효율성 문제에 TRIZ의 40가지 발명 원리 중 가장 적합한 5가지를 선택하여 적용해줘. 각 원리별로 구체적인 해 결책을 제안하고, 그 적용 방법을 설명해.

(4) 의사결정 단계

- **의사결정 매트릭스 작성**: 여러 대안을 평가 기준에 따라 비교 분석 한다.

프롬프트 예시: 새로운 마케팅 전략 3가지(소셜미디어 캠페인, 인플루언서 마케팅, 전통 광고)에 대해 의사결정 매트릭스를 만들어줘. 평가 기준은 비용 효율성, 도달 범위, 브랜드 이미지 향상, 실행 용이성으로 하고, 각 기준의 가중치도 설정해.

(5) 실행 계획 수립 단계

• **SMART 목표 설정**: Specific(구체적), Measurable(측정 가능한), Achievable(달성 가능한), Relevant(관련성 있는), Time-bound(기한이 있는) 목표를 설정한다.

프롬프트 예시: 새로운 고객 서비스 개선 프로젝트를 위한 SMART 목표를 5가지 설정해줘. 각 목표는 구체적인 수치와 기한을 포함해야 하며, 현재 상황과 비교하여 달성 가능한 수준이어야 해.

(6) 모니터링 및 평가 단계

• **KPI 설정 및 대시보드 설계**: 주요 성과 지표를 설정하고 이를 모니터링할 수 있는 대시보드를 설계한다.

프롬프트 예시: 새로 도입한 온라인 고객 지원 시스템의 성과를 모니터링하기 위한 KPI를 5가지 제안하고, 각 KPI를 추적할 수 있는 대시보드 레이아웃을 설계해줘. 대시보드는 경영진이 한눈에 성과를 파악할 수 있도록 시각적 요소를 포함해야 해.

(7) 개선 및 최적화 단계

• **퍼팅 프레임워크 적용**: 현재 상태(Put), 바람직한 상태(Pull), 걸림돌(Pushes), 촉진요인(Plows)을 분석한다.

프롬프트 예시: 우리 회사의 재택근무 정책 최적화를 위해 퍼팅 프레임워크를 적용해줘. 현재 상태, 바람직한 상태, 걸림돌, 촉진요인을 각각 5가지씩 제시하고, 이를 바탕으로 정책 개선을 위한 3가지 핵심 전략을 도출해.

이러한 질문 프레임워크를 활용하면 문제 해결 프로세스의 각 단계에서 더욱 체계적이고 심도 있는 분석과 해결책 도출이 가능하다. AI 모델은 이러한 프레임워크에 따라 구조화된 응답을 제공할 수 있으며, 사용자는 이를 바탕으로 더 나은 의사결정을 할 수 있다. 중요한 점은 각 단계에서 얻은 정보를 다음 단계의 프롬프트에 반영하여 연속성을 유지하는 것이다. 또한, 필요에 따라 이전 단계로 돌아가 재분석을 요청하는 유연한 접근도 가능하다.

3) 팀 협업 시나리오에서의 효과적인 질문 활용법

팀 협업 환경에서 AI 모델을 활용할 때는 개인 작업과는 다른 접근이 필요하다. 효과적인 팀 협업을 위한 질문은 의사소통을 촉진하고, 다양한 관점을 통합하며, 합의를 도출하는 데 도움을 줘야 한다. 다음은 팀 협업 시나리오에서 활용할 수 있는 효과적인 질문 기법과 프롬프트 예시다.

[그림6] 팀 협업 시나리오 관련 AI가 생성한 그림

(1) 역할 분담 및 책임 명확화

- **RACI 매트릭스 활용**: Responsible(책임자), Accountable(승인자), Consulted(자문), Informed(통보대상)를 명확히 한다.

프롬프트 예시: 새로운 제품 출시 프로젝트에 대한 RACI 매트릭스를 작성해줘. 주요 업무는 제품 기획, 디자인, 개발, 마케팅, 품질 관리, 고객 지원으로 하고, 팀 구성원은 프로젝트 매니저, 디자이너, 개발자, 마케터, QA 엔지니어, 고객 지원 담당자로 해.

(2) 회의 효율성 향상

- **6인 6색 사고기법 적용**: 6가지 다른 관점(사실, 감정, 비판, 긍정, 창의, 과정)에서 문제를 바라본다.

프롬프트 예시: 신규 서비스 론칭에 대해 6인 6색 사고기법을 적용한 회의 시나리오를 만들어줘. 각 역할별로 5가지씩 질문이나 의견을 제시하고, 이를 종합하여 최종 3가지 핵심 결정사항을 도출해.

(3) 갈등 해결 및 합의 도출

- **이해관계자 매핑 기법**: 프로젝트나 결정에 영향을 받는 모든 이해관계자를 식별하고 그들의 관심사와 영향력을 분석한다.

프롬프트 예시: 우리 회사의 새로운 환경 정책 도입에 대한 이해관계자 매핑을 해줘. 내부 이해관계자(경영진, 직원, 노조 등)와 외부 이해관계자(고객, 협력업체, 지역사회, 규제기관 등)를 모두 포함해. 각 이해관계자의 관심사, 영향력, 지지도를 분석하고, 갈등 가능성이 높은 지점을 3가지 찾아내 해결 방안을 제시해.

(4) 창의적 문제 해결

- **디자인 씽킹 프로세스 적용**: 공감, 문제 정의, 아이디어 도출, 프로토타입 제작, 테스트의 단계를 거친다.

프롬프트 예시: 고령 사용자를 위한 새로운 모바일 앱 개발에 디자인 씽킹 프로세스를 적용해줘. 각 단계별로 팀이 수행해야 할 활동을 3가지씩 제안하고, 각 활동에서 사용할 수 있는 구체적인 질문이나 워크숍 방법을 포함해.

(5) 프로젝트 진행 상황 모니터링

- **애자일 스크럼 방식 활용**: 스프린트 계획, 일일 스크럼, 스프린트 리뷰, 회고 미팅 등의 구조를 활용한다.

프롬프트 예시: 2주 단위 스프린트로 진행되는 웹사이트 리뉴얼 프로젝트의 애자일 스크럼 프로세스를 설계해줘. 각 미팅 유형별로 주요 안건과 팀원들이 답해야 할 핵심 질문 3가지씩을 포함해. 특히 일일 스크럼에서 사용할 수 있는 간단하면서도 효과적인 진행 상황 공유 템플릿을 제안해.

(6) 팀 성과 평가 및 개선

- **360도 피드백 방식 적용**: 동료, 상사, 부하직원 등 다양한 관점에서의 평가를 종합한다.

프롬프트 예시: 마케팅 팀의 성과 향상을 위한 360도 피드백 설문지를 만들어줘. 평가 항목은 전문성, 협업 능력, 의사소통 능력, 창의성, 책임감으로 하고, 각 항목별로 3개의 구체적인 질문을 포함해. 또한 피드백 결과를 팀 전체와 공유할 때 사용할 수 있는 건설적인 토론 가이드라인 5가지를 제안해.

(7) 지식 공유 및 학습 촉진

- **액션 러닝 기법 활용**: 실제 문제를 팀이 함께 해결하면서 학습하는 방식을 적용한다.

프롬프트 예시: 고객 서비스 품질 향상을 위한 액션 러닝 세션을 설계해줘. 6명으로 구성된 팀이 8주 동안 진행할 수 있는 프로그램으로, 각 주차별 학습 목표와 활동 내용을 제안해. 특히 팀원들이 서로의 경험과 지식을 공유할 수 있는 효과적인 질문 기법 5가지를 포함하고, 각 기법의 사용 시점과 방법을 설명해.

(8) 원격 협업 효율성 제고

- **가상 팀 빌딩 활동 설계**: 물리적 거리를 극복하고 팀 결속력을 높이는 활동을 기획한다.

프롬프트 예시: 전 세계 각지에 있는 10명의 개발자로 구성된 가상 팀을 위한 팀 빌딩 활동을 설계해줘. 1개월 동안 매주 1시간씩 진행할 수 있는 4개의 세션으로 구성하고, 각 세션은 서로를 알아가기, 신뢰 구축, 의사소통 향상, 문제 해결 능력 개발을 목표로 해. 각 세션에서 사용할 수 있는 온라인 협업 도구와 함께 구체적인 활동 내용과 진행 방식을 제안해.

이러한 질문 활용법을 통해 팀 협업 시나리오에서 AI 모델을 더욱 효과적으로 활용할 수 있다. 중요한 점은 AI의 답변을 그대로 수용하기보다는 팀 토론의 출발점으로 활용하는 것이다. AI가 제시한 아이디어나 분석을 바탕으로 팀원들이 자신의 경험과 전문성을 더해 논의를 발전시켜 나가야 한다.

또한, 팀의 다양성을 고려하여 모든 구성원이 의견을 낼 수 있는 포용적인 환경을 조성하는 것이 중요하다. AI 모델을 활용할 때도 다양한 관점과 배경을 가진 팀원들의 입장을 고려하여 질문을 구성해야 한다. 예를 들어, '다양한 문화적 배경을 가진 팀원들이 이 프로젝트에서 겪을 수 있는 어려움은 무엇이며, 이를 해결하기 위한 방안은 무엇인가?'와 같은 질문을 통해 포용성을 높일 수 있다.

마지막으로, AI 모델의 한계를 인식하고 윤리적 고려사항을 항상 염두에 두어야 한다. 개인정보 보호, 편향성 방지, 투명성 확보 등의 이슈에 대해 팀 내에서 충분히 논의하고, AI 활용에 대한 가이드라인을 수립하는 것이 바람직하다. 이를 위해 '우리 팀의 AI 활용이 윤리적 문제를 일으키지 않는지 확인하기 위한 체크리스트를 만들어줘'와 같은 프롬프트를 사용할 수 있다.

효과적인 팀 협업을 위한 AI 활용은 단순히 기술적인 문제가 아니라 조직 문화와 리더십의 문제이기도 하다. AI를 도구로 활용하되, 궁극적으로는 인간 중심의 협업과 의사결정이 이루어져야 함을 항상 기억해야 한다.

Epilogue

'질문으로 시작하는 친절한 프롬프트'라는 주제로 우리는 AI 시대의 새로운 소통 방식에 대해 탐구했다. 이제 우리는 AI와의 대화를 통해 문제를 해결하고, 아이디어를 발전시키며, 팀을 효과적으로 이끌어갈 수 있는 능력을 갖추게 되었다. 그러나 이 여정의 끝은 단순히 기술을 습득하는 것이 아니라, 우리의 사고방식과 접근 방법을 근본적으로 변화시키는 것이다.

AI 프롬프트 엔지니어링은 단순한 기술이 아니라 하나의 예술이다. 좋은 질문을 만드는 것은 과학적 정확성과 창의적 직관이 조화를 이루는 지점에서 시작된다. 우리가 AI에게 던지는 질문은 단순히 정보를 요청하는 것이 아니라, 새로운 가능성의 문을 여는 열쇠이다. 적절한 질문은 AI의 능력을 최대한 끌어내고, 동시에 우리 자신의 사고를 확장시킨다.

이번 장을 통해 우리는 효과적인 질문 작성법, MS365 Copilot과 ChatGPT의 특성, 그리고 다양한 협업 상황에서의 AI 활용법을 학습했다. 이러한 지식과 기술은 앞으로 더욱 AI 의존적이 될 미래 사회에서 중요한 경쟁력이 될 것이다. 그러나 이보다 더 중요한 것은 이러한 도구를 어떻게 인간의 창의성과 윤리성, 그리고 공동체 의식과 조화롭게 사용할 것인가에 대한 고민이다.

AI는 강력한 도구지만, 그것은 여전히 도구일 뿐이다. AI가 제공하는 답변은 우리의 질문에 대한 반영이며, 우리가 입력한 데이터와 알고리즘의 산물이다. 따라서 AI를 사용하는 우리는 항상 비판적 사고를 유지해야 한다. AI의 답변을 맹목적으로 수용하는 것이 아니라, 그것을 우리의 지식과 경험, 그리고 직관과 조화롭게 통합하는 능력이 필요하다.

또한, AI 시대의 윤리적 문제에 대해서도 깊이 고민해야 한다. 개인정보 보호, 알고리즘의 편향성, AI 의존도 증가에 따른 인간 능력의 퇴화 등 다양한 문제들이 제기되고 있다. 이러한 문제들에 대해 우리는 항상 경계심을 가지고 접근해야 하며, AI를 사용할 때마다 그것이 개인과 사회에 미칠 영향을 신중히 고려해야 한다.

AI와의 대화는 결국 우리 자신과의 대화이기도 하다. AI에게 던지는 질문을 통해 우리는 자신의 사고 과정을 들여다보고, 우리가 가진 가정과 편견을 발견할 수 있다. 이는 자기 성찰의 도구로서 AI를 활용할 수 있는 흥미로운 가능성을 제시한다. 예를 들어, 복잡한 의사결정 상황에서 AI에게 다양한 관점에서의 분석을 요청함으로써, 우리가 미처 고려하지 못한 측면을 발견할 수 있다.

앞으로 AI 기술은 더욱 발전하여 지금으로서는 상상하기 어려운 수준의 능력을 갖추게 될 것이다. 그러나 그 과정에서 우리가 잃지 말아야 할 것은 인간만의 고유한 가치다. 공감 능력, 도덕적 판단, 창의적 직관, 그리고 인간 관계의 복잡성을 이해하는 능력 등은 AI가 쉽게 대체할 수 없는 인간만의 강점이다. 우리는 이러한 능력을 계속해서 발전시키면서, 동시에 AI의 장점을 최대한 활용하는 방법을 모색해야 한다.

'질문으로 시작하는 친절한 프롬프트'는 단순히 AI를 더 잘 사용하는 방법을 넘어, 우리가 세상을 바라보는 방식을 변화시키는 철학이 될 수 있다. 좋은 질문은 단순히 답을 얻기 위한 것이 아니라, 새로운 가능성을 열고 더 나은 미래를 상상하게 만든다. AI 시대에 우리에게 필요한 것은 단순히 더 많은 정보가 아니라, 그 정보를 의미 있게 만들고 지혜로 전환할 수 있는 능력이다.

이 내용을 읽은 독자들에게 권하고 싶은 것은, AI를 두려워하거나 맹신하지 말고 현명한 파트너로 여기라는 것이다. AI와의 대화를 통해 우리의 사고를 확장하고 새로운 아이디어를 발견하며 더 나은 결정을 내릴 수 있다. 그러나 동시에 AI의 한계를 인식하고 인간만이 할 수 있는 역할에 대해 끊임없이 고민해야 한다.

마지막으로, AI 시대의 리더십에 대해 생각해보자. 미래의 리더는 AI를 효과적으로 활용하면서도 팀원들의 인간적 가치를 존중하고 발전시킬 수 있어야 한다. AI가 제공하는 데이터와 분석을 바탕으로 의사결정을 하되 최종적인 판단은 인간의 직관과 경험, 그리고 윤리적 고려를 통해 이루어져야 한다. 이를 위해 리더는 끊임없이 학습하고 변화에 적응하며 팀원들과 열린 소통을 해야 한다.

'질문으로 시작하는 친절한 프롬프트'의 여정은 여기서 끝나지 않는다. 이는 계속해서 진화하고 발전하는 과정이다. 우리가 AI에게 던지는 질문이 더 나은 세상을 만드는 데 기여할 수 있기를 바란다. 좋은 질문은 단순히 정보를 얻는 것을 넘어 우리의 사고를 확장하고 새로운 가능성을 열며 더 나은 미래를 상상하게 만든다.

이제 당신은 AI와의 대화를 통해 무한한 가능성의 세계로 나아갈 준비가 되었다. 두려워하지 말고 호기심을 가지고 질문하라. 그리고 그 과정에서 자신만의 독특한 관점과 창의성을 잃지 않기를 바란다. AI 시대의 진정한 승자는 기술을 가장 잘 다루는 사람이 아니라 기술과 인간성을 가장 조화롭게 통합할 수 있는 사람이 될 것이다.

나의 글이 당신의 AI 여정에 작은 나침반이 되기를 바란다. 이제 당신의 첫 번째 질문으로 새로운 모험을 시작해보자. 당신의 질문이 어떤 놀라운 답변과 통찰을 이끌어낼지 그리고 그것이 어떻게 당신의 삶과 일, 그리고 세상을 변화시킬지 상상해보라. 미래는 이미 여기에 와 있다. 그리고 그 미래는 우리가 던지는 질문으로부터 시작된다.

후카츠 프롬프트 기법

최 재 용

제4장
후카츠 프롬프트 기법

Prologue

후카츠 프롬프트 기법은 인공지능 시대의 새로운 프롬프트 기법이다. 단순히 질문에 답하는 것을 넘어, 우리의 상상력을 끌어내고 다양한 분야에서 창의적인 결과물을 만들어낼 수 있도록 돕는 혁신적인 기술이다. 후카츠 프롬프트 기법의 개념, 응용 사례, 장단점을 다각도로 조명하여 한국인의 정서에 맞게 이해하고 접근할 수 있도록 돕는 것을 목표로 한다.

후카츠 프롬프트 기법은 인공지능과 인간의 상호작용을 새로운 차원으로 이끄는 혁신적인 접근 방식이다. 이 기법은 인공지능 기술을 활용하여 창의적이고 개인화된 콘텐츠를 생성함으로써, 사용자가 특정 목적이나 프로젝트에 맞는 맞춤형 결과물을 얻을 수 있게 돕는다. 본문에서는 후카츠 프롬프트 기법의 핵심 개념, 그것이 어떻게 다양한 분야에서 활용될 수 있는지, 그리고 이 기법이 가진 독특한 장점과 직면한 도전 과제에 대해 논의할 것이다.

1) 후카츠 프롬프트 기법의 개념과 작동원리

후카츠 프롬프트 기법은 복잡한 데이터 분석, 창작 과정, 또는 의사 결정 과정에서 인공지능을 활용하는 방법에 관한 것이다. 사용자는 인공지능 모델에게 구체적이고 명확한 지시를 통해 원하는 출력을 유도한다. 이러한 지시는 인공지능 모델이 처리할 수 있는 형태로 제공되며, 모델은 이를 바탕으로 사용자의 요구 사항을 충족시키는 결과물을 생성한다.

'후카츠식 프롬프트'는 후카츠 다카유키씨가 개발한 일본식 프롬프트 기법으로 기본 형식은 '#지침(명령서), 제약조건, 입력문, 출력문'의 형식으로 입력하면 된다.

후카츠 프롬프트의 예를 표로 아래와 같이 만들어 보았다.

#지침 :
당신은 [역할]입니다.
아래의 제약조건과 입력문을 기반으로, 최상의 결과를 출력하세요.

#제약조건:
[제약조건들에 관한 텍스트]

#입력문:
[입력문 텍스트]

#출력문:

[표1] 후카츠 프롬프트 기본형식

후카츠 프롬프트는 단일질문의 형식으로 지침이나 제약조건 등을 넣고 입력문만 바꾸어서 답변을 생성함으로 제안서나 기획서 작성시 효율적이다.

2) 후카츠 프롬프트 영상보기

[그림1] 후카츠 프롬프트 유튜브 영상보기

2. 다양한 활용 분야

후카츠 프롬프트 기법은 그 유연성과 범용성 덕분에 여러 분야에서 큰 잠재력을 발휘한다. 예를 들어, 창작 예술에서는 이 기법을 사용하여 독창적인 그림, 음악, 글 등을 생성할 수 있다. 교육 분야에서는 개인화된 학습 자료를 제작하여 학생들에게 맞춤형 교육 경험을 제공하는 데 사용될 수 있다. 마케팅과 광고에서는 타겟 고객에게 맞춤화된 콘텐츠를 생성하여 효과적인 커뮤니케이션 전략을 개발하는 데 활용될 수 있다.

후카츠 프롬프트 기법의 가장 큰 장점 중 하나는 창의적 과정을 촉진하고 가속화한다는 것이다. 사용자는 인공지능의 도움을 받아 기존에는 생각하지 못했던 아이디어를 탐색하고, 새로운 창작물을 신속하게 생성할 수 있다. 또한, 이 기법은 효율성을 크게 향상시키며, 반복적이고 시간이 많이 소요되는 작업을 자동화함으로써 사용자가 더 중요한 창의적 활동에 집중할 수 있게 해준다.

4. 사업계획서 작성 활용 사례

1) 사업계획서 작성 - 후카츠 프롬프트 예시

#명령어:
당신은 [사업계획서 작성 전문가]입니다.
아래의 제약 조건과 입력된 문장을 바탕으로 [P-S-S-T 방식 사업계획서]을 출력하세요.

#제약 조건 :
 - 새로운 마케팅 전략적 방향 제시
- 효과를 기대할 수 있는 방법을 제시하다.
- 목차는 문제인식(Problem), 실현가능성(Solution), 성장전략(Scale-Up), 팀구성 (Team) 순서로 출력
- 문제인식(Problem)은 1-1.창업 아이템 배경 및 필요성, 1-2.목표시장(고객) 현황 분석을 포함
- 실현가능성(Solution)은 2-1.창업아이템 현황(준비정도), 2-2.창업 아이템 실현 및 구체화 방안을 포함
- 성장전략(Scale-Up)은 3-1.창업 아이템 사업화 추진전략, 3-2.창업 아이

템 사업화 추진 전략, 3-3.사업 추진 일정 및 자금운용 계획 및 자금운용 계획을 포함
- 팀구성(Team)은 4-1.대표자(팀) 현황 및 보유역량, 4-2.외부 협력 현황 및 활용 계획, 4-3.중장기 사회적 가치 도입계획을 포함
- 문장을 간결하게 알기 쉽게

#입력문 : 나는 대학에서 상담학을 전공하고 자본금 1억원으로 1년안에 진행할 사업계획을 작성하려 합니다. 나의 대상 고객은 30-40대 대한민국 전문직 남녀로 결혼 적령기에 있으나 짝을 찾지 못한 분들이 인공지능 매칭 플랫폼을 활용하여 취미, 성격, MBTI, 컬러 등등의 분석을 통해 마음에 맞는 상대를 찾고 오프라인에서 만나는 이벤트도 하는 사업을 구상중입니다. 1년 회비는 12만원이고 1회 이벤트 참가비는 5만원입니다.

#출력문: 2024년 예비창업 패키지 사업계획서 양식을 참조하여 작성해줘.

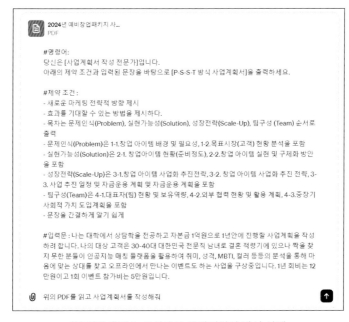

[그림2] 후카츠 프롬프트 사업계획서 작성 사례

2) 후카츠 프롬프트를 활용해 완성한 사업계획서

아래와 같이 후카츠 프롬프트로 지시한 내용에 사업계획서가 작성된다.

---

1. 문제인식

1-1. 창업 아이템 배경 및 필요성

대한민국의 30-40대 미혼 전문직 남녀가 직면한 심각한 소셜 매칭 문제를 해결할 필요가 있다. 기존의 매칭 서비스는 개인의 가치와 취미를 반영한 맞춤형, 안전한 솔루션을 제공하지 못한다.

1-2. 목표시장(고객) 현황 분석

맞춤형, 관심사 기반의 안전한 매칭 서비스를 찾는 30-40대 미혼 전문직 남녀를 대상으로 한다. 현재 매칭 서비스가 이들의 요구를 충족시키지 못하는 점을 기회로 본다.

2. 실현가능성

2-1. 창업아이템 현황(준비정도)

AI 기반 플랫폼 개발이 진행 중이며, 취미, 성격, MBTI, 컬러 분석을 활용해 매칭을 보장하고, 철저한 검증 과정을 통해 안전성을 확보한다.

2-2. 창업 아이템 실현 및 구체화 방안

AI 챗봇을 도입하여 사용자 상호작용을 강화하고, 오프라인 이벤트를 주최하여 실제 만남을 제공하며, 사용자 친화적 인터페이스로 원활한 경험을 제공한다.

3. 성장전략

3-1. 창업 아이템 사업화 추진전략

연회비 120,000원, 이벤트 참가비 50,000원의 경쟁력 있는 가격 모델로 시장에 진입하여 서비스를 대중화한다.

3-2. 사업 모델

온라인 플랫폼 매칭과 오프라인 이벤트 호스팅을 결합하여 포괄적인 매칭 생태계를 구축한다. 관련 사업체 및 커뮤니티 조직과의 파트너십을 통해 서비스 제공을 확장한다.

3-3. 사업 추진 일정 및 자금운용 계획

플랫폼 개발로 시작하여 전략적 마케팅과 파트너십을 통한 시장 침투, 사용자 피드백과 재무 성과에 기반한 운영 확장으로 단계적 접근을 취한다.

[그림3] ChatGPT4 결과물

4. 팀구성

4-1. 대표자(팀) 현황 및 보유역량

상담학 전공자를 포함한 창립자가 이끄는 팀은 AI 개발 및 마케팅 전문가로 구성되어 플랫폼의 성공적인 기반을 마련한다.

4-2. 외부 협력 현황 및 활용 계획

이벤트 주최자, 커뮤니티 그룹 및 기술 플랫폼과의 협력을 탐색하여 서비스 제공 범위를 확장하고, 서비스의 품질을 강화할 계획이다.

4-3. 중장기 사회적 가치 도입계획

단순한 결혼 중개를 넘어 싱글들에게 지지하는 커뮤니티를 조성하여 사회적 안녕과 대한민국의 인구 문제에 기여하는 것을 목표로 한다.

이 계획서는 대상 고객의 미충족 요구를 해결하는 동시에, 팀의 강점과 외부 협력을 활용하여 AI 매칭 플랫폼을 출시하고 규모를 확장하는 전략적 접근을 개요화합니다.

[그림4] ChatGPT4 결과물

Epilogue

후카츠 프롬프트 기법은 인공지능을 활용한 창의적 작업의 새로운 지평을 열었다. 이 기법은 다양한 분야에서 창의성을 촉진하고 효율성을 향상시키는 데 기여할 수 있다.

후카츠 프롬프트 기법은 인공지능 기술의 발전과 함께 우리 생활 깊숙이 자리 잡았으며, 이는 우리가 정보를 처리하고 창의적인 아이디어를 구현하는 방식에 혁명을 가져왔다. 본 전자책을 통해 소개된 후카츠 프롬프트 기법은 단순한 기술을 넘어서 인간의 창의성과 인공지능의 계산 능력이 융합된 새로운 차원의 상호작용을 가능하게 한다. 이를 통해 우리는 복잡한 문제를 해결하고, 개인화된 콘텐츠를 생성하며, 더 나아가 인간의 상상력을 확장할 수 있는 무한한 가능성을 열어가고 있다.

후카츠 프롬프트 기법의 도입은 여러 분야에서 창의적인 접근 방식을 재정의하고 있다. 예술가들은 개인적인 표현의 새로운 형태를 탐구할 수 있게 되었고, 교육자들은 학습자의 요구에 맞춘 맞춤형 교육 자료를 제공함으로써 교육의 질을 향상시키고 있다. 또한, 마케팅 전문가들은 타겟 고객에게 더욱 개인화되고 참여적인 콘텐츠를 제공하여 그들의 관심을 끌고 있다. 이 모든 것이 가능해진 것은 후카츠 프롬프트 기법이 제공하는 유연성과 창의성 덕분이다.

하지만, 후카츠 프롬프트 기법의 활용은 여기서 멈추지 않는다. 미래에는 이 기법이 더욱 발전하여 인간과 기계 간의 상호작용을 더욱 깊고 의미 있는 수준으로 이끌 것이다. 인공지능의 발전은 끊임없이 우리의 한계를 시험하고, 후카츠 프롬프트 기법은 이러한 발전을 인간의 창의력과 결합시켜 새로운 가능성의 지평을 열어가고 있다.

결론적으로, 후카츠 프롬프트 기법은 단순한 기술적 진보를 넘어서 우리가 세계를 인식하고 창조하는 방식에 근본적인 변화를 가져오고 있다. 이 전자책을 통해 독자들이 후카츠 프롬프트 기법의 가치와 잠재력을 이해하고, 자신의 분야에서 이를 활용하여 새로운 창조적 성과를 이루어내길 바란다. 인공지능 시대의 새로운 지평을 열어가는 후카츠 프롬프트 기법이 우리 모두에게 영감을 주고, 더 나은 미래를 구현하는 데 중요한 역할을 할 것이다.

5

RAG 기반의
업무 최적화

홍 건 표

RAG 기반의 업무 최적화

Prologue

정보가 새로운 화폐로 자리 잡은 시대에서, 관련 데이터를 효과적으로 검색하고 활용하는 능력은 매우 중요하다. RAG(Retrieval-Augmented Generation)는 이 혁명의 최전선에 서서 방대한 데이터 저장소와 유용한 분석 결과 사이의 격차를 메우고 있다.

RAG는 고급 검색 메커니즘과 대형 언어 모델(LLM)의 생성 능력을 결합하여 다양한 산업을 변화시키는 동적 도구이다. 전통적인 모델은 강력하지만, 종종 정적인 데이터셋에 의존한다. 이로 인해 금융, 의료, 고객 서비스와 같이 빠르게 변화하는 분야에서는 오래되거나 관련 없는 응답이 발생할 수 있다.

RAG는 실시간 데이터 검색을 생성 과정에 통합하여 이 문제를 해결한다. 이를 통해 응답이 정확하고 최신 상태로 유지된다. 이 접근 방식은 여러 연구와 산업 응용에서 입증된 바와 같이 모델이 맥락적으로 관련 있고, 사실적으로 정확한 정보를 제공하는 능력을 향상한다.

제5장 | RAG 기반의 업무 최적화 143

RAG의 다재다능함은 다양한 응용 분야에서 명확히 드러난다. 예를 들어, 콜센터에서 RAG는 고객 서비스 상담원에게 관련 고객 데이터와 잠재적 솔루션을 즉시 제공함으로써 응답 시간과 고객 만족도를 향상한다. 전자상거래에서는 Amazon Bedrock과 Kendra와 같은 플랫폼이 RAG를 활용하여 제품 추천 및 검색 기능을 강화하여 보다 개인화된 쇼핑 경험을 제공한다.

의료 부문에서는 RAG가 환자 기록 및 의학 문헌의 신속한 검색을 도와 더 정확한 진단과 개인 맞춤형 치료 계획을 수립할 수 있다. 특히 원격 의료 서비스에서는 포괄적인 데이터에 신속하게 접근하는 것이 환자 결과에 큰 영향을 미칠 수 있다.

교육 및 콘텐츠 생성은 RAG가 큰 진전을 이루고 있는 또 다른 분야이다. e러닝 플랫폼은 RAG를 활용하여 학생들이 질문에 대해 정확한 답변을 제공받을 수 있도록 방대한 교육 데이터베이스에서 정보를 검색한다. 이를 통해 학습 경험을 풍부하게 하고 더 상호작용적인 환경을 조성할 수 있다.

콘텐츠 생성자들은 RAG의 능력을 통해 맥락적으로 관련 있고 매력적인 카피를 생성할 수 있다. 마케팅 자료 작성이나 상세 보고서 생성 등에서 RAG는 광범위한 데이터 소스를 분석하여 대상 독자와 공감하는 콘텐츠를 신속하게 생산할 수 있다.

RAG는 놀라운 능력을 제공하지만, 몇 가지 도전 과제도 존재한다. 검색된 데이터의 품질과 관련성을 보장하고, 지연 시간을 관리하며, 데이터 프라이버시를 유지하는 것이 중요한 문제이다. 또한, 기술이 발전함에 따라 실시간 응용을 위한 계산 효율성을 유지하면서 검색 알고리즘의 정교함을 균형 있게 발전시키는 것이 필요하다. 예를 들어, 검색된 데이터의 품질을 보장하기 위해 정교한 필터링 메커니즘을 도입하거나, 지연 시간을 줄이기 위해 고성능 컴퓨팅 자원을 활용할 수 있다.

이러한 도전 과제에도 불구하고 RAG의 미래는 밝다. 지속적인 연구와 개발은 RAG 시스템의 강건성(robustness)과 확장성을 향상하는 데 중점을 두고 있다. 이러한 기술이 성숙해짐에 따라, 정보 검색 및 생성을 보다 직관적이고 영향력 있게 만들면서 데이터와 상호 작용하는 방식을 혁신할 잠재력을 가지고 있다.

RAG는 인공지능의 놀라운 발전을 입증하고 있다. 데이터 검색과 생성 능력을 원활하게 결합함으로써, RAG는 산업을 변화시키고 AI의 한계를 재정의하고 있다. 이 책은 RAG의 복잡한 개념을 탐구하고, 이론적 기초, 실용적인 응용 및 미래 전망을 다룬다. RAG의 엄청난 잠재력과 정보 기술의 미래를 형성하는 데 있어 그 역할을 탐구하는 여정에 함께 하길 바란다.

1. LLM과 RAG 그리고 Fine Tunning

1) LLM(Large Language Model)

LLM(대형 언어 모델)은 대규모 텍스트 데이터셋을 사용하여 훈련된 언어 모델로, 주어진 입력에 대해 텍스트를 생성한다.

LLM은 방대한 양의 데이터로 훈련되어 다양한 주제에 대해 지식을 가지고 있다. 이러한 모델은 추가 데이터 없이도 텍스트 생성이 가능하며,

입력된 텍스트에 대한 즉각적인 응답을 제공하여 사용하기에 매우 용이하다. 또한, 훈련된 데이터셋 내에서 일관성 있는 답변을 제공할 수 있는 장점이 있다.

그러나 몇 가지 단점도 존재한다.

첫째, LLM은 훈련된 이후에 발생한 최신 정보를 반영하지 못해 업데이트에 제한이 있다. 이는 최신 사건이나 정보가 모델의 응답에 포함되지 않는다는 의미이다.

둘째, 때때로 부정확하거나 잘못된 정보를 생성할 수 있어 정확성에 문제가 있을 수 있다. 이는 모델이 훈련 데이터 내의 편향이나 오류를 반영할 수 있기 때문이다.

셋째, 특정 질문에 대해 깊이 있는 맥락이나 특정 정보를 제공하는 데 한계가 있어, 사용자가 원하는 정확한 정보를 제공하는 데 어려움이 있을 수 있다. 이는 특히 구체적이고 전문적인 질문에서 두드러진다.

LLM과 같은 언어 모델이 Bing과 같은 검색 엔진을 통해 실시간 데이터에 접근할 수 있는 부분에도 몇 가지 한계가 있다. Bing의 검색 결과는 사용자의 질문에 따라 다양하게 나올 수 있으며, 항상 정확하거나 관련성이 높은 정보를 제공하지 않을 수 있다. 검색 엔진의 알고리즘이 완벽하지 않기 때문에, 잘못된 정보나 부정확한 정보를 포함할 가능성이 있다.

또한 실시간 데이터는 종종 여러 출처에서 수집되며, 모든 출처가 신뢰할 수 있는 것은 아니다. 따라서, 최신 정보를 제공할 때도 출처의 신뢰성을 확인하는 추가적인 과정이 필요하다. 잘못된 정보를 기반으로 한 답변은 사용자를 오도할 위험이 있다. 또한 복잡하고 다단계적인 질의의 경우, 검색 엔진이 모든 맥락을 완벽히 이해하고 정확하게 처리하는 데 어려움이 있을 수 있다. 이는 특히 구체적이고 복잡한 질문에 대한 답변의 정확성을 떨어뜨릴 수 있다.

　이러한 한계에도 불구하고, LLM은 Bing과 같은 검색 엔진을 통해 상당히 유용하고 최신의 정보를 제공할 수 있는 능력을 갖추고 있다. 다만, 사용자는 제공된 정보의 신뢰성과 정확성을 항상 염두에 두고 추가적인 검증 과정을 거치는 것이 중요하다.

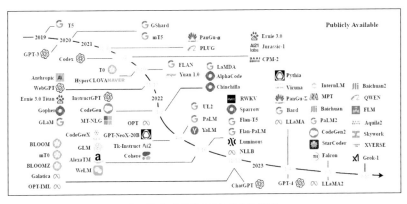

[그림1] 다양한 언어 모델의 발전

(출처 : Wayne Xin Zhao 외, 「A Survey of Large Language Models」논문, 2023, 9p.)

　이 그림은 다양한 언어 모델의 발전 과정을 시간 순서대로 보여주는 다이어그램이다. 각 언어 모델은 특정 연도에 공개되었으며, 서로 다른 회사와 연구 기관에서 개발되었다. 2019년에는 구글이 T5(텍스트-텍스트 전이 학습 변환기)를 공개했다. T5는 다양한 자연어 처리 작업에서 뛰어난 성능을 보여주었고, 이는 이후 언어 모델 발전의 중요한 이정표가 되었다.

2020년에는 OpenAI에서 개발한 GPT-3가 주목을 받았다. GPT-3는 방대한 학습 데이터와 뛰어난 자연어 처리 능력으로 많은 관심을 모았으며, 이는 이후 언어 모델의 발전에 큰 영향을 미쳤다.

2021년에는 여러 중요한 모델들이 등장했다. OpenAI의 Codex는 코딩 작업에 특화된 모델로 많은 주목을 받았으며, 프로그래밍 언어를 이해하고 생성하는 능력으로 개발자들에게 큰 도움이 되었다. 또한, 한국의 네이버는 HyperCLOVA를 발표했는데, 이는 대규모 언어 모델로 한국어 처리에 특화되어 많은 기대를 받았다.

같은 해에 구글은 GLaM(Generalist Language Model)을 발표하여 다중 작업에 대한 학습을 지원하는 능력을 선보였다. 이와 함께 DeepMind는 Gopher를, 구글은 LaMDA를 발표하여 각각 자연어 처리와 대화형 AI 분야에서 큰 성과를 거두었다.

2022년에는 OpenAI의 ChatGPT가 중요한 모델로 등장했다. ChatGPT는 대화형 AI의 새로운 기준을 제시하며, 사용자 경험을 크게 향상시켰다. 이 모델은 자연스러운 대화 능력과 높은 응답 정확도로 많은 사용자들에게 좋은 평가를 받았다.

2023년에는 OpenAI의 GPT-4가 발표되었다. GPT-4는 이전 모델보다 더욱 발전된 성능을 보여주었으며, 다양한 언어 처리 작업에서 뛰어난 성능을 입증했다. 또한, Meta는 LLaMA2를, 구글은 PaLM2(Pathways

Language Model 2)를 발표했다. LLaMA2는 언어 이해와 생성에서 뛰어
난 성능을 보였고, PaLM2는 다양한 언어 이해와 생성 작업에서 탁월한
성능을 보여주었다.

이와 같이, 각 언어 모델은 특정 연도에 공개되어 해당 분야에서 큰 영
향을 미쳤으며, 이는 언어 모델 기술의 발전에 중요한 역할을 하였다.

2) RAG(Retrieval-Augmented Generation)

RAG는 기존의 자연어 처리 기술과 정보 검색 기술의 발전을 바탕으로
탄생하였다. 자연어 처리 기술은 점점 더 정교해지고 있지만, 여전히 모델
이 훈련된 데이터셋에만 의존하는 한계를 가지고 있었다. 이러한 한계를
극복하기 위해 연구자들은 외부 데이터를 실시간으로 검색하고 이를 생성
과정에 통합하는 방안을 모색하기 시작하였다.

RAG의 발전은 검색 기술과 생성 모델의 융합에서 시작되었다. 초기에
는 정보 검색(IR) 시스템이 텍스트 생성 모델과 별도로 작동했지만, 이후
두 기술이 통합되어 하나의 모델로 발전하게 되었다. Google, OpenAI,
Facebook AI 등 여러 연구 기관과 기업들이 이 분야에서 활발한 연구를
진행하면서 RAG 기술이 점점 더 발전하게 되었다.

RAG는 외부 데이터를 실시간으로 검색하여 그 데이터를 바탕으로 텍
스트를 생성하는 기술이다. 이 모델은 기존의 자연어 처리(NLP) 기술을
한 단계 발전시켜, 단순히 훈련된 데이터셋에서 응답을 생성하는 것이 아
니라, 실시간으로 외부에서 정보를 가져와 이를 통합함으로써 더 정확하
고 풍부한 응답을 생성할 수 있다.

이를 통해 최신 정보와 더욱 신뢰성 있는 응답을 제공할 수 있다. RAG 는 검색과 텍스트 생성을 결합하여, 실시간으로 외부 데이터를 검색하고 이를 활용해 텍스트를 생성한다. 이로써 사용자는 최신 정보와 더욱 맥락에 맞는 응답을 받을 수 있다.

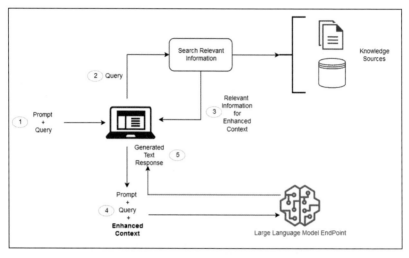

[그림2] 검색 증강 생성의 작동 방식

(출처 : Amazon Web Services, Inc., go.aws/45WZoSi)

그림에서 보는 바와 같이 검색, 증강, 생성의 작동 방식 요약하면 다음과 같다. 검색(Retrieval)은 필요한 정보를 외부 데이터베이스나 웹에서 찾는 과정이다.

예를 들어, 사용자가 질문을 하면, RAG 모델은 먼저 인터넷이나 특정 데이터베이스에서 관련 정보를 검색한다. 생성(Generation)은 검색된 정보를 바탕으로 자연스러운 텍스트를 생성하는 과정이다. RAG 모델은 검색된 데이터를 이용해 최종 응답을 작성한다. 정보 소스(Information Source)는 RAG 모델이 정보를 검색할 때 사용하는 데이터베이스나 웹사이트를 의미한다. 정보 소스는 신뢰성과 최신성이 중요하다. Flow는 다음과 같다.

(1) Prompt + Query (프롬프트와 쿼리 입력)

사용자로부터 프롬프트와 쿼리가 입력된다. 이 단계에서 사용자의 입력이 수집된다.

(2) Query (쿼리 전송)

입력된 쿼리가 적절한 정보를 검색하기 위해 검색 시스템으로 전달된다. 이때, 외부 데이터 소스(API, 데이터베이스, 문서 리포지토리 등)에서 새로운 데이터를 가져온다.

(3) Relevant Information for Enhanced Context

검색 시스템이 지식 소스에서 관련 정보를 찾아낸다. 임베딩 언어 모델을 통해 데이터를 수치로 변환하고, 이를 벡터 데이터베이스에 저장하여 사용자 쿼리를 벡터 표현으로 변환한 후, 벡터 데이터베이스와 매칭하여 관련 정보를 검색한다. 예를 들어, 직원의 연차휴가 질문에 대해 해당 직원의 휴가 기록과 정책 문서를 검색한다.

(4) Prompt + Query + Enhanced Context

검색된 데이터가 사용자 입력에 추가되어 보강된 프롬프트와 쿼리가 형성된다. 이를 통해 LLM은 더욱 정확하고 관련성 높은 응답을 생성할 수 있다.

(5) Generated Text Response (생성된 텍스트 응답)

보강된 프롬프트와 쿼리가 대형 언어 모델의 엔드포인트로 전달되고, 이를 기반으로 생성된 텍스트 응답이 사용자에게 반환된다. 이 과정에서 외부 데이터를 최신 상태로 유지하기 위해 문서와 임베딩 표현을 비동기적으로 업데이트하며, 자동화된 실시간 프로세스나 주기적 배치 처리를 사용한다. 이 과정을 통해 LLM은 보다 정확하고 관련성 높은 응답을 생성할 수 있다.

RAG의 장점은 실시간으로 외부 데이터를 검색하고 이를 활용하여 최신 정보에 기반한 응답을 생성할 수 있다는 점이다. 이를 통해 모델은 빠르게 변화하는 정보에도 유연하게 대응할 수 있다.

3) 파인 튜닝(Fine Tunning)

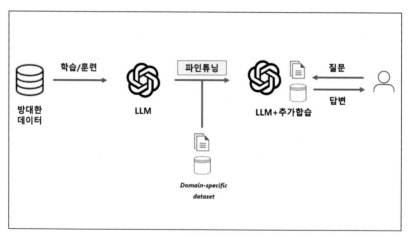

[그림3] 파인 튜닝(Fine Tunning)

이 이미지는 파인 튜닝 과정에서 대형 언어 모델(LLM)을 최적화하는 과정을 설명하고 있다. 먼저, 방대한 데이터 저장소에서 수집된 다양한 소스의 대규모 데이터셋을 통해 모델을 학습시키고 훈련한다. 초기 학습 단계에서는 논문, 기술 보고서, 전자 서적 등 다양한 출처에서 데이터를 수집하여 모델이 일반적인 언어 이해 및 생성 능력을 습득하게 된다. 이후, 모델은 특정 분야 또는 사용자 맞춤형 데이터를 사용하여 더욱 세밀하게 조정된다.

예를 들어, 의료 분야의 경우, 의학 연구 논문, 임상 기록, 의료 지침서 등의 데이터를 사용하여 모델을 파인 튜닝한다. 이 과정에서 사용되는 데이터는 해당 분야에 특화된 정보로, 예를 들어 의료 데이터는 의학적 용어, 진단 방법, 치료법 등에 대한 상세한 정보를 포함한다. 이러한 특화된 데이터는 LLM의 기본 능력을 특정 분야에 맞게 최적화하고 개선하는 데 핵심적인 역할을 한다.

파인 튜닝 과정을 통해 모델은 특정 분야에 대한 깊은 이해와 전문 지식을 갖추게 된다. 이는 단순히 데이터를 많이 학습한 것 이상의 가치를 제공한다. 모델이 해당 분야의 복잡한 질문에 대해 보다 정확하고 신뢰할 수 있는 답변을 제공할 수 있게 되기 때문이다. 사용자가 질문을 입력하면, 파인 튜닝된 LLM은 이를 처리하여 더욱 정확하고 관련성 높은 답변을 제공한다. 예를 들어, 의료 데이터로 파인 튜닝된 모델은 환자의 증상에 관한 질문에 대해 적절한 진단과 치료법을 제안할 수 있다.

이렇게 파인 튜닝된 LLM은 특정 분야에서 더욱 뛰어난 성능과 정확도를 발휘할 수 있게 된다. 이는 다양한 산업 분야에서 LLM을 활용할 수 있는 가능성을 크게 확장한다. 의료, 법률, 금융 등 전문 지식이 필요한 분야에서 파인 튜닝된 LLM은 전문가 수준의 지식과 통찰력을 제공할 수 있다. 따라서, 파인 튜닝 과정은 LLM의 활용도를 극대화하고, 다양한 실질적인 응용 분야에서 혁신적인 해결책을 제시하는 데 중요한 역할을 한다.

하지만 단점도 존재한다. 파인 튜닝 과정은 많은 데이터와 연산 자원을 필요로 하여 높은 비용이 발생한다. 이는 특히 소규모 조직이나 프로젝트에 부담이 될 수 있다. 또한 파인 튜닝 후 모델이 기대한 만큼의 성능 향상을 보일지 확실하지 않기 때문에, 투자 대비 효과가 미지수이다. 데이터가 충분하지 않으면, 오히려 모델의 성능이 떨어질 위험도 있다. 그리고 파인 튜닝에 필요한 데이터 양과 연산 자원에 따라 비용이 크게 변동할 수 있어, 정확한 비용을 사전에 예측하기 어렵다. 특정 분야의 데이터가 빠르게 변하는 경우, 파인 튜닝된 모델이 최신 정보를 반영하지 못할 수 있다. 이를 해결하기 위해 자주 모델을 재훈련해야 하며, 이는 시간과 비용이 많이 든다.

이와 같은 이유로, 데이터가 자주 변경되거나 최신 정보를 반영해야 하는 경우에는 RAG 방식이 더 적합하다. RAG는 실시간으로 외부 데이터를 검색하고 이를 활용하여 답변을 생성하기 때문에, 급변하는 정보 환경에서도 유연하게 대응할 수 있다.

1) RAG의 데이터 처리 과정

다음 이미지는 데이터 처리 파이프라인의 주요 단계를 시각적으로 설명하고 있다. 이 과정은 데이터 로드, 분할, 임베딩, 저장의 네 가지 주요 단계로 구성된다. 각 단계를 기술적인 내용을 포함하여 자세히 설명하면 다음과 같다.

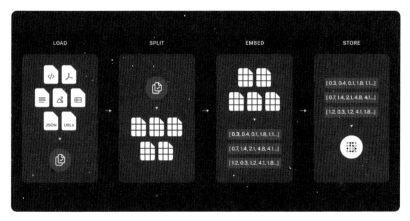

[그림4] 데이터 처리(Load·Split·Embed·Store) 과정
(출처 : LangChain 홈페이지, bit.ly/3zBON3i)

(1) Load (로드)

첫 번째 단계는 다양한 형태의 데이터를 시스템에 로드하는 과정이다. 이미지 상단에 있는 아이콘들은 다양한 데이터 형식을 나타낸다. 여기에는 텍스트 파일, PDF, 이미지, 스프레드시트, JSON 파일, 그리고 URL이 포함된다.

이 단계에서, 데이터 로더는 파일 시스템, 웹 API, 데이터베이스 등 다양한 소스에서 데이터를 가져와 메모리에 적재한다. 예를 들어, 텍스트 파일과 PDF는 텍스트 추출 라이브러리를 사용하여 텍스트 데이터를 추출하고, 이미지 파일은 컴퓨터 비전 라이브러리를 사용하여 이미지 데이터를 로드한다.

(2) Split (분할)

로드된 데이터를 더 작은 조각으로 분할하는 과정이다. 이는 대량의 데이터를 효율적으로 처리하기 위한 중요한 단계다. 텍스트 데이터의 경우, 문단이나 문장 단위로 분할될 수 있다.

PDF 파일은 페이지 단위로 분할될 수 있으며, 이미지 파일은 여러 영역으로 크롭(이미지 파일의 특정 부분을 잘라내는) 될 수 있다. 분할 과정에서는 자연어 처리(NLP) 기술을 사용하여 텍스트를 문장이나 토큰으로 분할하고, 문서 분석 도구를 사용하여 구조화된 데이터를 분할한다.

(3) Embed (임베딩)

임베딩은 RAG의 중요한 단계 중 하나다. 이 과정은 문서나 문서의 일부를 기계가 이해할 수 있도록 수치를 부여하는 과정이다. 임베딩을 통해 문서의 의미를 벡터(숫자의 배열) 형태로 표현함으로써, 데이터베이스에서 문서 조각을 검색하고 질문과의 유사성을 계산할 수 있게 된다. 이를 통해 RAG 시스템은 사용자가 입력한 질문에 대해 더 정확하고 관련성 높은 정보를 제공할 수 있다.

텍스트 데이터 임베딩은 텍스트 데이터를 주로 워드 임베딩 기법을 사용하여 벡터로 변환된다. 예를 들어, Word2Vec, GloVe, 또는 BERT 같은 모델이 사용된다. 이 기법들은 텍스트의 의미와 문맥을 반영하여 고차원 벡터를 생성한다. Word2Vec은 단어 간의 유사성을 학습하여 벡터 공간에 단어를 배치하고, GloVe는 단어 동시 출현 빈도를 이용하여 벡터를 생성하며, BERT는 문장의 양방향 문맥을 이해할 수 있도록 설계되어 보다 복잡한 텍스트 이해가 가능하다(KDnuggets[1]).

이미지 데이터 임베딩은 이미지 데이터를 합성곱 신경망(CNN)을 사용하여 특징 벡터(feature vector)로 변환된다. ResNet이나 Inception 같은 모델이 이미지의 특징을 추출하여 벡터 형태로 변환하는 데 사용된다. CNN은 이미지의 공간적 구조를 유지하면서 특징을 추출하는 데 매우 효과적이다. ResNet은 매우 깊은 네트워크를 효율적으로 학습할 수 있도록 설계되었으며, Inception 모델은 다양한 크기의 합성곱 필터를 동시에 사용하여 다양한 수준의 특징을 추출할 수 있다(Amazon Web Services, Inc.[2])(Activeloop[3]).

이 과정들은 RAG 시스템이 문서와 질문의 의미를 효과적으로 비교하고 관련 정보를 검색하는 데 필수적이다. 임베딩을 통해 생성된 벡터는 데이터의 의미와 문맥을 유지하면서도 벡터 공간에서 연산할 수 있는 형태로 변환된다. 이를 통해 RAG 시스템은 최신 정보와 문맥적으로 관련성 높은 데이터를 기반으로 보다 정확하고 신뢰할 수 있는 응답을 제공할 수 있다.

(4) Store (저장)

문서 분할 단계에서 생성된 작은 문서 단위들을 벡터로 변환한 후, 이를

---

1) KDnuggets (bit.ly/3WeccAp)
2) Amazon Web Services, Inc. (go.aws/46fdvmp)
3) Activeloop (bit.ly/460rvjz)

벡터 데이터베이스에 저장한다. 벡터 데이터베이스는 수치화된 문서 벡터를 효율적으로 관리하고 검색할 수 있게 한다. 사용자가 질문을 입력하면, 이 질문도 벡터로 변환된다.

변환된 질문 벡터는 데이터베이스에 저장된 문서 벡터들과 비교되어 가장 유사한 문서를 찾아낸다. 이 과정에서 벡터 간의 유사도 계산이 이루어지며, 이를 통해 가장 관련성이 높은 문서가 검색된다. 검색된 문서 조각들은 질문과 함께 RAG 모델에 입력되어, 보다 정확하고 풍부한 응답을 생성하는 데 사용된다.

저장된 벡터 데이터는 이후 검색, 유사도 계산, 군집 분석 등 다양한 데이터 분석 작업에 사용될 수 있다. 예를 들어, FAISS는 Facebook AI가 개발한 벡터 검색 라이브러리로, 대규모 벡터 데이터의 효율적인 유사도 검색을 지원한다. Annoy는 Spotify에서 개발한 벡터 검색 라이브러리로, 대규모 데이터에서의 근사 근접 이웃 검색을 효율적으로 수행할 수 있다. Elasticsearch는 분산 검색 엔진으로, 벡터 데이터를 포함한 다양한 형태의 데이터를 저장하고 검색할 수 있다(Hugging Face[4])(SingleStore[5]).

다시 요약하면, Embedding Vector 들은 전 단계에서 추출되어 Vector DB라고 불리는 Vector Store에 저장되고 관리된다. Vector DB를 이용하면 유사도 검색을 통해 사용자 질의와 유사한 Embedding을 쉽게 찾을 수 있다(Samsung SDS[6]).

---

4) Hugging Face (bit.ly/3RYiZvL)
5) SingleStore (bit.ly/4bwlEDX)
6) Samsung SDS (bit.ly/3zAJvVL)

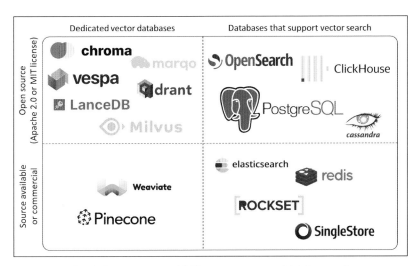

[그림5] Vector Stores(출처 : Samsung SDS, bit.ly/3zAJvVL)

이미지는 각 데이터베이스를 오픈 소스와 상용 여부에 따라 분류하여 사용자가 필요에 맞게 선택할 수 있도록 돕는다. 오픈 소스 데이터베이스는 주로 개발자 커뮤니티의 지원을 받으며, 상용 데이터베이스는 성능과 사용자 경험이 우수한 경우가 많다.

예를 들어, Milvus는 큰 커뮤니티와 활발한 개발 활동을 보이는 오픈 소스 데이터베이스로, 다양한 사용 사례(다양한 형태의 데이터 검색, 추천 시스템, 이미지 및 비디오 분석, 자연어 처리 등)에 적합하다. Pinecone은 상용 솔루션으로서 높은 성능(고성능 및 신뢰성, 빠른 검색 속도 등)과 우수한 사용자 경험(사용자 인터페이스 및 커뮤니티 피드백)을 제공한다 (Milvus[7]).

---

7) Milvus (https://milvus.io/community)

이와 같은 기술들은 RAG 시스템이 문서와 질문의 의미를 효과적으로 비교하고 관련 정보를 검색하는 데 필수적이다. 벡터 데이터베이스를 통해 생성된 벡터는 데이터의 의미와 문맥을 유지하면서도 벡터 공간에서 연산할 수 있는 형태로 변환되어, 최신 정보와 문맥적으로 관련성 높은 데이터를 기반으로 보다 정확하고 신뢰할 수 있는 응답을 제공할 수 있다.

이 전체 과정은 데이터 처리와 분석을 위한 필수 단계들을 포함하며, 원시 데이터를 로드부터 최종 저장까지 효율적으로 처리하는 방법을 보여준다. 각 단계는 데이터의 형태를 변환하고 처리하여, 다양한 형태의 원시 데이터를 효과적으로 관리하고, 분석할 수 있게 한다.

2) RAG 데이터 처리 및 응답 생성 프로세스

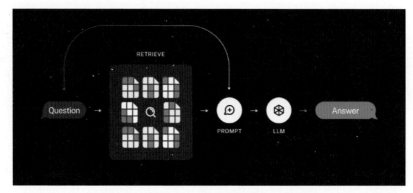

[그림6] RAG 데이터 처리 및 응답 생성 프로세스
(출처 : LangChain 홈페이지, bit.ly/3zBON3i)

이 그림은 RAG 시스템의 데이터 처리 및 응답 생성 흐름을 단계별로 설명하고 있다. 각 단계는 사용자가 질문을 입력하는 시점부터 최종 답변을 생성하는 과정까지를 시각적으로 표현하고 있다. 사용자가 질문을 입력하면, 이 질문은 텍스트 형식으로 시스템에 전달된다.

입력된 질문은 벡터 형태로 변환되어 벡터 데이터베이스에 저장된 문서 조각들과 비교된다. 이 과정에서 유사도 계산이 이루어지며, 질문과 가장 관련성이 높은 문서 조각들이 검색된다. 벡터 데이터베이스는 수치화된 문서 벡터를 효율적으로 관리하고 검색할 수 있게 한다.

검색된 문서 조각들은 질문과 함께 프롬프트로 구성된다. 이 프롬프트는 LLM이 응답을 생성하기 위해 필요한 추가적인 문맥 정보를 제공한다. 프롬프트는 질문과 관련된 배경 정보를 포함하여 보다 정확하고 유의미한 답변을 생성할 수 있도록 돕는다.

프롬프트를 입력받은 LLM은 질문과 제공된 문서 조각을 기반으로 응답을 생성한다. LLM은 자연어 처리와 이해 능력을 통해 질문에 대한 최적의 답변을 구성한다. 최종적으로 LLM이 생성한 답변이 사용자에게 전달된다. 이 답변은 질문에 대한 정확하고 관련성 높은 정보를 포함한다.

이 과정은 RAG 시스템이 문서와 질문의 의미를 효과적으로 비교하고 관련 정보를 검색하여 최적의 응답을 생성하는 방법을 보여준다. 임베딩을 통해 문서와 질문을 벡터 형태로 변환하고, 벡터 데이터베이스를 활용하여 관련 문서를 검색하는 단계들이 포함된다. 이를 통해 RAG 시스템은 최신 정보와 문맥적으로 관련성 높은 데이터를 기반으로 보다 정확하고 신뢰할 수 있는 응답을 제공할 수 있다.

3. 왜 RAG인가?

RAG의 진정한 가치는 정보 검색과 응답 생성 능력에서 빛을 발한다. RAG는 기존의 언어 모델과는 다른 몇 가지 주요한 장점을 가지고 있다. 이러한 장점들은 실시간 최신 정보 제공, 정확성과 관련성 향상, 다양한 응용 분야 등으로 나눌 수 있다. 이제 각각의 장점에 대해 자세히 살펴보겠다.

1) 실시간 최신 정보 제공

RAG의 가장 큰 장점 중 하나는 외부 데이터베이스나 웹에서 실시간으로 최신 정보를 검색하고 이를 바탕으로 응답을 생성하는 능력에 있다. 이는 특히 도서 추천 시스템, 여행 계획 도우미, 최신 금융 정보 제공 등 다양한 응용 분야에서 큰 효과를 발휘한다. 예를 들어, RAG는 최신 도서 출간 정보를 검색하여 정확한 추천을 제공하며, 실시간으로 여행지의 최신 이벤트와 명소 정보를 반영하여 여행 일정을 세울 수 있게 한다. 또한, 최신 금융 데이터를 기반으로 정확한 금융 정보를 제공하여 사용자에게 유용한 정보를 실시간으로 전달할 수 있다.

2) 정확성과 관련성 향상

RAG는 검색된 외부 데이터를 바탕으로 응답을 생성하기 때문에, 기존의 언어 모델보다 더 높은 정확성과 관련성을 보장한다. 이는 특히 복잡한 질문이나 특정 도메인 지식이 필요한 경우에 유용하다. 예를 들어, 고객 서비스 챗봇에서 RAG는 사용자의 질문에 대해 관련 있는 최신 정보를 검색하여 정확하고 신뢰성 있는 답변을 제공할 수 있다. 이는 기존의 데이터 셋에만 의존하는 모델보다 훨씬 더 신뢰할 수 있는 정보를 제공한다.

3) 다양한 응용 분야

RAG는 다양한 산업과 응용 분야에서 활용될 수 있다. 고객 서비스, 의료, 교육, 콘텐츠 생성 등 여러 분야에서 RAG의 장점을 살려 다양한 문제를 해결할 수 있다. 예를 들어, 의료 분야에서는 최신 연구 결과를 반영한 진단 및 치료 방법을 제공할 수 있으며, 교육 분야에서는 학생들의 질문에 대해 정확하고 풍부한 학습 자료를 제공할 수 있다. 또한, 콘텐츠 생성 분야에서는 최신 트렌드와 관련된 정보를 반영한 콘텐츠를 생성할 수 있다 (Winder[8]).

4) RAG의 PDF 분석 능력

특히 PDF 파일의 복잡한 정보 구조를 처리하는 데 있어서 RAG의 장점은 더욱 두드러진다. 다음 그림은 RAG 로봇이 최신 성능의 LLM 로봇에게 질문하는 장면이다. 동생 로봇이 GPT-4o 형 로봇에게 '형은 PDF 500장을 분석할 수 있어?'라고 묻는다.

[그림7] RAG와 Without RAG - DALL·E 3 이미지

---

8) Winder (bit.ly/3zAdYTO)

LLM에서 텍스트를 추출하는 파일 파서는 간단한 서식에서 가장 잘 작동하며, 단일 열의 텍스트가 가장 적합하다. 다중 열 PDF 파일이나 복잡한 서식의 문서는 파서가 내용을 제대로 이해하지 못할 수 있다. 예를 들어, 신문 기사나 학술 논문의 다중 열 레이아웃은 파서가 올바르게 처리하지 못할 수 있다.

RAG를 이용하면 PDF 내 모든 이미지와 표를 추출할 수 있다. 물론 PDF 상태에 맞게 RAG가 프로그래밍 되어야 한다. 예를 들어 chunk의 크기를 얼마로 할지, 문서의 이미지를 어떻게 추출할지 등을 설정해야 한다. 추출된 표와 이미지를 멀티모달 모델에 대입하여 요약본을 생성할 수 있다.

표의 경우, 모든 텍스트를 일일이 읽는 것보다는 표의 주요 내용과 인사이트를 요약하여 제공한다. 이미지는 단순한 시각적 정보 외에도 설명, 묘사, 메타데이터 등을 생성하여 더욱 풍부한 정보를 제공한다. 이렇게 생성된 정보는 벡터 DB에 저장된다.

사용자가 질문을 입력하면, 해당 질문이 표나 이미지와 관련된 경우 원본 표와 이미지를 다시 가져온다. 가져온 표와 이미지, 그리고 앞뒤 문맥과 질문에 대한 정보를 종합하여 LLM에 전달한다. LLM은 이 정보를 바탕으로 표, 이미지, 텍스트를 종합하여 정확하고 포괄적인 답변을 생성한다.

이 과정에서 RAG는 복잡한 서식이나 다중 열 레이아웃을 가진 PDF 파일에서도 더 정확하고 유용한 정보를 제공할 수 있게 한다. 단순 텍스트 파서의 한계를 극복하면서, 더욱 풍부한 데이터를 기반으로 한 정밀한 답변을 생성할 수 있다.

이처럼 RAG는 PDF 파일의 복잡한 정보 구조를 효과적으로 처리하여, 사용자가 필요한 정보를 정확하게 제공하는 데 중요한 역할을 한다. RAG를 사용하면, 단순 텍스트 추출의 한계를 뛰어넘어 다양한 형식의 정보를 통합하고, 이를 통해 고품질의 응답을 제공할 수 있다. 이로써 RAG는 PDF 분석에서의 신뢰성과 효율성을 크게 향상할 수 있다.

5) 다양한 모델과 RAG 성능 비교

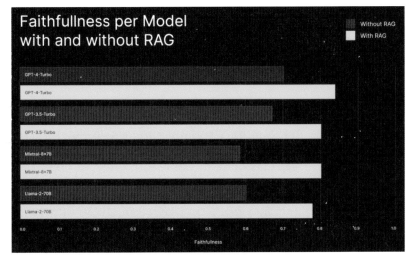

[그림8] RAG with various models outperform SOTA models like GPT-4

(출처 : https://www.pinecone.io/blog/rag-study/)

위 그림은 다양한 언어 모델들이 RAG(검색-증강 생성) 기능이 있을 때와 없을 때의 충실도를 비교한 막대그래프다. 그래프의 주요 요소를 설명하면 다음과 같다. X축은 충실도를 나타내며, 값은 0에서 1까지다. Y축은 비교되는 언어 모델들을 나열하고 있다.

여기에는 GPT-4-Turbo, GPT-3.5-Turbo, Mixtral-8×7B, Llama-2-70B가 포함된다. 막대의 색상은 RAG 없이(Without RAG)는 어두운 파란색, RAG 사용(With RAG)은 밝은 파란색이다.

모델별 성능을 비교를 보면 GPT-4-Turbo는 RAG 없이 충실도가 약 0.7 이지만, RAG 사용 시 0.8을 상회한다. GPT-3.5-Turbo는 RAG 없이 충실도가 약 0.6과 0.7 사이에 존재하지만, RAG 사용 시 약 0.8로 증가한다.

Mixtral-8×7B는 RAG 없이 충실도가 약 0.6 이하인데, RAG 사용 시 약 0.8로 증가한다. Llama-2-70B는 RAG 없이 충실도가 약 0.6이며, RAG 사용 시 약 0.8에 조금 못 미치는 수준까지 증가한다.

이 그래프를 통해 모든 모델에서 RAG를 사용했을 때 충실도가 크게 향상되었음을 알 수 있다. 특히 RAG를 적용한 GPT-3.5-Turbo가 RAG를 적용하지 않은 GPT-4-Turbo 모델보다 더 성능이 우수함을 확인할 수 있다. Mixtral-8×7B와 Llama-2-70B 모델도 RAG를 사용했을 때 GPT-4-Turbo without RAG 보다 충실도가 더 높았다. 이 그래프는 RAG 기능이 언어 모델의 응답 충실도를 크게 향상시킬 수 있음을 시사한다.

4. RAG 활용 사례

RAG는 여러 분야에서 혁신적인 변화를 일으킬 수 있는 기술이다. 기업, 법률 연구 및 분석, 콜센터 상담, Amazon Bedrock과 Kendra, 보험 회사 등에서 RAG가 어떻게 활용될 수 있는지 설명하겠다.

SKE-GPT는 삼성 SDS에서 개발한 인공지능 모델로, 주로 클라우드 플랫폼에서 사용된다. 이 모델은 RAG 기술을 활용하여 클라우드 운영의 효율성과 안정성을 높이는 데 기여한다. 콜센터 상담에서는 RAG 기술을 활용해 고객의 질문에 대한 정확한 답변을 실시간으로 제공하며, 고객 만족도를 높일 수 있다. Amazon Bedrock과 Kendra는 RAG를 통해 내부 문서나 데이터베이스에서 필요한 정보를 검색하고, 이를 바탕으로 응답을 생성한다. 예를 들어, 직원이 '최근 마케팅 보고서'를 검색하면 Kendra는 관련 문서를 찾아 제공하고, Bedrock은 문서의 요약을 생성하여 제공한다. 이를 통해 기업은 효율적으로 내부 데이터를 활용해 생산성을 높일 수 있다. 보험 회사에서는 RAG를 사용해 고객의 병력 정보나 기타 중요한 데이터를 신속하게 검색하고, 이를 바탕으로 언더라이팅 결정을 내리는 데 도움을 준다. 이를 통해 보험 청구 처리 속도와 정확성을 크게 향상할 수 있다. 법률 분야에서는 RAG를 통해 방대한 법률 문서와 판례를 신속하게 검색하고 요약하여 제공할 수 있다. 이를 통해 변호사들은 필요한 정보를 빠르게 얻고, 효율적으로 사례를 준비할 수 있다.

이와 같이 RAG는 다양한 분야에서 효율성과 생산성을 높이는 데 중요한 역할을 한다.

1) 삼성 SDS 'SKE-GPT'의 RAG 활용

SKE-GPT는 삼성 SDS의 클라우드 플랫폼에서 사용될 목적으로 개발된 고급 인공지능 모델이다. 이 모델은 RAG 기술을 활용하여 외부 문서를 효율적으로 로드하고 분석하는 능력을 갖추고 있다. 이 모델은 클러스터 상태를 진단하고 문제 해결 방안을 제시하는 등 복잡한 데이터 관리와 분석 작업을 수행한다.

RAG 기술은 대규모 언어 모델과 검색 엔진의 조합으로, 사용자가 질의한 내용을 바탕으로 관련 문서를 검색하고, 이를 통해 더 정확하고 유용한 응답을 생성한다. SKE-GPT는 이러한 RAG 기술을 적용하여 실시간으로 클러스터 상태를 모니터링하고, 잠재적인 문제를 사전에 식별하며, 최적의 해결책을 제공함으로써 시스템의 안정성과 효율성을 극대화한다.

특히, 삼성 SDS의 클라우드 플랫폼은 대규모 데이터를 처리하고 저장하는 데 있어 높은 안정성과 성능을 요구한다. SKE-GPT는 이러한 요구를 충족시키기 위해, 다양한 외부 데이터 소스를 통합하고 분석하여, 클러스터의 성능을 최적화하고, 문제 발생 시 신속하게 대응할 수 있는 인사이트를 제공한다. SKE-GPT는 SCP(삼성 클라우드 플랫폼)에 대한 RAG 데이터를 확보하기 위해, 삼성SDS 공식 홈페이지의 SCP 소개 페이지와 SCP 아키텍처센터 내 SKE 관련 기술 가이드 문서를 활용하였다. 삼성 SDS의 SKE-GPT는 단순한 문제 해결을 넘어서, 지속적인 클러스터 성능 개선과 효율적인 운영을 지원한다. 이를 통해 기업은 더 나은 클라우드 서비스 품질을 유지하고, 비즈니스 운영의 안정성을 보장할 수 있다(Samsung SDS)[9]).

[그림9] GPT-3.5-Turbo와 RAG 적용한 SKE-GPT

(출처 : Samsung SDS, bit.ly/3zAJvVL)

---

9) Samsung SDS (bit.ly/3zAJvVL)

그림에서 볼 수 있듯이 왼쪽은 OpenAI의 GPT-3.5-Turbo 모델이고 오른쪽은 SKE-GPT이다. GPT-3.5-Turbo 모델은 2021년까지의 데이터만 학습했기 때문에 RAG를 적용한 SKE-GPT와는 답변에 차이가 발생한다. 이처럼 사용자가 원하는 최적의 답변을 얻기 위해서 RAG를 사용한다.

2) 콜센터 상담

콜센터에서는 고객의 질문에 신속하고 정확하게 답변하는 것이 중요하다. RAG를 사용하면 고객의 질문에 대해 최신 정보를 기반으로 맞춤형 답변을 제공할 수 있다. 예를 들어, 고객이 "내 포인트 잔액은 얼마인가요?"라고 질문하면 RAG 시스템은 먼저 고객의 계좌 정보를 검색한 후, 정확한 잔액을 제공하는 답변을 생성한다. 이를 통해 고객 만족도를 높이고 상담 시간을 단축할 수 있다.

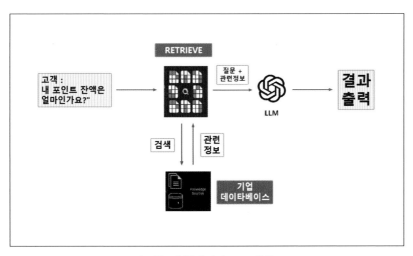

[그림10] 콜센터의 RAG 활용

예를 들어, Zendesk의 챗봇 통합은 고객 서비스의 효율성을 크게 향상하였다. Zendesk는 다양한 챗봇 옵션을 제공하며, 이들 중 많은 것들이 RAG 기술을 활용한다. Zendesk Answer Bot은 Zendesk의 기본 챗봇 제품으로, 머신 러닝(Machine Learning)을 사용해 고객의 질문에 맞는 지식 베이스의 기사를 검색하고 추천한다. 이를 통해 고객이 자주 묻는 질문에 대해 신속하고 정확한 답변을 제공하여 고객 만족도를 높인다. 또한, Sunshine Conversations는 다양한 메시징 채널과 통합될 수 있는 고급 챗봇 솔루션을 제공한다(Zendesk[10]).

[그림11] 콜센터 챗봇 DALL·E 3 이미지

이 챗봇은 웹, 모바일 앱, WhatsApp, Facebook Messenger 등과 같은 소셜 미디어 채널에서 사용 가능하며, 복잡한 라우팅 논리와 고급 자가 서비스 기능을 지원하여 고객이 필요할 때 언제든지 도움을 받을 수 있게 한다. 고급 챗봇 통합을 위해 Zendesk는 Chat Conversations API를 통해 개발자가 자신만의 챗봇을 만들 수 있도록 지원한다. 이 API를 사용하면 챗봇이

10) Zendesk (bit.ly/3XWdPnD)

고객과 실시간으로 소통하고, 고객의 질문에 맞는 데이터를 검색해 적절한 응답을 제공할 수 있다. 예를 들어, 고객이 "내 주문 상태는?"이라고 묻는다면, 챗봇은 관련 정보를 검색해 즉각적으로 답변을 제공한다(Zendesk[11]).

3) Amazon Bedrock, Kendra

Amazon Bedrock과 Kendra는 RAG를 통해 내부 문서나 데이터베이스에서 필요한 정보를 검색하고, 이를 바탕으로 응답을 생성한다. 예를 들어, 직원이 '최근 마케팅 보고서'를 검색하면, Kendra는 관련 문서를 찾아 제공하고, Bedrock은 문서의 요약을 생성하여 제공한다. 이를 통해 기업은 효율적으로 내부 데이터를 활용하여 생산성을 높일 수 있다.

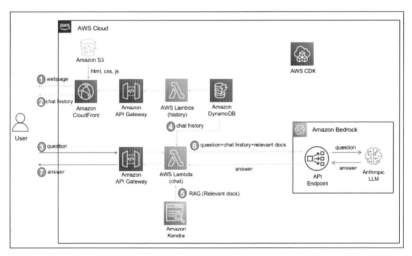

[그림12] Amazon Bedrock Claude & Kendra Architecture

(출처 : Amazon Web Services, Inc., go.aws/3RXSmah)

---

11) Zendesk (bit.ly/3XWdPnD)

채팅창에서 텍스트 입력(Prompt)를 통해 Kendra로 RAG를 활용하는 과정은 다음과 같다(Amazon Web Services, Inc.[12]).

① 사용자가 CloudFront의 Domain로 접속한다.
② 사용자가 로그인하면, 이전 대화이력을 가져와서 화면에 보여준다.
③ 채팅창에 질문(Question)을 입력한다.
④ 질문은 Web Socket 방식으로 API Gateway을 통해 AWS Lambda (chat)에 전달된다. AWS Lambda(chat)은 사용자의 이전 대화 이력이 있는지 확인한다. 만약 없다면, DynamoDB 에서 로드 하여 활용한다.
⑤ AWS Lambda(chat)은 새로운 질문으로 Kendra로부터 관련된 문장 (Relevant Documents)가 있는지 확인한다.
⑥ AWS Lambda(chat)은 대화 이력과 현재의 질문을 가지고 대화에 맞는 적절한 새로운 질문(revised question)을 Bedrock의 Claude LLM을 통해 생성한다. 또한 Kendra로부터 얻은 관련된 문장과 새로운 질문으로 Bedrock의 Claude LLM에게 답변을 요청한다.
⑦ Bedrock의 Claude LLM로부터 답변(Answer)을 얻으면 DynamoDB의 대화 이력을 업데이트하고, 사용자에게 답변을 전달한다.

Amazon Bedrock의 Claude LLM v2.1은 200,000 토큰을 처리할 수 있는 큰 문맥 창을 제공하며, 잘못된 정보 생성을 방지하는 데도 효과적이다. 이 언어 모델과 애플리케이션의 연결은 LangChain을 통해 이루어지며, Kendra의 정보를 활용해 RAG의 성능을 높인다(Amazon Web Services, Inc.[13]).

---

12) Amazon Web Services, Inc. (go.aws/4bBEkly)
13) Amazon Web Services, Inc. (go.aws/4bBEkly)

4) 보험 언더라이팅

보험 언더라이팅 과정에서는 정확한 정보를 바탕으로 신속한 결정을 내리는 것이 중요하다. RAG는 관련 데이터를 검색하고, 이를 기반으로 언더라이팅 결정에 필요한 정보를 제공한다. 예를 들어, 보험 신청서 검토 시 '이 고객의 병력 정보는?'이라는 질문에 대해 RAG 시스템이 의료 기록을 검색하고, 관련 정보를 제공함으로써 언더라이팅 과정을 효율적으로 수행할 수 있다.

RAG는 보험 언더라이팅의 효율성과 정확성을 높이는 데 큰 도움이 된다. 다음은 관련된 구체적인 설명이다.

(1) 신속한 정보 검색

RAG 시스템은 보험 신청서 검토 시 '이 고객의 병력 정보는?'이라는 질문에 대해 의료 기록을 검색하여 관련 정보를 제공한다. 이를 통해 언더라이터가 필요한 정보를 빠르게 얻고 결정을 내릴 수 있다. 예를 들어, Pinecone과 같은 벡터 데이터베이스를 사용하여 다양한 소스에서 의료 기록을 처리하고 요약하여 제공함으로써 언더라이팅 프로세스를 크게 향상시킨다(Pinecone[14]).

(2) 데이터 통합 및 분석

RAG는 보험사의 다양한 데이터 소스에서 정보를 통합하고 분석하여 더 나은 위험 평가를 가능하게 한다. 이는 전통적인 방법에 비해 더 많은 데이터를 신속하게 처리하고, 정확한 결정을 내리는 데 도움을 준다.

---

14) Pinecone (bit.ly/4eSU2vv)

(3) 언더라이팅 효율성

RAG를 사용하면 언더라이팅 과정에서 시간과 비용을 절감할 수 있다. 이는 특히 복잡한 보험 신청서를 처리할 때 유용하며, 보험사의 운영 효율성을 높인다.

따라서, 보험 언더라이팅에서 RAG를 활용하여 의료 기록과 같은 관련 데이터를 검색하고 이를 바탕으로 결정을 내리는 것은 매우 효과적인 접근 방식이다.

5) 법률 연구 및 분석

RAG 기술은 법률 연구 및 분석의 효율성과 정확성을 크게 높인다. Hyperight는 RAG 모델을 사용하여 법률 연구 및 콘텐츠 추천 시스템을 강화하였다. RAG 모델은 법률 문서 검색, 사례 분석, 법률 문서 작성, 그리고 사용자의 선호도를 이해하고 개인화된 추천을 생성하는 데 사용된다. 예를 들어, 법률 연구자가 특정 사례에 대한 정보를 찾고자 할 때, RAG 모델은 관련 사례와 법률 정보를 검색하여 제공한다(Hyperight[15]).

(1) 법률 연구 간소화

RAG 모델은 방대한 데이터베이스에서 관련 법률 정보를 신속하게 검색하고 일관되고 맥락적인 요약을 생성하여 법률 연구 과정을 간소화했다. 이는 사례법, 법률, 판례 및 학술 논문을 빠르게 접근해야 하는 법률 전문가에게 특히 유용했다. 예를 들어, 변호사가 특정 유형의 사례에 대한 판례를 찾아야 할 때, RAG는 광범위한 법률 데이터베이스를 검색해 관련 사례를 찾아 주요 포인트와 결정을 요약해 제공했다.

---

15) hyperight (bit.ly/4cUfuhM)

(2) 법률 문서 작성

RAG 모델은 계약서, 소송 서류 및 메모와 같은 다양한 법률 문서 작성을 지원했다. 특정 요구 사항이나 조항을 입력하면, RAG 시스템이 유사한 계약서 데이터베이스를 기반으로 초안을 생성해 관련성과 정확성을 보장했다. 예를 들어, 변호사가 계약서에 필요한 조건과 조항을 지정하면, RAG 시스템은 유사한 계약서를 검색해 필요한 법률 용어와 조항을 포함한 초안을 작성했다.

(3) 사례 분석 및 논거 구성

RAG 기술은 역사적 데이터와 법적 추론 패턴을 기반으로 관련 정보를 검색하고 통찰력을 제공해 사례 분석과 법적 논거 구성을 지원했다. 이를 통해 변호사들이 더 강력하고 증거 기반의 논거를 구축할 수 있었다. 예를 들어, 진행 중인 사건의 세부 사항을 입력하면 RAG 시스템이 유사한 과거 사건과 결과를 검색해 변호사가 사례의 강점과 약점을 이해하는 데 도움을 줬다.

(4) 법률 연구 플랫폼 개선

법률 연구 플랫폼은 RAG를 통합해 검색 기능을 향상해 사용자가 필요한 문서와 정보를 신속하게 찾을 수 있도록 했다. 이 통합은 사용자의 경험과 생산성을 크게 향상했다. 예를 들어, Westlaw 및 LexisNexis와 같은 플랫폼은 RAG를 사용해 더 정교한 검색 결과와 요약을 제공해 사용자가 필요한 정보를 신속하고 정확하게 찾을 수 있도록 했다.

5. RAG의 개념구현

1) GhatGPT를 이용한 RAG 개념구현

이번 장에서는 RAG의 개념을 설명하기 위해 ChatGPT에 RAG의 구현 방법을 요청하였다. 여기서 구현한 내용은 RAG의 개념을 설명하기 위해 제공된 예시로, 실제 RAG의 복잡한 기능과 비교하면 매우 단순화된 형태이다. 실제 RAG 모델은 훨씬 더 정교한 검색 및 생성 메커니즘을 사용한다. 하지만 이 예시는 비 개발자가 RAG의 기본 작동 원리를 이해하는 데 도움을 줄 수 있다. ChatGPT에 다음과 같이 질문하니, 답변과 함께 필요한 라이브러리 설치 정보, 테스트를 위한 data.txt 파일, 그리고 파이선 코드를 작성해 주었다.

※ ChatGPT에 RAG의 구현 방법 요청

질문 : RAG를 구현해보려면 어떠한 과정을 거쳐야 하나요? 비 개발자고 테스트할 수 있는 가장 간단한 방법도 하나 예시를 제시해 주세요.

답변 : RAG를 구현하기 위한 간단한 방법은 다음과 같습니다.

1. 데이터 준비: 검색 가능한 데이터 소스를 준비합니다. 예를 들어 텍스트 파일이나 JSON 파일에 질문과 답변을 저장합니다.
2. 검색 부분 구현: Python의 whoosh 라이브러리를 사용하여 검색 기능을 구현합니다.
3. 생성 부분 구현: 검색된 정보를 바탕으로 응답을 생성합니다. 가장 간단한 방법은 검색된 결과를 그대로 사용하는 것입니다.

---

(1) 필요 라이브러리 설치(검색 엔진 구축)

[그림13] 검색 기능 구현을 위한 whoosh 라이브러리 설치

(2) 데이터 파일 생성(질문과 답변을 포함하는 data.txt 파일을 생성)

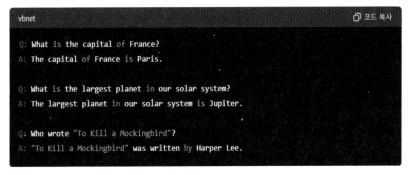

[그림14] data.txt(데이터 파일)

(3) 코드 생성

[그림15] ChatGPT Code

여기서 잠깐!

우리가 RAG를 구현해서 테스트를 해보려면 파이선(Python)을 설치하여야 한다. 파이선 설치를 위한 단계는 다음과 같다.

※ 파이선 설치 과정

1. 파이선 다운로드

파이선 공식 웹사이트에 접속합니다. (https://www.python.org/)

페이지 상단 메뉴에서 'Downloads'를 클릭합니다.

사용 중인 운영체제(Windows, macOS, Linux)에 맞는 설치 파일을 선택하여 다운로드합니다.

[그림16] Python Download

2. 설치 파일 실행

다운로드한 설치 파일을 실행합니다.

설치 시작 화면에서 'Add Python to PATH' 옵션을 체크합니다. 이 옵션을 체크하면 나중에 명령 프롬프트나 터미널에서 파이선을 쉽게 실행할수 있습니다.

'Install Now' 버튼을 클릭하여 기본 설정으로 설치를 진행합니다.

3. 설치 확인

설치가 완료되면 명령 프롬프트(Windows)나 터미널(macOS, Linux)을 엽니다.

python --version 또는 python3 --version 명령어를 입력하여 파이선이 정상적으로 설치되었는지 확인합니다. 파이선 버전이 출력되면 설치가 성공적으로 완료된 것입니다.

4. 추가 패키지 설치 (옵션)

파이선에는 다양한 추가 패키지가 있습니다. 필요에 따라 pip 명령어를 사용하여 설치할 수 있습니다. 예를 들어, numpy 패키지를 설치하려면 pip install numpy 명령어를 사용합니다.

2) RAG의 동작 과정

이 과정을 출력물 코드와 비교하고 결과를 확인하도록 하자.

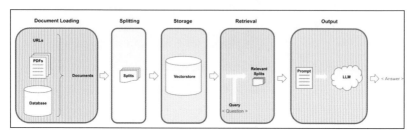

[그림17] RAG 프로세스(출처 : Medium 홈페이지, bit.ly/3S1H5Wl)

(1) Document Loading Code (문서 로딩)

[그림18] Document Loading

다양한 소스에서 문서를 불러오는 것처럼, data.txt 파일에서 질문과 답변을 불러온다.

(2) Splitting Code (문서 분할)

```python
# 데이터 파일 읽기 및 인덱스에 추가
with open(DATA_FILE, "r", encoding="utf-8") as f:
    lines = f.readlines()
    for i in range(0, len(lines), 3):
        question = lines[i].strip().split(": ", 1)[1].lower()
        answer = lines[i + 1].strip().split(": ", 1)[1]
        writer.add_document(question=question, answer=answer)
writer.commit()
```

[그림19] Splitting

문서를 여러 조각으로 나누는 것처럼, 각 질문과 답변을 개별 데이터 조각으로 분리하여 인덱스에 추가하는 과정이다.

(3) Storage Code (저장)

```python
# 인덱스 생성 및 열기
ix = create_in(indexdir, schema)
writer = ix.writer()
writer.commit()
ix = open_dir(indexdir)
```

[그림20] Storage

나눠진 문서 조각을 데이터베이스에 저장하여, 나중에 쉽게 검색할 수 있도록 한다. 여기서 인덱스는 저장소 역할을 한다.

(4) Retrieval Code (검색)

데이터베이스에서 특정 질문에 관련된 문서 조각을 찾아내는 과정이다. 사용자가 입력한 질문을 기반으로 인덱스를 검색하여 적절한 답변을 찾는다.

```python
# 검색 및 생성 기능
def search_and_generate(query):
    query = query.lower()  # 쿼리를 소문자로 변환
    with ix.searcher() as searcher:
        query_parser = QueryParser("question", schema=ix.schema, group=OrGroup)
        q = query_parser.parse(query)
        results = searcher.search(q)
        if results:
            return results[0]['answer']
        else:
            return "I'm sorry, I don't know the answer to that question."
```

[그림21] Retrieval

(5) Output Code (출력)

```python
# 사용자 입력을 통한 검색
while True:
    user_query = input("Enter your question (or type 'exit' to quit): ")
    if user_query.lower() == 'exit':
        break
    response = search_and_generate(user_query)
    print(f"Q: {user_query}")
    print(f"A: {response}")
```

[그림22] Output Code

최종적으로 사용자의 질문에 대해 적절한 답변을 출력하는 과정이다. 사용자가 질문을 입력하면, 검색된 답변을 기반으로 최종 결과를 사용자에게 제공한다.

(6) 파이선 Code 실행

GPT-4o에서 출력한 code를 '파일이름.py'(파이선 확장자)로 저장한다. (여기에서는 파일이름을 rag.py로 하였다) Windows '명령 프롬프트'에서 'python rag.py'를 실행한다.

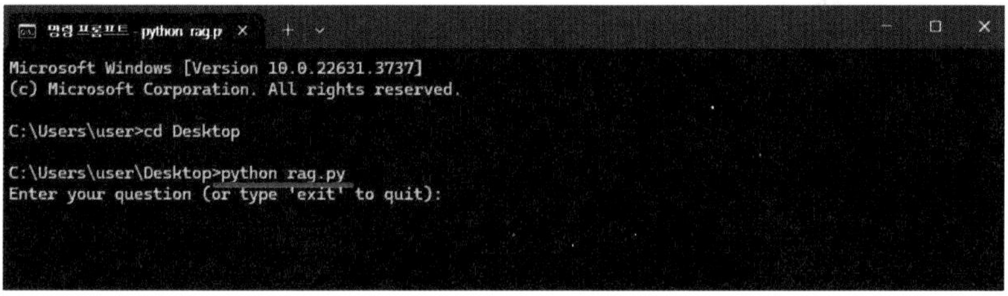

[그림23] python rag.py 입력

Enter your question (or type 'exit' to quit): What is the capital of France? 질문에 그림의 빨간색 줄 표시와 같이

What is the capital of France? 입력하고 ← (Enter) 하면

The capital of France is Paris. 와 같은 출력이 나오는 것을 확인할 수 있다. 다음 질문에도 같은 방식으로 질문하면 그 질문을 확인하고 질문에 맞는 답변을 출력한다.

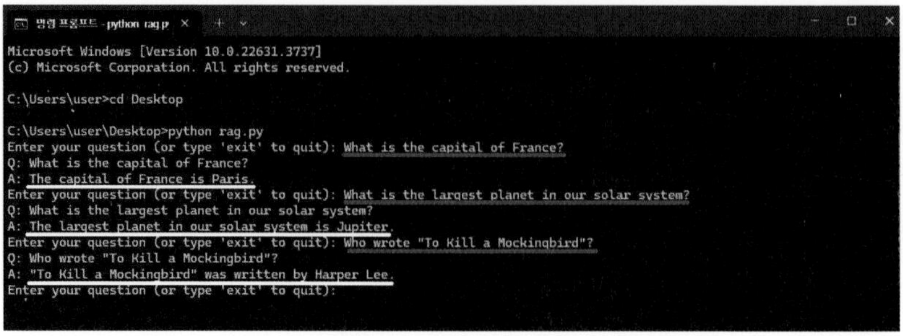

[그림24] rag.py 실행 화면

(7) 요약

이 예시는 실제 RAG의 기본 개념을 잘 반영하였고 비 개발자도 쉽게 이해할 수 있도록 구현하였다. 실제 RAG 시스템은 이보다 복잡하다. 이 코드는 data.txt 파일에서 질문과 답변을 읽어와 인덱싱한 후, 사용자가 입력한 질문에 대해 인덱스를 검색하여 적절한 답변을 반환하는 구조이다.

Document Loading 단계에서는 다양한 소스에서 문서를 불러오는 것처럼, data.txt 파일에서 질문과 답변을 불러온다. 이 단계는 데이터 파일 경로를 설정하고 파일에서 데이터를 읽어오는 과정이다.

Splitting 단계에서는 문서를 여러 조각으로 나누는 것처럼, 각 질문과 답변을 개별 데이터 조각으로 나눈다. 이는 데이터 파일을 읽고 각 라인에서 질문과 답변을 추출하여 인덱스에 추가하는 과정이다.

Storage 단계에서는 나눠진 문서 조각을 데이터베이스에 저장하여 나중에 쉽게 검색할 수 있도록 한다. 인덱스를 생성하고, 작성기(writer)를 통해 데이터를 인덱스에 추가한 후, 인덱스를 다시 열어 검색할 준비를 한다.

Retrieval 단계에서는 특정 질문에 맞는 문서 조각을 데이터베이스에서 찾아내는 과정이다. 사용자가 입력한 질문을 기반으로 인덱스를 검색하여 적절한 답변을 찾는다.

Output 단계에서는 최종적으로 사용자의 질문에 대해 적절한 답변을 출력한다. 사용자가 질문을 입력하면, 검색된 답변을 기반으로 최종 결과를 사용자에게 제공한다.

이 비유를 통해, RAG의 프로세스와 코드의 동작 방식을 PDF 문서 분석의 각 단계와 비교하여 이해해 보았다.

3) RAG의 Customize

RAG는 커스터마이즈가 가능하다. 이는 다양한 정보 소스와 요구 사항에 맞춰 조정될 수 있는 유연성을 제공한다. RAG의 커스터마이즈 가능성은 다음과 같은 여러 측면에서 두드러진다.

첫째, 데이터 소스의 선택 및 통합에서 RAG는 다양한 외부 데이터 소스를 통합하여 사용자 지정 요구에 맞춘 정보를 제공한다. 예를 들어, 특정 도메인에 맞춘 데이터베이스나 문서 저장소를 선택할 수 있다. 이를 통해 특정 분야나 조직에 맞춤형 정보를 제공할 수 있다.

둘째, 사용자 지정 임베딩 모델에서 RAG는 일반적인 임베딩 모델 대신, 특정 도메인에 맞춘 임베딩 모델을 사용할 수 있다. 예를 들어, SciBERT

와 같은 모델은 과학 논문과 같은 특정 도메인의 문서를 더 잘 이해하고 처리할 수 있다. 이를 통해 더욱 정확하고 관련성 높은 정보를 검색할 수 있다(DataStax[16]).

셋째, 맞춤형 응답 생성에서 RAG 시스템은 검색된 데이터를 기반으로 사용자 지정 응답을 생성할 수 있다. 이는 사용자 요구에 맞춰 답변의 형식과 내용을 조정할 수 있음을 의미한다. 예를 들어, 특정 비즈니스 요구에 맞춘 보고서나 분석을 생성할 수 있다.

넷째, 실시간 데이터 업데이트에서 RAG는 실시간으로 데이터베이스를 업데이트하여 최신 정보를 제공할 수 있다. 이는 사용자에게 항상 최신의 정보를 제공함으로써 신뢰성과 유용성을 높일 수 있다.

다섯째, 개발자 제어 및 관리에서 개발자는 RAG 시스템의 정보 소스를 제어하고 변경할 수 있으며, 이를 통해 다양한 요구 사항에 맞춰 시스템을 조정할 수 있다. 또한, 특정 질문에 대한 적절한 응답을 생성하기 위해 정보 소스를 제한하거나 확장할 수 있다(Databricks[17]).

이러한 커스터마이즈 기능은 RAG 시스템이 다양한 도메인과 응용 분야에서 유연하고 효율적으로 사용될 수 있음을 보여준다.

---

16) DataStax (bit.ly/4cwXU3P)
17) Databricks (bit.ly/45X1OjQ)

Epilogue : RAG의 현재와 미래

　이 책에서는 RAG(Retrieval-Augmented Generation) 기반의 업무 최적화를 다루었다. RAG는 현대 인공지능 기술의 중요한 도약을 나타낸다. RAG는 단순히 데이터를 생성하는 것이 아니라, 실시간으로 외부 데이터를 검색하고 이를 기반으로 응답을 생성하는 능력을 갖추고 있다. 전통적인 모델이 정적인 데이터셋에 의존하는 반면, RAG는 실시간으로 최신 정보를 검색하여 응답을 생성할 수 있어 특히 빠르게 변화하는 분야에서 정확하고 관련성 높은 정보를 제공하는 데 유용하다.

　RAG의 작동 원리는 두 가지 주요 단계로 나뉜다. 첫째, 정보 검색 단계에서는 사용자의 질문에 대한 관련 정보를 외부 데이터베이스나 웹에서 검색한다. 둘째, 검색된 정보를 바탕으로 자연스럽고 정확한 응답을 생성한다. 이를 통해 RAG는 최신 정보와 깊이 있는 분석을 동시에 제공할 수 있다.

　RAG는 다양한 분야에서 활용될 수 있다. 콜센터 상담에서는 고객의 질문에 대해 신속하고 정확한 답변을 제공함으로써 고객 만족도를 높인다. 전자상거래에서는 제품 추천 및 검색 기능을 강화하여 개인화된 쇼핑 경험을 제공한다. 의료 부문에서는 환자 기록 및 의학 문헌을 신속하게 검색하여 더 정확한 진단과 치료 계획을 수립할 수 있다. 교육 및 콘텐츠 생성에서도 RAG는 학생들이 질문에 대해 정확한 답변을 제공받고, 콘텐츠 생성자들이 맥락적으로 관련 있고 매력적인 콘텐츠를 신속하게 생산할 수 있도록 돕는다.

　RAG의 주요 장점은 최신 정보 제공과 높은 정확성에 있다. 실시간 검색 기능을 통해 최신 정보를 반영하고, 이를 바탕으로 응답을 생성함으로써 정확하고 관련성 높은 답변을 제공할 수 있다. 또한, 다양한 정보 소스를 활용하여 풍부한 응답을 생성할 수 있으며, 이를 통해 사용자 경험을 향상할 수 있다.

RAG는 정보의 품질과 관련성을 보장하고, 지연 시간을 최소화하며, 데이터 프라이버시를 유지하는 데 중점을 둔다. RAG의 미래는 밝다. 지속적인 연구와 개발을 통해 RAG 시스템의 강건성과 확장성을 향상하는 데 중점을 두고 있다.

이러한 기술이 성숙해짐에 따라, 정보 검색 및 생성을 보다 직관적이고 영향력 있게 만들면서 데이터와 상호 작용하는 방식을 혁신할 잠재력을 가지고 있다. 2024년 이후, RAG는 다양한 산업에서 더욱 중요한 역할을 할 것이며, 최신 정보를 제공하고 사용자 경험을 극대화하는 데 중요한 도구가 될 것이다.

지금까지 우리는 RAG의 개념, 작동 원리, 다양한 활용 사례, 그리고 장점과 미래 전망에 대해 알아보았다. RAG는 엄청난 잠재력을 지니고 있으며, 정보 기술의 미래를 형성하는 데 있어 핵심적인 역할을 할 것이다.

우리는 이 혁신적인 기술의 잠재력에 주목하며, 이를 통해 정보 기술의 새로운 가능성을 열어가야 한다. 이 책이 독자 여러분께 RAG의 가능성을 깊이 이해하는 데 도움이 되고, 나아가 더 나은 미래를 설계하는 데 도움이 되기를 바란다.

앞으로도 RAG가 만들어갈 변화를 함께 주목하며, 그 여정에 동참하기를 바란다.

## 6

AI 챗봇시대,
D-ID로 AI 챗봇
나만의 비서 만들기

최 원 하

Prologue

우리가 살아가는 세상은 기술의 발전과 함께 끊임없이 변화하고 있으며 그 변화의 중심에는 인공지능(AI)이 자리 잡고 있다. 특히 AI 챗봇의 등장은 우리의 일상과 비즈니스 환경을 크게 변화시키고 있다. AI 챗봇은 단순한 호기심의 산물을 넘어 이제는 마케팅, 고객 서비스, 교육 등 다양한 분야에서 필수적인 도구로 자리매김하고 있다.

이 책은 독자 여러분이 직접 자신만의 AI 챗봇 비서를 만들 수 있도록 도와드리기 위해 기획된 것이다. 특히 D-ID 플랫폼을 활용하여 기술적 배경이 없는 초보자부터 전문가까지 누구나 쉽게 따라 할 수 있는 단계별 가이드를 제공하고 있다. 이 책을 통해 AI 챗봇의 기본 개념부터 실질적인 구현 방법 그리고 다양한 실전 사례를 학습 할 수 있다.

D-ID 플랫폼을 통해 여러분은 단순한 대화형 챗봇을 넘어서 음성 인식 및 합성, 비주얼 인터페이스를 갖춘 고급 AI 비서를 만들 수 있다. 이 책에서는 이러한 고급 기능을 활용하여 나만의 AI 비서를 만드는 방법을 상세

히 설명하고 있다. 또한 실제 사례를 통해 AI 챗봇이 비즈니스와 일상생활에서 어떻게 활용될 수 있는지 구체적으로 보여주고 있다.

이 책을 통해 AI 챗봇 제작의 재미와 유용성을 경험하길 바라며 독자 여러분의 상상력과 창의력을 발휘하여 나만의 특별한 D-ID로 AI 챗봇 비서를 만들어보기 바란다.

1. 인공지능 챗봇의 등장

1) AI 챗봇의 등장과 그 중요성

AI 챗봇의 등장은 디지털 커뮤니케이션과 서비스 제공 방식을 근본적으로 변화시켰다.

초기에 간단한 규칙 기반 시스템에서 시작한 챗봇은 이제 머신러닝과 인공지능을 통합하여 훨씬 더 복잡하고 상호작용적인 작업을 수행할 수 있게 되었다. 이러한 발전은 챗봇이 고객 서비스, 온라인 쇼핑 지원, 심지어 의료 상담과 같은 다양한 분야에서 실시간으로 도움을 제공할 수 있게 만들었다.

AI 챗봇의 중요성은 뛰어난 접근성과 효율성에서 기인한다. 고객들은 언제 어디서든 원하는 정보를 즉각적으로 얻을 수 있으며 기업은 인건비를 절감하면서도 고객 만족도를 향상시킬 수 있다. 또한 챗봇은 데이터 수집과 분석을 통해 사용자 경험을 지속적으로 개선하며 이는 비즈니스 인사이트와 결정 과정에 큰 도움이 된다.

이러한 챗봇은 다양한 분야에서 활용되고 있으며 그 중요성은 다음과 같은 몇 가지 주요 포인트로 요약할 수 있다.

[그림1] 챗봇의 진화 (출처 : OpenAI의 DALL-E)

(1) 고객 서비스 향상

AI 챗봇은 24시간 고객 지원을 가능하게 함으로써 기업들이 더욱 빠르고 효율적인 서비스를 제공할 수 있도록 한다. 이는 고객 만족도를 증가시키고, 대기 시간과 운영 비용을 줄이는 데 기여한다.

(2) 접근성 및 확장성

챗봇은 언어 및 지리적 장벽을 넘어서 서비스를 제공할 수 있다. 기업은 챗봇을 이용하여 전 세계의 다양한 고객층에 도달할 수 있으며 이는 글로벌시장으로의 확장을 촉진한다.

(3) 개인화된 사용자 경험

AI 챗봇은 사용자의 이전 대화와 행동을 학습하여 맞춤형 서비스를 제공할 수 있다. 이는 사용자 경험을 개인화하고 더욱 관련성 높은 정보와 서비스를 제공함으로써 사용자의 참여를 증가시키는 데 도움이 된다.

(4) 자동화와 효율성

반복적이고 단순한 작업을 자동화함으로써 챗봇은 기업의 운영 효율성을 향상시킨다. 이는 인적 자원을 보다 전략적이고 창의적인 작업에 집중할 수 있게 하며 전체적인 생산성을 높인다.

AI 챗봇의 이러한 장점들은 기업과 소비자 모두에게 매우 유익하다. 디지털 시대에 AI 챗봇은 더욱 발전하고 다양한 산업에서 필수적인 도구가 되어간다. 이는 기술적 발전뿐만 아니라 경제적 사회적 차원에서도 큰 변화를 의미한다. AI 챗봇의 효과적인 활용과 발전은 앞으로도 계속해서 중요한 연구와 투자의 대상이 될 것이다.

2) D-ID 플랫폼의 역할

D-ID 플랫폼은 이러한 AI 챗봇의 개발과 배포를 효과적으로 지원하기 위해 설계된 도구이다. 이 플랫폼은 사용자가 쉽게 AI 모델을 훈련시키고 관리할 수 있도록 여러 가지 기능을 제공한다. 예를 들어 D-ID는 다양한 언어 처리 기술과 머신러닝 알고리즘을 통합하여 사용자가 챗봇을 더 빠르고 효과적으로 개발할 수 있도록 돕는다.

플랫폼의 주요 기능 중 하나는 자연어 이해(NLU)와 대화 관리를 위한 강력한 도구 제공하는 것이다. 이를 통해 챗봇은 사람의 말을 더 잘 이해하고 적절한 응답을 생성할 수 있다. 또한 D-ID는 챗봇이 학습 과정에서 얻은 데이터를 기반으로 지속적으로 성능을 개선할 수 있도록 지원한다.

D-ID 플랫폼의 가장 큰 장점은 그 사용의 유연성에 있다. 개발자들은 복잡한 코드를 작성하지 않고도 몇 가지 간단한 설정을 통해 고도로 맞춤화된 챗봇을 만들 수 있다. 이러한 특성은 AI 챗봇 기술을 더 많은 사람들이 접근하고 활용할 수 있게 만들어 디지털 혁신을 더욱 가속화 되고 있다.

[그림2] D-ID 플랫폼이 AI 챗봇 개발을 지원 (출처 : OpenAI의 DALL-E)

2. AI 챗봇 기술 개요

1) AI 챗봇의 기술적 기반

(1) 기본 구성 요소

AI 챗봇의 핵심 구성 요소는 인풋 인터페이스, 처리 엔진, 출력 인터페이스 등이다. 이 구성 요소들은 사용자의 입력을 받아 처리하고 적절한 응답을 출력하는 과정의 핵심이다.

(2) 작동 원리

챗봇은 사용자의 질문을 인식하고 이를 처리하여 적절한 답변을 생성하는 과정을 단계별로 수행한다. 이 과정은 인풋을 분석, 의미 해석, 적절한 반응의 선택 및 응답 생성으로 이루어진다.

(3) 필수 기술 소개

챗봇을 구현하는 데 필요한 기술적 요소로는 인텐트 분류, 엔티티 인식, 대화 관리 등이 있다. 이 기술들은 챗봇이 사용자의 의도를 정확하게 파악하고 효과적으로 대응할 수 있도록 한다.

2) 자연어 처리(NLP) 머신러닝과 AI 통합

(1) NLP 기술의 주요 개념

NLP의 주요 개념으로는 토큰화, 파싱, 의미 분석, 감정 분석 등이 있다. 이러한 기술들은 텍스트 데이터를 이해하고 처리하는 데 필수적이다.

(2) 챗봇과의 연결점

이러한 NLP 기술은 챗봇의 대화 이해와 응답 생성에 핵심적으로 적용된다. 챗봇은 이 기술들을 사용하여 사용자의 말을 분석하고 의도를 파악하는 것이다.

(3) 현실적 응용 예시

NLP 기술은 실제로 고객 서비스, 의료, 금융 등 다양한 분야의 챗봇에 응용되고 있다. 이 기술들은 챗봇이 보다 정확하고 효과적으로 사용자의 요구에 응답하게 만든다.

(4) 머신러닝과 AI의 통합

① 머신러닝 기법의 챗봇 향상 기여

머신러닝은 패턴 인식, 예측 모델링, 자동화된 의사 결정 과정 등을 통해 챗봇의 성능을 향상시킨다. 이는 챗봇이 보다 능동적으로 대응하고 최적의 응답을 제공할 수 있게 한다.

② 지속적 학습과 개선의 중요성

챗봇은 사용자와의 상호작용을 통해 계속해서 학습하고 개선된다. 이 과정에서 데이터 수집과 분석, 모델 재학습이 중요하다. 챗봇의 지속적인 학습 능력은 그 성능을 지속적으로 강화시킨다.

3) 다양한 AI 챗봇 개발 플랫폼의 비교

(1) Dialogflow: 복잡한 대화를 쉽게 만드는 도구

Dialogflow는 Google Cloud의 일부로서 개발자들이 사용자와의 대화를 더욱 쉽고 효율적으로 만들 수 있도록 지원한다. 이 플랫폼은 자연어 이해 기술을 활용하여 사람들의 말의 의미를 파악하고 적절한 대답을 할 수 있게 한다. 여러 나라의 언어를 지원하며 다양한 기술과의 연동이 용이하여 전 세계 어디서나 다양한 방식으로 활용될 수 있다.

- 쉽고 효과적인 기능들
  - 자연스러운 대화 이해: 사용자가 무엇을 말하려고 하는지 정확히 파악하고 필요한 정보를 추출하여 그에 맞는 대응을 한다.
  - 여러 언어 지원: 전 세계 다양한 언어를 지원하는 것이 특징이다.
  - 다양한 도구와의 연동: Google의 다른 서비스뿐만 아니라 외부 애플리케이션과도 쉽게 연결되어 기능 확장이 가능하다.
  - 다양한 플랫폼 지원: 웹사이트나 모바일 앱, 인기 메시징 앱 등 다양

한 플랫폼에서 챗봇을 사용할 수 있다.
- 성능 분석: 사용자와의 대화를 분석하여 챗봇의 성능을 확인하고 필요한 개선 사항을 찾아낸다.

(2) Microsoft Bot Framework: 쉽고 다양한 채널을 통한 챗봇 개발

Microsoft Bot Framework는 Microsoft Azure를 기반으로 하여 챗봇을 쉽게 만들고 관리할 수 있는 툴이다. 이 플랫폼은 LUIS(Language Understanding Intelligent Service)와 통합되어 있어 사용자의 말을 더 잘 이해하고 자연스러운 대화를 가능하게 한다. 또한 웹사이트부터 이메일, 심지어 SMS나 Slack과 같은 다양한 채널을 지원하여 어디에서나 챗봇을 활용할 수 있다.

• 주요 기능 살펴보기
- 자연어 이해: LUIS는 챗봇이 사용자의 말을 분석해 의도와 문맥을 파악하는 것을 돕는다. 이로 인해 챗봇과의 대화가 더욱 자연스럽고 유용하게 진행된다.
- 플랫폼 다양성: 사용자는 웹, 이메일, SMS, Microsoft Teams 등 자신이 선호하는 통신 수단을 통해 챗봇과 소통할 수 있다.
- 쉬운 확장성과 관리: Azure 클라우드를 이용해 챗봇 서비스를 손쉽게 확장하고 관리하는 것이 가능하다. 이는 사용자 수가 급증해도 안정적인 서비스를 제공할 수 있게 한다.
- 개발자 친화적 도구: 다양한 개발 도구와 자료가 제공되어 챗봇 개발을 더욱 쉽고 빠르게 할 수 있다.

(3) IBM Watson Assistant: 맞춤 대화를 쉽게 만드는 도구

IBM Watson Assistant는 인공 지능을 활용하여 각 업종에 맞는 맞춤 챗봇을 만들고 관리할 수 있는 강력한 도구이다. 이 플랫폼은 사용자의 의도를 정확히 파악하고 필요한 정보를 추출하여 적절한 응답을 제공하는 것이 특징이다.

- **주요 기능 살펴보기**
  - 의도 인식: Watson Assistant는 사용자의 말에서 '의도'를 파악하는 데 뛰어난 능력을 보유하고 있다. 이를 통해 사용자의 진짜 요구를 이해하고 그에 맞는 대응을 할 수 있다.
  - 정보 추출: 사용자의 대화에서 중요한 정보를 식별하고 추출한다. 예를 들어 날짜나 위치와 같은 구체적인 정보를 인식하여 관련된 업무를 수행한다.
  - 대화 흐름 관리: 사용자와의 대화가 자연스럽게 이어질 수 있도록 대화의 흐름을 관리한다. 이는 챗봇이 복잡한 상황에서도 유연하게 대응할 수 있게 한다.
  - 업종별 맞춤 설정: 다양한 업종의 특성에 맞춰 챗봇을 설정할 수 있다. 이를 통해 각 업종에 최적화된 대화 서비스를 제공하며 사용자 경험을 향상시킨다.
  - 쉬운 통합과 확장: 다른 시스템과의 통합이 용이하며, IBM 클라우드를 통해 서비스를 쉽게 확장하고 관리할 수 있다.

(4) Amazon Lex: 음성과 텍스트를 통한 쉬운 대화

Amazon Lex는 Amazon Web Services의 일부로 음성과 텍스트를 통해 사용자와 자연스럽게 대화할 수 있는 챗봇 서비스이다. 이 서비스는 Alexa의 고급 음성 인식 기술을 활용하여 사용자가 말하거나 타이핑한 내용을 이해하고 적절하게 반응하는 것이 특징이다. Amazon Lex는 다양한 앱과 쉽게 통합되어 어디서나 편리하게 사용할 수 있다.

• 쉬운 대화를 가능하게 하는 주요 기능

- 음성 인식: 사용자가 말하는 것을 정확하게 듣고 텍스트로 변환하는 능력이 탁월하다. 이로 인해 사용자는 사람과 대화하듯 자연스럽게 챗봇과 소통할 수 있다.
- 자연어 이해: Amazon Lex는 대화에서 중요한 단어나 구문을 파악하여 사용자의 요청을 정확히 이해한다. 챗봇은 이 정보를 바탕으로 유용하고 정확한 답변을 제공한다.
- 다양한 플랫폼 지원: 웹사이트, 모바일 앱, 소셜 미디어 등 다양한 플랫폼에서 사용할 수 있는 것이다. 사용자는 자신이 선호하는 방식으로 챗봇과 상호작용할 수 있다.
- 확장성과 관리의 용이성: AWS 클라우드를 기반으로 하기 때문에 챗봇 서비스의 확장과 관리가 간편하다. 사용량이 많아져도 안정적인 서비스를 유지할 수 있다.
- 개발자를 위한 도구와 자료: Amazon Lex는 챗봇 개발을 더욱 쉽게 할 수 있는 다양한 도구와 자료를 제공하여 개발 과정을 간소화하고 시간을 절약할 수 있게 한다.

(5) Rasa: 복잡한 대화를 간편하게 처리하는 오픈 소스 프레임워크

Rasa는 데이터 보호를 중요시하는 기업에 적합한 챗봇 개발 도구이다. 이 오픈 소스 프레임워크는 복잡한 대화 처리 능력을 제공하며 사용자의 의도와 필요를 섬세하게 파악하여 맞춤형 대화를 생성하는 것이 특징이다. Rasa는 사용자의 요구에 따라 챗봇을 완전히 맞춤 설정할 수 있어 다양한 업계에서 특화된 솔루션을 구축할 수 있다.

• 주요 기능 살펴보기

- 자연스러운 대화 이해: Rasa는 사용자의 말을 정밀하게 분석하여 의

도와 필요한 정보를 파악하는 것이다. 이를 통해 사용자와의 대화가 더 자연스럽고 의미 있게 진행된다.

- 데이터 보안과 개인정보 보호: 자체 서버에서 Rasa를 운영함으로써 모든 데이터를 완벽하게 제어할 수 있는 것이다. 이는 데이터 보호를 중시하는 기업에 이상적이다.
- 완벽한 맞춤화: Rasa는 사용자의 비즈니스 요구에 맞게 챗봇을 디자인하고 조정할 수 있는 유연성을 제공하는 것이다. 이를 통해 각기 다른 업계의 특성에 맞는 챗봇을 개발할 수 있다.
- 통합과 확장성: 다른 시스템과 쉽게 통합되어 기존 비즈니스 프로세스와 연동되는 것이다. 이는 기업이 자신의 IT 인프라 내에서 챗봇을 효율적으로 활용할 수 있게 한다.
- 커뮤니티 지원: Rasa는 활발한 개발자 커뮤니티를 보유하고 있어 기술적 문제 해결이나 새로운 기능 개발에서 지원을 받을 수 있는 것이다.

3. D-ID 플랫폼 소개

1) D-ID 생성적 AI 기술의 선구자

D-ID는 생성적 인공지능(AI) 기반의 상호작용 및 콘텐츠 제작에서 혁신을 주도하고 있다. 이 플랫폼은 자연 사용자 인터페이스(NUI) 기술에 중점을 두며 이미지, 텍스트, 비디오, 오디오 및 음성을 통합하여 사용자에게 몰입감 있는 디지털 경험을 제공한다.

고급 얼굴 합성 기술과 딥러닝을 결합하여 사용자가 다양한 언어로 효과적으로 상호작용할 수 있는 맞춤형 AI 솔루션을 개발한다. 이 기술은 디지털 세계에서의 연결과 창작 방식을 혁신적으로 확장시키며 전통적인 디지털 인터페이스를 넘어서 실제적인 인간과 같은 상호작용을 가능하게 한다.

D-ID의 플랫폼은 특히 고객 경험, 마케팅, 그리고 판매를 최적화하는 데 특화되어 있으며 전 세계 콘텐츠 제작자들에게도 매력적인 솔루션을 제공한다. 이 기술은 사용자가 자신의 콘텐츠를 더욱 돋보이게 할 수 있도록 지원하며 비즈니스와 창작 활동 모두에 혁신적인 영향을 미치는 것이다.

[그림3] D-ID 플랫폼이 생성적 AI 기술에서 선구자 (출처 : OpenAI의 DALL-E)

2) D-ID 플랫폼의 특징

D-ID 플랫폼은 AI 챗봇 개발을 위한 포괄적인 도구로 설계되었다. 이 플랫폼은 다음과 같은 주요 특징을 가진다.

(1) 사용 용이성

사용자 친화적 인터페이스와 간단한 설정 과정을 통해 개발자가 쉽게 AI 챗봇을 구축하고 배포할 수 있다.

(2) 통합된 기술 스택

다양한 언어 처리 기술과 최신 머신러닝 알고리즘을 통합하여 강력하고 효과적인 챗봇을 개발할 수 있도록 지원한다.

(3) 유연성과 확장성

개발자는 복잡한 코드 없이 챗봇을 맞춤 설정할 수 있으며 플랫폼은 사용자의 요구에 맞게 쉽게 확장 가능하다.

(4) 지속적인 학습 및 개선

챗봇은 사용자와의 상호작용에서 얻은 데이터를 사용하여 지속적으로 학습하고 성능을 개선한다.

3) 플랫폼의 구조와 기능

D-ID 플랫폼의 구조와 기능은 다음과 같이 구성된다.

(1) 인풋 인터페이스

사용자의 입력을 받아들이는 첫 단계로 텍스트, 음성 인식, 이미지 인식 등 다양한 형태의 데이터를 처리할 수 있다.

(2) 처리 엔진

입력된 데이터를 분석하고 처리하는 핵심 구성 요소로 NLP와 머신러닝 알고리즘을 사용하여 사용자의 의도와 콘텍스트를 이해한다.

(3) 출력 인터페이스

챗봇이 사용자에게 응답을 제공하는 구성 요소로 텍스트, 오디오, 비주얼 등 다양한 형식을 지원한다.

(4) 데이터 관리 시스템

사용자와의 상호작용으로부터 얻은 데이터를 저장하고 분석하는 시스템으로 챗봇의 성능 개선에 필수적이다.

(5) 대화 관리 도구

복잡한 대화 흐름을 설계하고 관리할 수 있는 도구로 사용자에게 매끄럽고 일관된 대화 경험을 제공한다.

이러한 구조와 기능을 통해 D-ID 플랫폼은 개발자들이 효율적이고 효과적인 AI 챗봇을 설계하고 유지할 수 있도록 만든다. 플랫폼은 특히 대규모 기업 환경이나 다양한 사용자 그룹을 대상으로 하는 복잡한 애플리케이션 개발에 적합하다.

4. AI 챗봇 D-ID 에이전트

1) D-ID 기업이 고객과 소통하는 새로운 인터페이스

D-ID의 혁신적인 플랫폼은 기업이 고객과의 상호작용을 혁신적으로 변화시키는 새로운 방식을 제공한다. 이 플랫폼은 셀프 서비스 스튜디오, API, 또는 통합 시스템을 통해 접근 가능하며 기업이 정지된 이미지를 맞춤형 스트리밍 비디오로 전환할 수 있도록 지원한다. 사용자는 텍스트 기반의 입력만으로 실감 나는 디지털 인간의 애니메이션을 생성할 수 있다.

이 기술은 대규모 비디오 제작이 요구하는 전통적인 비용과 복잡성을 혁신적으로 줄인다. D-ID는 이러한 방식으로 기업들이 고객과의 커뮤니케이션을 더욱 생동감 있고 개인화된 경험으로 이끌 수 있도록 돕는다. 이로써 기업은 더욱 효과적으로 브랜드 메시지를 전달하고 고객 참여를 극대화할 수 있다. D-ID의 기술은 단순한 비디오 제작을 넘어 고객 경험을 새롭게 정의하고 디지털 마케팅의 미래를 재구성한다.

2) D-ID 에이전트 디지털 대화의 새로운 차원

최근 베타 버전으로 출시된 AI 챗봇 D-ID 에이전트는 첨단 언어 모델의 지능과 대면 커뮤니케이션의 따뜻함을 결합하여 디지털 상호작용을 완전히 새로운 수준으로 끌어올린다. 이 혁신적인 플랫폼은 디지털 연결을 개인화하고 깊이 있는 몰입 경험을 제공하여 사용자와의 대화를 더 인간적으로 만든다.

D-ID 에이전트의 사용자는 자신의 디지털 인물을 맞춤 설정할 수 있다. 에이전트의 외모와 목소리를 선택하거나 심지어 자신의 목소리를 복제할 수도 있다. 사용자는 원하는 상호작용 방식을 설명하고 필요한 지식 기반을 확장할 수 있는 문서를 제공함으로써 몇 분 만에 실제 인간과 같은 대화가 가능한 디지털 인물을 생성할 수 있다.

이 AI 에이전트는 사용자의 요구에 민감하게 반응하여 모든 상호작용에서 친근하고 몰입감 있는 존재감을 선사한다. 90% 이상의 높은 정확도로 질문에 대한 응답을 2초 이내에 신속하고 정확하게 제공하며 정보 검색 기반 생성(RAG) 기술을 활용해 일반적인 언어 모델의 한계를 넘어서는 최신의 정교한 정보를 제공한다. 이를 통해 D-ID 에이전트는 디지털 대화에 인간적인 차원을 더하며 사용자 경험을 풍부하게 하고 디지털 마케팅을 재창조한다.

3) D-ID 다양한 역할에서의 무한한 활용 가능성

D-ID 에이전트는 기술의 최전선에서 다양한 사용 사례를 현실화하며 무한한 가능성을 탐구한다. 이 혁신적인 AI 솔루션은 고객 경험을 극대화하기 위한 AI 챗봇의 도입부터 웹사이트를 생동감 있게 만드는 상호작용 가능한 AI 아바타까지 제공한다. 뿐만 아니라 맞춤형 튜터를 통해 온라인 교육의 질을 한층 향상시키는 것이다.

D-ID 에이전트는 사용자가 업로드한 데이터와 지식을 기반으로 질문에 답하고 다양한 비즈니스 및 개인적 요구에 맞는 특정 작업을 수행하는 자율적인 AI 비서이다. 이 독립적인 플랫폼은 마케팅, 고객 참여, 교육, 트레이닝 등 다양한 분야에서 맞춤형 해결책을 제공한다.

특히 D-ID 에이전트는 실제 인물을 시뮬레이션하거나 유명 브랜드나 개인을 대표하는 가상의 인플루언서 역할을 할 수 있어 디지털 마케팅과 인플루언서 전략에 새로운 차원을 더한다. 이를 통해 D-ID 에이전트는 단순히 정보를 전달하는 수단을 넘어 감성적이고 개인적인 경험을 제공하는 현대적 인터페이스로 자리매김한다. 상상만 해도 가슴이 뛰는 이 기술이 여러분의 창의력을 자극하고 무한한 가능성의 문을 활짝 열어 줄 것이다.

4) D-ID 사용자 친화적 AI 구축 가이드

D-ID 에이전트는 사용자가 직접 AI를 만들고 관리할 수 있는 강력하고 직관적인 플랫폼을 제공한다. 단순히 원하는 역할을 선택하고 몇 가지 지침을 입력한 후 추가적인 지식을 업로드하기만 하면 누구나 쉽게 전문가 수준의 AI 에이전트를 구축할 수 있다.

D-ID 에이전트는 기업의 매출 증대 고객 서비스 향상 심지어 소셜 미디어 상호작용 강화에 이르기까지 다양한 방면에서 활용될 수 있다. 각 에이전트는 특정 지식 창고에 액세스할 권한을 가지고 있으며 그 분야의 전문가로서 활동한다. 사용자는 에이전트와의 대화를 통해 그들이 어떤 역할을 수행하는지 또 어떤 정보를 제공할 수 있는지 정확히 알아볼 수 있다.

사용자는 텍스트를 입력하거나 마이크 아이콘을 클릭해서 마치 실제 사람과 대화하듯이 D-ID 에이전트와 소통할 수 있다. 이는 Chrome, Safari 브라우저 및 대부분의 모바일 기기에서 지원된다. 표준 음성 이외에도 ElevenLabs의 고품질 Pro 음성을 선택하여 더욱 자연스러운 대화 경험을 할 수 있다. 사용자는 자신의 목소리를 녹음하여 업로드함으로써 AI 에이전트가 사용자의 목소리를 모방하게 할 수도 있다.

[그림4] D-ID 에이전트의 다양한 활용 가능성 (출처 : OpenAI의 DALL-E)

D-ID에서 호스팅하는 에이전트 링크를 공유하거나 자신의 웹사이트에 에이전트를 임베드할 수 있다. 누군가가 내 에이전트와 대화를 하면 내 계정으로 비용이 청구된다는 점을 유의해야 한다. 에이전트는 자연어 처리 (NLP)와 생성 AI를 사용하여 텍스트 또는 음성 입력을 이해한 다음 관련 답변을 제공한다. 정보 검색 기반 생성(RAG) 기술을 사용하여 업로드된 문서의 지식창고에서 쿼리에 대한 정확한 답변을 검색한다.

D-ID 에이전트를 성공적으로 구축하려면 고품질 데이터셋 구축이 중요하다. 다양하고 신뢰할 수 있는 데이터를 확보하고 데이터 품질을 우선하며 FAQ 스타일 데이터셋을 사용하는 것이 좋다. 데이터는 효율적으로 조직하고 처음에는 특정 주제에 집중하여 점진적으로 확장해야 한다. 지속적인 개선과 확장은 에이전트의 가치를 극대화하는 데 필수적이다. 이러한 모범 사례를 따름으로써 신뢰할 수 있는 고품질의 D-ID 에이전트를 만들 수 있다.

5. AI 챗봇 에이전트 개발의 첫걸음

AI 챗봇을 개발하기 위한 기본 단계를 안내한다. 이 과정에는 적절한 컴퓨터 환경의 마련과 필요한 프로그램의 설치가 포함된다.

1) 개발 환경 설정

개발에 필요한 환경을 구축하는 것은 첫걸음이다. 이를 위해 Python과 같은 프로그래밍 언어와 Visual Studio Code와 같은 텍스트 에디터를 설치한다. 일반적인 컴퓨터로 챗봇 개발이 가능하지만 보다 복잡한 작업을 수행하기 위해서는 더 빠른 컴퓨터가 필요할 수 있다. 설치 후에는 추가적인 프로그래밍 도구나 라이브러리를 설치하는 간단한 명령어 입력이 요구된다.

2) 기본 도구와 라이브러리 소개

TensorFlow와 Keras는 챗봇이 지능적으로 대화할 수 있도록 돕는 도구로 복잡한 계산을 지원하고 사용이 쉬운 인터페이스를 제공한다. NLTK와 spaCy는 문장 분석에 필수적인 라이브러리로, 중요한 단어나 구를 식별하는 데 사용된다. 이 도구들을 활용하면 챗봇 개발에 필요한 기초를 다질 수 있다.

3) 챗봇의 대화 흐름 설계
(1) 챗봇의 대화 흐름 만들기

챗봇이 사용자의 상황을 이해하고 필요한 정보를 제공할 수 있도록 대화를 스마트하게 관리한다. 예를 들어 사용자가 피자 주문을 원할 때 챗봇이 피자 종류를 묻고 주소 정보를 요청한다.

(2) 사용자 맞춤 대화 제공하기

챗봇은 사용자의 이름이나 과거 선택을 기억하여 개인화된 대화를 제공한다. 이를 통해 사용자는 챗봇과의 대화에 더 큰 만족을 느낄 수 있다.

4) 사용자 의도와 주요 정보(엔티티) 알아차리기

챗봇은 사용자의 대화 내용을 분석하여 의도와 중요한 정보(엔티티)를 인식한다. 예를 들어, '서울에서 내일 날씨가 어때?'라는 문장에서 '서울'은 위치를, '내일'은 시간을 나타내는 중요한 정보이다.

1) 구글 크롬에서 검색하기

(1) 구글 크롬 브라우저 열기

컴퓨터에서 구글 크롬 브라우저를 연다. 만약 설치되어 있지 않다면 구글의 공식 웹사이트에서 다운로드 및 설치한다.

[그림5] 구글에서 D-ID 검색

(2) D-ID 플랫폼 검색

검색 바에 'D-ID 플랫폼', 'D-ID AI 비서 만들기' 등의 키워드를 입력하고 검색 버튼을 클릭하거나 엔터 키를 누른다.

가장 최신 버전의 D-ID 플랫폼을 찾는 가장 빠른 방법이다.

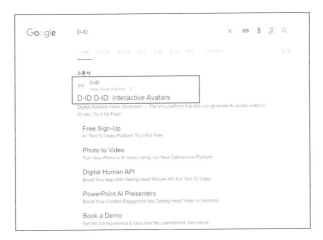

[그림6] 구글에서 D-ID 검색 확인

2) START FREE TRIAL 클릭

- **무료 체험 옵션 찾기:** 웹사이트 홈페이지 또는 서비스 페이지에서 'START FREE TRIAL' 또는 '무료 체험 시작하기'와 같은 버튼을 찾아 클릭한다.

이를 통해 플랫폼의 전체 기능을 일정 기간 동안 무료로 이용할 수 있다.

[그림7] START FREE TRIAL 클릭

3) 로그인하고 시작하기

(1) 로그인 페이지 접근

'무료 체험 시작하기' 버튼을 클릭한 후 나타나는 로그인 페이지로 이동한다.

(2) 계정 정보 입력

이미 D-ID 플랫폼에 등록된 계정이 있다면 사용자 이름과 비밀번호를 입력한다. 새로운 사용자인 경우 '계정 생성하기' 또는 '회원가입' 옵션을 선택하고 필요한 정보를 입력하여 계정을 만든다.

[그림8] Create an Agent 클릭

4) 'Create an Agent' 선택

- 에이전트 생성 옵션 찾기: 대시보드 내에서 'Create an Agent' 또는 '에이전트 생성하기' 버튼을 누른다.

여러분의 요구사항에 맞게 커스터마이징할 수 있는 챗봇의 기반이 된다.

[그림9] Create an Agent 클릭

5) 아바타 만들기

사용자와의 상호작용을 개인화하기 위해 아바타를 생성한다. 아바타는 챗봇의 '얼굴'이 되며 사용자에게 친근감을 제공한다.

얼굴 사진이나 아바타 사진을 넣고 우측 Next를 누른다.

[그림10] 사진 넣기

이름, 언어, 목소리를 설정하고 우측 Next를 누른다.

[그림11] 언어 설정하기

6) 지식창고(Knowledge sources)

D-ID 기술을 활용한 챗봇을 구축할 때 '지식창고(Knowledge sources)'
는 필수적인 요소이다. 지식창고는 챗봇이 사용자의 질문에 정확하고 효
과적으로 응답할 수 있도록 하는 다양한 데이터와 정보를 포함한다. 이 데
이터는 텍스트, 이미지, 비디오, 그리고 외부 데이터베이스 링크 등 다양
한 형태로 구성되며 챗봇의 지능과 반응성을 결정하는 핵심 요소이다.

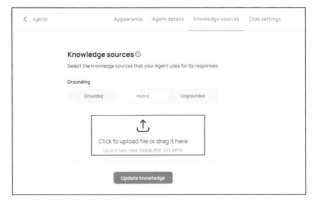

[그림12] 지식창고에 자료 넣기

7) 환영 인사 만들기

D-ID 챗봇의 효과적인 대화 시작을 위해 '환영 인사' 기능은 매우 중요하다. 이 기능은 사용자가 챗봇과의 상호작용을 시작할 때 긍정적인 첫인상을 주는 데 핵심적인 역할을 한다.

(1) 데이터 준비

① **표준 인사말**: '안녕하세요!', '반갑습니다!', '어떻게 도와드릴까요?' 등과 같은 기본적인 인사말을 데이터베이스에 저장한다. 이러한 표준 인사말은 대부분의 상황에서 적합하다.

② **상황에 따른 인사말**: 사용자의 위치, 시간대, 과거 대화 기록을 기반으로 한 맞춤형 인사말도 준비한다. 예를 들어 아침 시간에는 '좋은 아침입니다!' 저녁에는 '좋은 저녁입니다!'라고 인사할 수 있다.

③ **특별 이벤트 인사말**: 공휴일이나 특별한 날에는 '새해 복 많이 받으세요!' '메리 크리스마스!' 등과 같은 시즌별 인사말을 포함시킨다.

(2) 데이터 활용

① **인사말 선택 알고리즘**: 챗봇은 사용자와의 대화를 시작할 때 상황에 가장 적합한 인사말을 선택하기 위해 알고리즘을 사용한다. 이 알고리즘은 사용자의 위치, 시간, 과거 상호작용 등을 고려하여 최적의 인사말을 결정한다.

② **동적 응답 생성**: 사용자가 챗봇에게 특정 요청을 할 때 챗봇은 '지식 창고'에서 적절한 인사말을 검색하여 대화를 시작하는 동시에 요청에 대응한다. 예를 들어 '안녕하세요, 오늘 날씨가 어때요?'라고 물을 때 챗봇은 '안녕하세요! 오늘은 맑은 날씨가 예상됩니다.'라고 답변할 수 있다.

(3) 지속적인 업데이트

- **사용자 피드백 학습**: 챗봇은 사용자의 반응과 피드백을 분석하여 인사말을 지속적으로 개선한다. 예를 들어 사용자가 특정 인사말에 긍정적으로 반응하면 그 스타일의 인사말을 더 자주 사용하도록 학습한다.

[그림13] 환영 인사 만들기

다음과 같이 멋진 AI챗봇 비서가 만들어진다.

[그림14] 최원하 AI 챗봇 비서

이 이미지는 AI 챗봇 비서의 인터페이스 예시를 보여준다. 이 챗봇은 사용자와의 대화를 통해 정보를 제공하고 특정 작업을 수행할 수 있다. 이미지에 표현된 챗봇은 실제 인간의 모습을 한 아바타를 사용하여 사용자 친화적인 인터페이스를 제공하며 실시간으로 응답하고 동적인 상호작용을 가능하게 한다. 또한 이 챗봇은 날씨 업데이트, 뉴스 요약, 일정 관리 등 사용자가 요청하는 정보를 신속하게 제공한다. 제품이나 서비스에 관한 질문에 대답하고 문제를 해결하며 사용자 피드백을 수집하는 고객 지원 기능도 수행한다.

7. 챗봇의 미래와 활용 사례

1) 다양한 산업에서의 AI 챗봇 활용

AI 챗봇 기술의 발전은 다양한 산업 분야에서 혁신적인 변화를 가져오고 있다. 이러한 변화는 고객 서비스, 마케팅, 헬스케어, 금융 서비스, 교육, 부동산 등 광범위한 영역에 걸쳐 있다. 각 산업의 특성에 맞춰 챗봇은 맞춤화된 역할을 수행하며 기업과 소비자 모두에게 가치를 제공한다.

(1) 고객 서비스

챗봇은 24/7 고객 지원을 제공하며 고객 대응 시간을 단축하고, 대기 시간 없이 즉각적인 응답을 가능하게 한다. 예를 들어 소매업에서는 챗봇이 주문 처리, 제품 정보 제공, 고객 불만 처리 등을 담당한다.

(2) 마케팅

챗봇은 개인화된 마케팅 캠페인을 실행하여 고객 참여를 높이고 행동 기반 데이터를 수집하여 마케팅 전략의 효과를 극대화한다. 브랜드는 챗봇을 통해 신제품 소개, 프로모션 알림, 고객 피드백 수집 등을 수행할 수 있다.

(3) 헬스케어

의료 분야에서 챗봇은 예약 시스템 관리, 환자 상담, 의료 정보 제공, 증상 평가 등의 업무를 지원한다. 이를 통해 환자의 접근성을 높이고 의료진의 업무 부담을 경감시킬 수 있다.

(4) 금융 서비스

금융 분야의 챗봇은 계좌 조회, 거래 실행, 금융 상품 추천, 실시간 거래 알림 등을 제공하며 사용자 경험을 향상시킨다. 또한 보안 문제에 대응하기 위한 인증 과정도 간소화한다.

(5) 교육

교육 분야에서 챗봇은 학습 관리, 자료 제공, 질의응답, 언어 학습 지원 등을 통해 학생들의 학습 경험을 향상시킨다. 학생들은 언제 어디서나 교육 자료에 쉽게 접근하고 개인적인 학습 보조자를 이용할 수 있다.

(6) 부동산

부동산 챗봇은 매물 정보 제공, 예약 관리, 시장 동향 분석 등을 수행한다. 이를 통해 부동산 에이전트는 보다 효율적으로 고객 상담과 매물 관리를 할 수 있다.

2) 산업에서의 AI 챗봇 활용 제안

(1) 고객 서비스의 챗봇 활용 제안

AI 챗봇은 고객 서비스 분야에서 중요한 전환점을 마련하는 것이다. 이들은 기업이 고객 응대의 효율성과 반응성을 극적으로 개선할 수 있도록 지원하며, 전통적인 인력 기반 서비스의 한계를 극복하는 데 기여하는 것이다.

① 24/7 고객 지원

AI 챗봇은 연중무휴로 고객 지원을 제공하는 것이다. 사용자는 언제든지 필요한 서비스를 받을 수 있으며, 챗봇은 지연 없이 이에 응답하는 것이다.

② 즉각적인 응답 및 대기 시간 제거

챗봇은 고객의 질문에 즉시 응답할 수 있는 능력을 갖춘 것이다. 이는 전통적인 고객 지원 센터에서 흔히 발생하는 대기 시간 문제를 해결하는 것이다.

③ 주문 처리 및 제품 정보 제공

소매업에서 챗봇은 주문 처리, 제품 검색, 재고 상황 확인과 같은 다양한 고객 요구를 신속하게 처리하는 것이다. 제품에 대한 문의가 있을 때, 챗봇은 관련 정보를 제공하고, 구매를 원할 경우 즉시 주문 절차를 진행하는 것이다.

④ 고객 불만 처리

챗봇은 고객 불만 사항을 효과적으로 처리할 수 있는 능력을 보유한 것이다. 고객이 경험한 문제를 신속하게 파악하고 적절한 해결책을 제시하여, 고객 불만을 최소화하고, 고객 충성도를 높이는 것이다.

[그림15] 고객 서비스를 전담하는 AI 챗봇 (출처 : OpenAI의 DALL-E)

(2) 마케팅의 챗봇 활용 제안

챗봇은 현대 마케팅 전략에서 중요한 역할을 하고 있으며 기업들이 소비자 참여를 극대화하고 보다 효과적인 마케팅 결과를 도출할 수 있도록 돕는다. 특히 개인화된 마케팅 캠페인을 실행하여 각 고객의 선호와 행동에 맞춘 맞춤형 메시지를 제공함으로써 고객 참여를 증가시키는 데 큰 역할을 한다.

① 챗봇의 마케팅 활용 사례

챗봇은 신제품 출시 정보를 고객에게 직접 전달하며 제품 특징이나 사용법 등 추가 정보를 제공할 수 있다. 이를 통해 고객의 관심을 즉각적으로 끌고 제품에 대한 궁금증을 해소할 수 있다.

특별 할인이나 프로모션 정보를 챗봇을 통해 실시간으로 알릴 수 있다. 이는 고객이 놓칠 수 있는 좋은 거래 기회를 적시에 제공함으로써 구매를 촉진한다.

챗봇은 상품이나 서비스에 대한 고객의 의견을 수집하는 효과적인 도구이다. 이 피드백은 제품 개선, 고객 서비스 개선, 그리고 향후 마케팅 전략의 조정에 중요한 자료로 활용된다.

② 마케팅 전략의 효과 극대화

챗봇을 활용한 마케팅은 데이터 주도 접근 방식을 취하며 고객의 행동 패턴과 반응을 분석하여 마케팅 전략을 지속적으로 최적화한다. 이는 마케팅 캠페인의 효과를 실시간으로 평가하고 조정할 수 있는 능력을 의미한다. 결과적으로 기업은 마케팅 비용을 절감하고 ROI(투자 대비 수익)를 증가시킬 수 있다.

챗봇 기술의 발전으로 기업들은 이제 고객과의 상호작용을 더 개인화하고 시간과 자원을 효율적으로 관리하며 마케팅 결과를 극대화할 수 있는 강력한 수단을 갖추게 되었다. 따라서 챗봇은 현대 디지털 마케팅 전략에서 빼놓을 수 없는 중요한 요소로 자리 잡고 있다.

(3) 헬스케어 챗봇 활용 제안

① 환자 상담 및 지원

AI 챗봇은 환자의 초기 상담을 돕는 역할이다. 환자가 자신의 증상을 입력하면 챗봇은 관련 정보를 바탕으로 가능한 진단을 제시하거나 적절한 의료 조치를 안내하는 것이다.

챗봇은 예약 시스템과 연동되어 환자가 병원 방문을 예약하거나, 필요한 경우 응급실 방문을 권유하는 역할이다.

② 의료 정보 제공

챗봇은 환자가 필요로 하는 다양한 건강 정보를 실시간으로 제공하는 것이다. 예를 들어 특정 질병의 증상, 예방법, 치료 옵션 등에 대한 질의응답을 지원하는 것이다.

정보는 의료진이 제공한 검증된 데이터를 바탕으로 하므로 환자는 신뢰할 수 있는 정보를 얻는 것이다.

③ 증상 평가 및 관리

챗봇은 사용자가 입력한 증상을 분석하여 그 심각성을 평가하고 필요한 의료 조치를 즉각적으로 안내하는 것이다.

정기적인 증상 입력을 통해 챗봇은 환자의 건강 상태를 모니터링하고 악화 시 적절한 의료진에게 알림을 보내는 것이다.

④ 환자 참여 및 교육

챗봇은 환자가 질병을 이해하고 관리하는 데 필요한 교육 자료를 제공하는 것이다. 이를 통해 환자는 자신의 상태를 더 잘 이해하고 적극적으로 건강 관리에 참여하는 것이다.

또한 정기적인 건강 팁, 운동 가이드, 식단 조언 등을 통해 일상생활에서 건강을 유지하도록 돕는 것이다.

⑤ 프라이버시 및 보안

헬스케어 산업에서는 환자의 개인정보 보호가 매우 중요하다. 챗봇은 HIPAA(Hospital Information Project Accounting Act)와 같은 법적 기준을 준수하며, 환자 정보를 안전하게 처리하고 보호하는 것이다.

[그림16] 헬스케어 분야에서 AI 챗봇의 다양한 활용 (출처 : OpenAI의 DALL-E)

(4) 금융 서비스의 챗봇 활용 제안

① 계좌 조회 및 관리

AI 챗봇은 사용자가 계좌 잔액, 최근 거래 내역, 계좌 이체 등의 정보를 쉽게 조회할 수 있도록 도와준다. 이를 통해 고객은 언제 어디서나 금융 정보에 접근할 수 있다.

챗봇은 또한 이상 거래 감지 시 사용자에게 알림을 보내어 즉각적인 조치를 취할 수 있도록 한다.

② 거래 실행

사용자는 챗봇을 통해 간편하게 송금, 결제, 투자 등의 금융 거래를 실행할 수 있다. 이 과정에서 챗봇은 필요한 인증 절차를 안내하고 거래가 안전하게 처리되도록 돕는다.

자동화된 거래 실행은 고객의 시간을 절약하고 금융 기관의 운영 효율성을 증가시킨다.

③ 금융 상품 추천

챗봇은 고객의 거래 내역, 재정 상태, 위험 선호도 등을 분석하여 맞춤형 금융 상품을 추천한다. 이는 고객이 자신의 금융 목표에 맞는 최적의 선택을 할 수 있도록 지원한다.

예를 들어 장기 저축 상품이나 투자 포트폴리오, 보험 상품 등을 개인의 필요에 맞춰 제안한다.

④ 실시간 거래 알림

챗봇은 금융 시장의 변동이나 중요 거래 발생 시 실시간으로 사용자에게 알림을 보내는 역할을 한다. 이는 사용자가 시장 상황에 빠르게 대응할 수 있도록 돕는다.

예를 들어 주식 시장의 급격한 변동 시 경고 알림을 보내거나 주요 경제 뉴스를 요약하여 제공한다.

⑤ 보안 인증 및 관리

금융 서비스에서 보안은 매우 중요한 요소이다. 챗봇은 다단계 인증, 생체 인증, 토큰 기반 인증 등을 통해 거래의 안전을 확보한다.

이러한 과정을 자동화함으로써 사용자는 간편하게 인증 절차를 완료할 수 있으며 금융 기관은 보안 위험을 효과적으로 관리할 수 있다.

(5) 교육에서의 챗봇 활용 제안

챗봇 기술의 발전은 다양한 산업에서 그 잠재력을 확장하고 있으며 교육 분야 역시 예외는 아니다. 교육에 챗봇을 활용하는 것은 학습자 개개인의 요구에 맞춤화된 지원을 제공하고 교육 과정의 효율성을 높일수 있는 방법이다. 다음은 교육 분야에서 챗봇을 활용하는 몇 가지 제안과 그에 따른 이점들이다.

① 개인화된 학습 지원

챗봇은 학생들의 학습 진도와 선호도를 파악하여 개인 맞춤형 학습 자료를 제공한다. 예를 들어 학생이 어려움을 겪는 수학 문제를 파악하고 그에 맞는 추가 자료나 연습 문제를 제안한다. 이러한 개인화된 지원은 학생들이 자신의 학습 속도에 맞춰 교육을 받을 수 있게 하여 전체적인 학업 성취도를 높일 수 있다.

② 실시간 질의응답

챗봇은 학생들이 학습 중에 가지는 질문에 실시간으로 답변을 제공한다. 밤늦은 시간이나 주말에도 챗봇을 통해 궁금증을 해소할 수 있어 학습의 연속성을 유지할 수 있다. 이는 특히 대규모 강의나 온라인 코스에서 유용하게 활용될 수 있다.

③ 언어 학습의 촉진

언어 학습을 위한 챗봇은 학생들에게 대화형 학습 환경을 제공하여 실용적인 언어 사용 기회를 늘려준다. 챗봇과의 일상 대화를 통해 학생들은 새로운 어휘나 문법을 자연스럽게 연습할 수 있으며 실시간 피드백을 통해 오류를 즉각적으로 수정할 수 있다.

④ 학습 관리 및 모니터링

교사들은 챗봇을 통해 학생들의 학습 진행 상황을 모니터링하고 학습 목표 달성도를 평가할 수 있다. 챗봇이 수집한 데이터를 분석하여 학생들의 학습 패턴을 이해하고 필요한 경우 개입하여 추가 지원을 제공할 수 있다.

⑤ 접근성 향상

장애를 가진 학생들이나 원격 지역에 사는 학생들도 챗봇을 통해 교육 자원에 보다 쉽게 접근할 수 있다. 챗봇은 다양한 입력 방식(음성, 텍스트 등)을 지원하여 사용자의 특성에 맞춘 서비스를 제공할 수 있다.

[그림17] 교육에서의 다양한 챗봇 활용 (출처 : OpenAI의 DALL-E)

(6) 부동산 전문가의 챗봇 활용 제안

부동산 사무실에서는 고객 상담, 매물 관리, 거래 협상 등 복잡하고 시간이 많이 소요되는 일들로 가득 차 있다. 이 모든 과정은 효율적인 시간 관리와 고객 서비스의 질을 높이는 것을 필요로 한다. 하지만 이러한 업무 부담은 종종 스트레스를 유발하고 고객과의 개인화된 상호작용 기회를 제한한다.

AI 챗봇은 부동산 관련 업무를 효율적으로 간소화하고 고객 경험을 향상시키며 결국 매출 증대에 기여한다. 부동산 사무실에서 자주 마주치는 문제로는 24시간 상담의 어려움 고객과의 지속적인 상호작용 부족 그리고 단시간 내에 여러 고객의 간단한 질문에 대응하기 어려운 상황 등이 있다. 이러한 문제들은 고객 만족도 저하의 원인이 될 수 있다.

[그림18] 부동산 현장답사 중에 챗봇 사용 (출처 : OpenAI의 DALL-E)

• 부동산 전문가의 AI 챗봇 비서 사용의 기대효과

D-ID 에이전트는 감정 인식과 공감 능력을 통해 고객과의 깊이있는 상호작용을 가능하게 하며 언제나 접근 가능한 고객 지원을 보장한다. 이 AI 에이전트는 맞춤형 서비스를 제공하고 지속적인 팔로우업을 통해 고객 만족도를 높인다. 부동산 상담 시 고객의 요구를 정확히 파악하고 적합한 매물을 추천함으로써 거래 성사율을 높일 수 있다.

D-ID 에이전트의 도입은 부동산 회사에게 더 원활하고 효율적인 업무 환경을 조성할 뿐만 아니라 고객 만족도를 크게 향상시키는 결과를 가져온다. 이로 인해 부동산 회사는 더 수익성 있는 비즈니스를 운영하고 기술을 통한 경쟁 우위를 확보할 수 있다. 이 혁신은 부동산 전문가들에게 업계의 미래를 재정의할 수 있는 기회를 제공한다. AI 챗봇 비서와 함께라면 부동산 시장의 새로운 지평을 열어갈 수 있다.

Epilogue

이 책을 마무리하며 우리는 인공지능 기술 특히 AI 챗봇이 우리 삶과 산업 전반에 미치는 영향을 다시 한번 성찰해 볼 필요가 있다. D-ID 플랫폼을 통해 소개된 각 단계와 사례들은 단순히 기술의 기능을 넘어서 이 기술이 어떻게 우리의 일상과 직업, 교육 방식에 혁신을 가져올 수 있는지를 보여주었다.

AI 챗봇의 진화는 계속될 것이며 그 가능성은 우리가 상상하는 것 이상일 수 있다. 이 기술을 활용하여 더욱 효율적이고 개인화된 그리고 포괄적인 방법으로 우리의 문제를 해결할 수 있는 길이 열려 있다. 우리는 이 책을 통해 기술적인 지식뿐만 아니라 AI 챗봇이 제공할 수 있는 다양한 기능을 탐구하였다.

그 여정의 시작점에서 독자 여러분 각자가 이 기술을 자신의 필요에 맞추어 적용하고 새로운 가능성을 모색하는 데 이 책이 작은 이정표가 되기를 바란다. 앞으로 AI 챗봇이 우리의 생활과 사회에 더욱 긍정적인 영향을 미치는 미래를 함께 만들어 나가길 바란다.

[참고문헌]
OpenAI의 DALL-E 모델
D-ID 홈페이지
https://www.d-id.com/agents

7

데이터분석

이 도 혜

Prologue

　데이터의 시대에 우리는 정보의 바다 속에서 살아가고 있다. 매 순간마다 수많은 데이터가 생성되며, 이는 우리의 생활 방식과 의사 결정에 큰 영향을 미친다. 기업들은 더 나은 서비스를 제공하고, 효율성을 높이며, 경쟁력을 유지하기 위해 데이터를 적극적으로 활용하고 있다. 이러한 배경에서 데이터 분석의 중요성은 날로 커지고 있다.

　그러나 데이터를 수집하고 분석하는 과정은 결코 간단하지 않다. 수많은 데이터 중에서 의미 있는 정보를 추출하고, 이를 해석하여 통찰을 얻는 과정은 고도의 전문성과 도구를 필요로 한다. 특히, 비정형 데이터의 증가로 인해 전통적인 데이터 분석 방법으로는 처리하기 어려운 경우가 많아졌다. 이러한 상황에서 인공지능(AI) 기술, 특히 자연어 처리(NLP) 기술의 발전은 데이터 분석에 새로운 가능성을 열어주고 있다.

챗GPT는 OpenAI에서 개발한 자연어 처리 기반의 인공지능 모델로, 사람과의 대화를 통해 다양한 작업을 수행할 수 있다. 챗GPT의 등장으로 데이터 수집, 전처리, 시각화 등 다양한 데이터 분석 과정에서 효율성을 크게 향상시킬 수 있게 되었다. 이 책에서는 챗GPT를 활용하여 데이터 작업을 보다 효과적으로 수행하는 방법을 탐구하고자 한다.

책의 첫 부분에서는 챗GPT를 활용한 데이터 수집 방법을 다룬다. 웹 스크래핑과 API를 활용한 데이터 수집 방법에 대해 알아보고, 이를 자동화하는 방법을 소개한다. 챗GPT를 활용하면 복잡한 코드 작성 없이도 손쉽게 데이터를 수집할 수 있으며, 이는 데이터 분석의 첫걸음을 보다 쉽게 내딛게 해준다.

다음으로는 데이터 전처리 과정을 살펴본다. 데이터 분석에서 전처리는 매우 중요한 단계로, 데이터의 품질을 결정짓는 중요한 작업이다. 데이터 정제와 변환, 결측치 처리 및 이상치 탐지 방법 등을 통해 데이터를 분석에 적합한 형태로 가공하는 방법을 알아본다. 챗GPT를 활용하면 이 과정 역시 보다 간편하게 수행할 수 있다.

그리고 데이터 시각화 단계로 넘어간다. 시각화는 데이터를 직관적으로 이해하고, 분석 결과를 효과적으로 전달하는 데 중요한 역할을 한다. 다양한 시각화 도구와 기술을 소개하고, 챗GPT를 활용한 시각화 예제를 통해 실제로 데이터를 시각화하는 방법을 배운다. 이를 통해 데이터의 패턴과 트렌드를 쉽게 파악할 수 있다.

마지막으로 이 책의 Epilogue에서는 데이터 분석의 중요성과 챗GPT의 활용 가능성에 대해 다시 한 번 되짚어본다. 데이터를 효과적으로 분석하고 활용하는 능력은 현대 사회에서 매우 중요한 역량이다. 챗GPT와 같은 인공지능 도구를 활용하면 이 과정을 더욱 효율적으로 수행할 수 있으며, 이는 우리의 일상과 업무에 큰 변화를 가져올 것이다.

이 책을 통해 독자들이 데이터 분석의 전 과정을 이해하고, 챗GPT를 활용하여 실제 데이터를 효과적으로 수집, 전처리, 시각화할 수 있는 능력을 갖추기를 바란다. 데이터의 시대에 적응하고, 데이터를 통해 더 나은 결정을 내리는 데 이 책이 도움이 되기를 바란다.

1. 챗GPT를 활용한 데이터 수집

1) 웹 스크래핑 및 API 활용

데이터 수집은 데이터 분석의 첫 번째 단계로, 양질의 데이터를 확보하는 것이 중요하다. 챗GPT는 웹 스크래핑 및 API 활용을 통해 자동화된 데이터 수집을 지원하다. 아래에서는 웹 스크래핑과 API 활용 방법을 자세히 설명한다.

(1) 웹 스크래핑

웹 스크래핑(Web Scraping)은 인터넷 상의 웹페이지에서 데이터를 추출하는 과정이다. 웹 스크래핑은 특정 웹사이트에서 원하는 정보를 자동으로 수집하여 데이터 분석에 사용할 수 있게 한다. 이를 위해 다양한 라이브러리와 도구가 존재하며, Python의 BeautifulSoup과 Scrapy가 대표적이다.

① BeautifulSoup 사용 예제 :

```python
import requests
from bs4 import BeautifulSoup

# 수집할 웹페이지 URL
url = 'https://example.com'

# HTTP GET 요청을 통해 웹페이지 내용 가져오기
response = requests.get(url)

# BeautifulSoup 객체 생성
soup = BeautifulSoup(response.text, 'html.parser')

# 원하는 데이터 추출 (예: 제목과 링크)
titles = soup.find_all('h1', class_='title')
for title in titles:
    print(title.text)
```

[그림1] BeautifulSoup 사용 예제

② Scrapy 사용 예제:

```python
import scrapy
class ExampleSpider(scrapy.Spider):
    name = 'example'
    start_urls = ['https://example.com']
    def parse(self, response):
        for title in response.css('h1.title::text').getall():
            yield {'title': title}
```

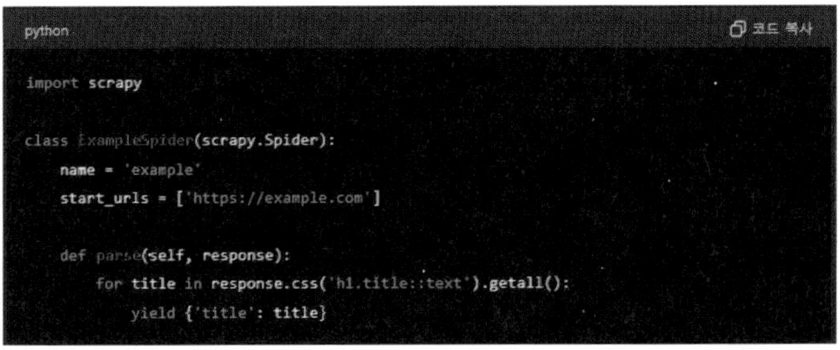

[그림2] Scrapy 사용 예제

웹 스크래핑은 데이터를 효율적으로 수집할 수 있는 방법이지만, 웹사이트의 이용 약관과 법적 규제를 준수해야 한다. 웹사이트의 robots.txt 파일을 확인하고, 웹사이트 소유자의 허가를 받는 것이 중요하다.

(2) API 활용

API(Application Programming Interface)는 응용 프로그램 간의 상호작용을 위한 정의 및 프로토콜 세트를 의미한다. 데이터 제공자들은 API를 통해 데이터를 제공하며, 사용자는 API를 호출하여 데이터를 수집할 수 있다. 대표적인 예로, 트위터 API, 구글 지도 API 등이 있다.

① API 활용 예제

트위터 API를 사용하여 특정 해시태그에 대한 트윗을 수집하는 예제이다.

```python
import tweepy

# 트위터 API 키와 토큰 설정
api_key = 'your_api_key'
api_secret_key = 'your_api_secret_key'
access_token = 'your_access_token'
access_token_secret = 'your_access_token_secret'

# 트위터 API 인증
auth = tweepy.OAuthHandler(api_key, api_secret_key)
auth.set_access_token(access_token, access_token_secret)
api = tweepy.API(auth)

# 특정 해시태그에 대한 트윗 수집
hashtag = '#example'
tweets = tweepy.Cursor(api.search_tweets, q=hashtag, lang='en').items(10)

for tweet in tweets:
    print(tweet.text)
```

```python
import tweepy

# 트위터 API 키와 토큰 설정
api_key = 'your_api_key'
api_secret_key = 'your_api_secret_key'
access_token = 'your_access_token'
access_token_secret = 'your_access_token_secret'

# 트위터 API 인증
auth = tweepy.OAuthHandler(api_key, api_secret_key)
auth.set_access_token(access_token, access_token_secret)
api = tweepy.API(auth)

# 특정 해시태그에 대한 트윗 수집
hashtag = '#example'
tweets = tweepy.Cursor(api.search_tweets, q=hashtag, lang='en').items(10)

for tweet in tweets:
    print(tweet.text)
```

[그림3] API 활용 예제

API를 사용할 때는 제공되는 문서를 잘 읽고, API 호출 제한이나 데이터 사용 정책을 준수해야 한다. 또한, API 키와 같은 민감한 정보는 안전하게 관리해야 한다.

② 챗GPT와의 통합

챗GPT를 웹 스크래핑 및 API 활용 과정에 통합하면, 데이터 수집을 자동화하고 효율성을 높일 수 있다. 챗GPT는 자연어 처리 능력을 활용하여 수집된 데이터를 분류하고 정제하는 데 도움을 줄 수 있다.

예를 들어, 챗GPT를 사용하여 웹 스크래핑으로 수집된 텍스트 데이터를 자동으로 요약하거나, API를 통해 수집된 데이터를 기반으로 예측 모델을 생성할 수 있다.

③ 챗GPT를 활용한 데이터 정제 예제:

```python
import openai

# OpenAI API 키 설정
openai.api_key = 'your_openai_api_key'

# 수집된 데이터
data = "챗GPT는 웹 스크래핑과 API 활용을 통해 자동화된 데이터 수집을
지원합니다."

# 데이터 요약 요청
response = openai.Completion.create(
    engine="davinci",
    prompt=f"다음 문장을 요약해 주세요: {data}",
    max_tokens=50
)

summary = response.choices[0].text.strip()
print(summary)
```

[그림4] 챗GPT를 활용한 데이터 정제 예제

이처럼 챗GPT는 다양한 데이터 수집 및 처리 과정에서 유용하게 활용될 수 있으며, 이를 통해 데이터 분석의 효율성을 크게 향상시킬 수 있다.

2) 챗GPT를 통한 데이터 수집 자동화

챗GPT는 자연어 처리(NLP) 능력을 활용하여 데이터 수집 과정을 자동화하는 데 큰 도움을 줄 수 있다. 이는 웹 스크래핑이나 API 호출을 통해 데이터를 수집하고, 필요한 전처리 작업을 수행하며, 최종적으로 분석에 사용할 수 있는 형태로 데이터를 준비하는 전체 과정을 의미한다. 챗GPT는 특히 반복적이고 시간이 많이 소요되는 작업을 자동화하여 데이터 과학자의 효율성을 극대화할 수 있다. 여기서는 챗GPT를 활용한 데이터 수집 자동화의 주요 방법과 이점, 그리고 구체적인 예제들을 살펴보겠다.

(1) 주요 방법

① 자연어 질의 처리

챗GPT는 사용자의 자연어 질의를 이해하고 이에 따라 필요한 데이터를 수집할 수 있다. 예를 들어, '지난 주의 뉴욕 타임즈 기사 제목을 수집해줘'와 같은 요청을 처리할 수 있다.

② 웹 스크래핑 통합

챗GPT는 웹 스크래핑 도구와 통합되어 웹 페이지에서 데이터를 추출하는 작업을 자동화할 수 있다. BeautifulSoup이나 Scrapy 같은 라이브러리와 함께 사용되어 웹 페이지 구조를 파악하고 필요한 정보를 수집한다.

③ API 호출 자동화

챗GPT는 다양한 API를 호출하여 데이터를 자동으로 가져올 수 있다. 트위터, 구글 맵스, 기상청 등의 API를 통해 실시간 데이터를 수집할 수 있으며, 이러한 과정도 자연어로 쉽게 요청할 수 있다.

④ 데이터 정제 및 변환:

수집된 데이터는 종종 정제 및 변환 작업이 필요하다. 챗GPT는 데이터의 중복 제거, 결측치 처리, 형식 변환 등의 작업을 자동화하여 분석에 적합한 형태로 데이터를 준비할 수 있다.

(2) 이점

① 효율성 증대

챗GPT는 반복적이고 시간이 많이 소요되는 데이터 수집 작업을 자동화하여 데이터 과학자의 생산성을 높이다.

② 정확성 향상

자동화된 프로세스는 사람의 실수를 줄이고, 일관된 방식으로 데이터를 수집 및 처리할 수 있게 한다.

③ 사용자 친화성

자연어 인터페이스를 통해 복잡한 데이터 수집 작업을 쉽게 요청하고 실행할 수 있다. 이는 비전문가도 데이터 수집을 효과적으로 수행할 수 있게 한다.

(3) 구체적인 예제

① 예제 1: 뉴스 기사 수집

챗GPT와 BeautifulSoup을 사용하여 특정 뉴스 사이트에서 최근 기사 제목을 수집하는 예제이다.

```
import requests
from bs4 import BeautifulSoup
import openai
# OpenAI API 키 설정
openai.api_key = 'your_openai_api_key'
# 수집할 뉴스 웹페이지 URL
url = 'https://news.ycombinator.com/'
# HTTP GET 요청을 통해 웹페이지 내용 가져오기
response = requests.get(url)
soup = BeautifulSoup(response.text, 'html.parser')
# 기사 제목 추출
titles = soup.find_all('a', class_='storylink')
# 기사 제목 리스트 생성
news_titles = [title.text for title in titles]
# 챗GPT를 사용하여 요약 요청
response = openai.Completion.create(
    engine="davinci",
    prompt=f"다음 기사 제목들을 요약해 주세요: {news_titles}",
    max_tokens=150
)summary = response.choices[0].text.strip()
print(summary)
```

```python
import requests
from bs4 import BeautifulSoup
import openai

# OpenAI API 키 설정
openai.api_key = 'your_openai_api_key'

# 수집할 뉴스 웹페이지 URL
url = 'https://news.ycombinator.com/'

# HTTP GET 요청을 통해 웹페이지 내용 가져오기
response = requests.get(url)
soup = BeautifulSoup(response.text, 'html.parser')

# 기사 제목 추출
titles = soup.find_all('a', class_='storylink')

# 기사 제목 리스트 생성
news_titles = [title.text for title in titles]

# 챗GPT를 사용하여 요약 요청
response = openai.Completion.create(
    engine="davinci",
    prompt=f"다음 기사 제목들을 요약해 주세요: {news_titles}",
    max_tokens=150
)

summary = response.choices[0].text.strip()
print(summary)
```

[그림5] 예제 1: 뉴스 기사 수집

② 예제 2: 트위터 데이터 수집

트위터 API를 사용하여 특정 해시태그에 대한 트윗을 수집하고 챗GPT로 분석하는 예제이다.

```
import tweepy
import openai

# 트위터 API 키와 토큰 설정
api_key = 'your_api_key'
```

```
api_secret_key = 'your_api_secret_key'
access_token = 'your_access_token'
access_token_secret = 'your_access_token_secret'

# 트위터 API 인증
auth = tweepy.OAuthHandler(api_key, api_secret_key)
auth.set_access_token(access_token, access_token_secret)
api = tweepy.API(auth)

# 특정 해시태그에 대한 트윗 수집
hashtag = '#example'
tweets = tweepy.Cursor(api.search_tweets, q=hashtag, lang='en').
items(10)

tweet_texts = [tweet.text for tweet in tweets]

# 챗GPT를 사용하여 트윗 분석 요청
response = openai.Completion.create(
    engine="davinci",
    prompt=f"다음 트윗들을 분석해 주세요: {tweet_texts}",
    max_tokens=150
)

analysis = response.choices[0].text.strip()
print(analysis)
```

```python
import tweepy
import openai

# 트위터 API 키와 토큰 설정
api_key = 'your_api_key'
api_secret_key = 'your_api_secret_key'
access_token = 'your_access_token'
access_token_secret = 'your_access_token_secret'

# 트위터 API 인증
auth = tweepy.OAuthHandler(api_key, api_secret_key)
auth.set_access_token(access_token, access_token_secret)
api = tweepy.API(auth)

# 특정 해시태그에 대한 토윗 수집
hashtag = '#example'
tweets = tweepy.Cursor(api.search_tweets, q=hashtag, lang='en').items(10)

tweet_texts = [tweet.text for tweet in tweets]

# 챗GPT를 사용하여 트윗 분석 요청
response = openai.Completion.create(
    engine="davinci",
    prompt=f"다음 트윗들을 분석해 주세요: {tweet_texts}",
    max_tokens=150
)

analysis = response.choices[0].text.strip()
print(analysis)
```

[그림6] 예제 2: 트위터 데이터 수집

이와 같은 예제들은 챗GPT를 활용하여 데이터 수집과 초기 분석 단계를 자동화하는 데 도움을 줄 수 있다. 이를 통해 데이터 과학자들은 보다 복잡한 분석 작업에 집중할 수 있게 된다.

챗GPT를 통한 데이터 수집 자동화는 특히 대규모 데이터 처리나 실시간 데이터 수집에 유용하며, 이러한 기술을 잘 활용하면 데이터 분석의 전반적인 효율성과 효과를 크게 향상시킬 수 있다.

2. 데이터 전처리

1) 데이터 정제와 변환

데이터 정제와 변환은 데이터 분석의 중요한 첫 단계로, 수집된 데이터를 분석에 적합한 형태로 변환하는 과정이다. 데이터 정제는 데이터의 오류를 수정하고, 불필요한 부분을 제거하며, 결측값을 처리하는 과정을 포함한다. 데이터 변환은 데이터의 구조나 형식을 변경하여 분석에 적합하게 만드는 과정이다. 이 단계는 데이터의 정확성과 일관성을 보장하고, 분석 결과의 신뢰성을 높이기 위해 필수적이다. 아래에서는 데이터 정제와 변환의 주요 과정과 기법을 자세히 설명하겠다.

(1) 데이터 정제

① 결측값 처리

결측값은 데이터셋에 값이 없는 경우를 말한다. 결측값을 처리하는 방법에는 여러 가지가 있다.

- 삭제: 결측값이 포함된 행 또는 열을 삭제한다. 결측값이 적을 때 유용한다.
- 대체: 결측값을 평균, 중앙값, 최빈값 또는 특정 값으로 대체한다. 예를 들어, 수치형 데이터의 경우 평균값으로 대체하거나, 범주형 데이터의 경우 최빈값으로 대체할 수 있다.
- 예측: 머신러닝 모델을 사용하여 결측값을 예측한다.

```
import pandas as pd
# 데이터프레임 생성
data = {'A': [1, 2, None, 4], 'B': [5, None, 7, 8]}
```

```
df = pd.DataFrame(data)
# 결측값을 평균값으로 대체
df['A'].fillna(df['A'].mean(), inplace=True)
df['B'].fillna(df['B'].mean(), inplace=True)
```

```python
import pandas as pd

# 데이터프레임 생성
data = {'A': [1, 2, None, 4], 'B': [5, None, 7, 8]}
df = pd.DataFrame(data)

# 결측값을 평균값으로 대체
df['A'].fillna(df['A'].mean(), inplace=True)
df['B'].fillna(df['B'].mean(), inplace=True)
```

[그림7] 결측값 처리 예제

② 이상치 처리

이상치는 데이터에서 비정상적으로 크거나 작은 값을 말한다. 이상치를 처리하는 방법은 다음과 같다.

- 삭제: 이상치가 포함된 행을 삭제한다.
- 대체: 이상치를 특정 값으로 대체한다. 예를 들어, 사분위수 범위 (IQR)를 사용하여 이상치를 대체할 수 있다.
- 예측: 이상치를 예측값으로 대체한다.

```
import numpy as np
# IQR 계산
Q1 = df['A'].quantile(0.25)
Q3 = df['A'].quantile(0.75)
```

IQR = Q3 - Q1
# 이상치 범위 설정
lower_bound = Q1 - 1.5 * IQR
upper_bound = Q3 + 1.5 * IQR
# 이상치를 중위수로 대체
df['A'] = np.where((df['A'] < lower_bound) | (df['A'] > upper_bound), df['A'].median(), df['A'])

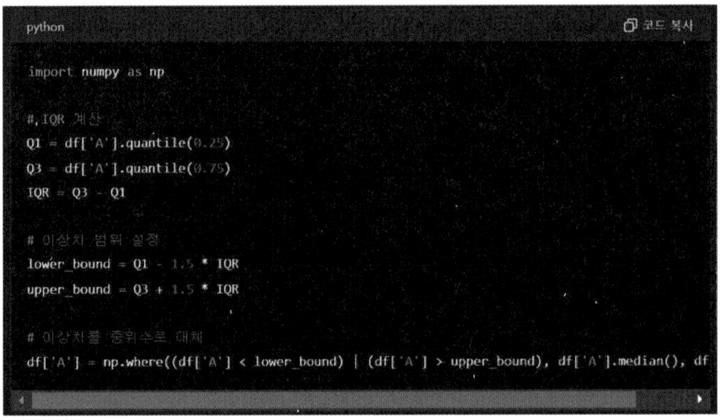

```
python                                                    코드 복사
import numpy as np

# IQR 계산
Q1 = df['A'].quantile(0.25)
Q3 = df['A'].quantile(0.75)
IQR = Q3 - Q1

# 이상치 범위 설정
lower_bound = Q1 - 1.5 * IQR
upper_bound = Q3 + 1.5 * IQR

# 이상치를 중위수로 대체
df['A'] = np.where((df['A'] < lower_bound) | (df['A'] > upper_bound), df['A'].median(), df
```

[그림8] 이상치 처리 예제

③ 중복값 제거

중복값은 데이터셋에서 동일한 행이 여러 번 나타나는 경우를 말한다. 중복값을 제거하면 데이터의 신뢰성을 높일 수 있다.

python
코드 복사
# 중복값 제거
df.drop_duplicates(inplace=True)

[그림9] 중복값 제거 예제

(2) 데이터 변환

① 데이터 형식 변환:

데이터의 형식을 일관되게 유지하는 것이 중요하다. 예를 들어, 날짜 형식을 통일하거나, 범주형 데이터를 수치형 데이터로 변환할 수 있다.

```python
# 날짜 형식 변환
df['date'] = pd.to_datetime(df['date'])
# 범주형 데이터를 수치형으로 변환
df['category'] = df['category'].astype('category').cat.codes
```

[그림10] 데이터 형식 변환 예제

② 스케일링

스케일링은 데이터의 범위를 조정하여 모델의 성능을 향상시키는 과정이다. 대표적인 스케일링 방법에는 표준화(Standardization)와 정규화(Normalization)가 있다.

• 표준화: 데이터의 평균을 0, 표준편차를 1로 변환한다.
• 정규화: 데이터의 최소값을 0, 최대값을 1로 변환한다.

from sklearn.preprocessing import StandardScaler, MinMaxScaler

# 표준화
scaler = StandardScaler()
df['scaled'] = scaler.fit_transform(df[['value']])

# 정규화
scaler = MinMaxScaler()
df['normalized'] = scaler.fit_transform(df[['value']])

```python
from sklearn.preprocessing import StandardScaler, MinMaxScaler

# 표준화
scaler = StandardScaler()
df['scaled'] = scaler.fit_transform(df[['value']])

# 정규화
scaler = MinMaxScaler()
df['normalized'] = scaler.fit_transform(df[['value']])
```

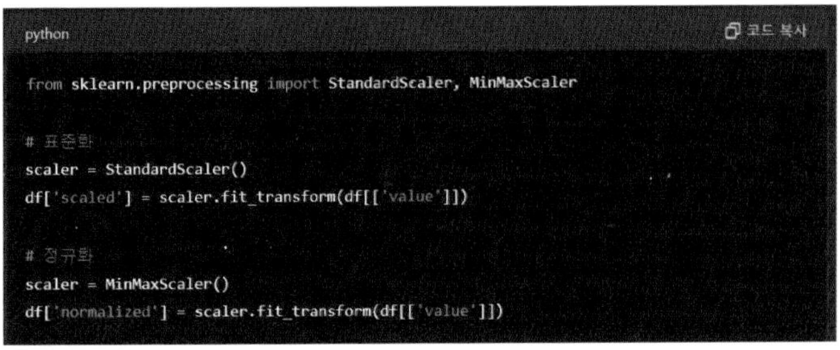

[그림11] 스케일링 예제

③ 인코딩

범주형 데이터를 모델에 적합한 수치형 데이터로 변환하는 과정이다. 대표적인 방법으로는 원-핫 인코딩(One-Hot Encoding)과 레이블 인코딩(Label Encoding)이 있다.

```
# 원-핫 인코딩
df = pd.get_dummies(df, columns=['category'])

# 레이블 인코딩
from sklearn.preprocessing import LabelEncoder
le = LabelEncoder()
df['category'] = le.fit_transform(df['category'])
```

[그림12] 인코딩 예제

  데이터 정제와 변환은 데이터 분석의 필수적인 단계로, 분석 결과의 신뢰성과 정확성을 높이는 데 중요한 역할을 한다. 챗GPT를 활용하면 이러한 과정들을 자동화하여 효율성을 극대화할 수 있다. 예를 들어, 챗GPT를 통해 데이터 정제 및 변환 작업을 자동으로 수행하는 스크립트를 생성하거나, 사용자가 자연어로 요청한 작업을 코드로 변환하여 실행할 수 있다. 이를 통해 데이터 과학자는 보다 중요한 분석 작업에 집중할 수 있게 된다.

2) 결측치 처리 및 이상치 탐지

  데이터 분석에서 결측치와 이상치는 분석 결과의 신뢰성을 저해하는 주요 요소이다. 따라서 데이터를 분석하기 전에 결측치와 이상치를 적절히 처리하는 것이 매우 중요하다. 여기서는 챗GPT를 활용한 결측치 처리와 이상치 탐지 방법을 자세히 설명하겠다.

(1) 결측치 처리

결측치는 데이터셋에서 누락된 값으로, 다양한 이유로 발생할 수 있다. 결측치를 처리하는 방법에는 여러 가지가 있다.

① 결측치 삭제

결측값이 포함된 행이나 열을 삭제하는 방법이다. 결측값이 적을 때 유용하다.

```python
import pandas as pd

# 데이터프레임 생성
data = {'A': [1, 2, None, 4], 'B': [5, None, 7, 8]}
df = pd.DataFrame(data)

# 결측값이 있는 행 삭제
df.dropna(inplace=True)
```

[그림13] 결측치 삭제

챗GPT를 활용하면 결측값 삭제 코드를 자동으로 생성할 수 있다. '데이터프레임에서 결측값이 있는 행을 삭제해줘'와 같은 명령을 입력하면 된다.

② 결측값 대체
결측값을 평균, 중앙값, 최빈값 또는 특정 값으로 대체하는 방법이다.

\# 결측값을 평균값으로 대체

```
df['A'].fillna(df['A'].mean(), inplace=True)
df['B'].fillna(df['B'].mean(), inplace=True)
```

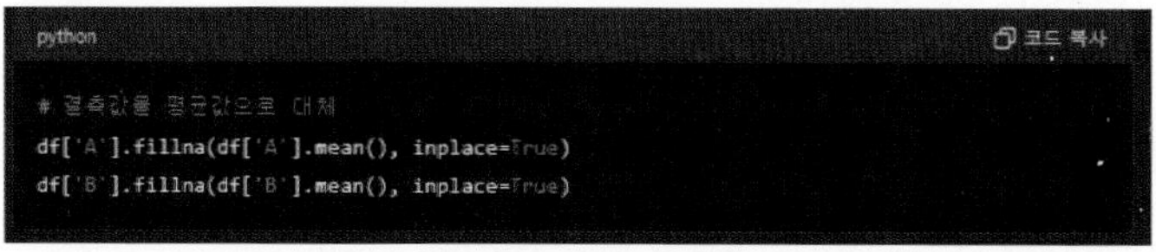

[그림14] 결측값 대체

챗GPT를 활용하여 결측값 대체 코드를 생성할 수 있다. '데이터프레임의 결측값을 평균값으로 대체해줘'와 같은 명령을 입력하면 된다.

③ 결측값 예측
머신러닝 모델을 사용하여 결측값을 예측하는 방법이다.

```
from sklearn.impute import SimpleImputer
import numpy as np
```

```
# 데이터프레임 생성
data = {'A': [1, 2, np.nan, 4], 'B': [5, np.nan, 7, 8]}
df = pd.DataFrame(data)

# SimpleImputer를 사용하여 결측값을 평균값으로 대체
imputer = SimpleImputer(strategy='mean')
df[['A', 'B']] = imputer.fit_transform(df[['A', 'B']])
```

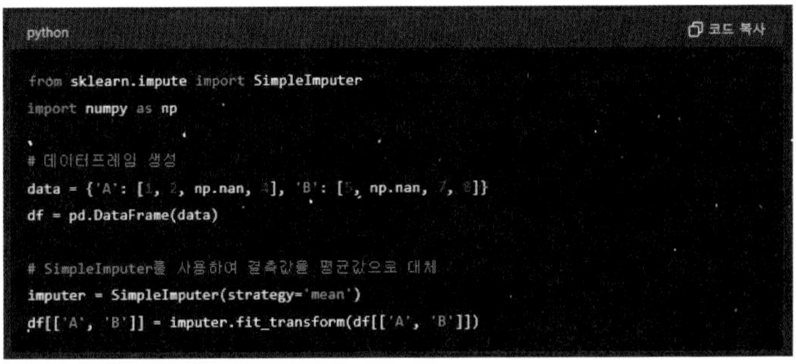

```
python                                              코드 복사
from sklearn.impute import SimpleImputer
import numpy as np

# 데이터프레임 생성
data = {'A': [1, 2, np.nan, 4], 'B': [5, np.nan, 7, 8]}
df = pd.DataFrame(data)

# SimpleImputer를 사용하여 결측값을 평균값으로 대체
imputer = SimpleImputer(strategy='mean')
df[['A', 'B']] = imputer.fit_transform(df[['A', 'B']])
```

[그림15] 결측값 예측

챗GPT를 활용하여 결측값 예측 코드를 생성할 수 있다. 'SimpleImputer를 사용하여 결측값을 평균값으로 대체해줘'와 같은 명령을 입력하면 된다.

(2) 이상치 탐지

이상치는 데이터셋에서 비정상적으로 크거나 작은 값으로, 데이터의 분포에서 벗어나는 값이다. 이상치를 탐지하고 처리하는 방법에는 여러 가지가 있다.

① IQR(Interquartile Range) 방법

IQR은 데이터의 1사분위수(Q1)와 3사분위수(Q3)의 차이를 말한다. IQR을 사용하여 이상치를 탐지할 수 있다.

```
# IQR 계산
Q1 = df['A'].quantile(0.25)
Q3 = df['A'].quantile(0.75)
IQR = Q3 - Q1

# 이상치 범위 설정
lower_bound = Q1 - 1.5 * IQR
upper_bound = Q3 + 1.5 * IQR

# 이상치 탐지
df['A_outliers'] = (df['A'] < lower_bound) | (df['A'] > upper_bound)
```

[그림16] 이상치 탐지

챗GPT를 활용하여 IQR 방법으로 이상치를 탐지하는 코드를 생성할 수 있다. 'IQR을 사용하여 이상치를 탐지해줘'와 같은 명령을 입력하면 된다.

② Z-Score 방법

Z-Score는 데이터 값이 평균으로부터 얼마나 떨어져 있는지를 나타내는 척도이다. Z-Score를 사용하여 이상치를 탐지할 수 있다.

```
from scipy import stats

# Z-Score 계산
df['A_zscore'] = stats.zscore(df['A'].fillna(df['A'].mean()))

# 이상치 탐지
df['A_outliers'] = (df['A_zscore'].abs() > 3)
```

[그림17] Z-Score 방법

챗GPT를 활용하여 Z-Score 방법으로 이상치를 탐지하는 코드를 생성할 수 있다. 'Z-Score를 사용하여 이상치를 탐지해줘'와 같은 명령을 입력하면 된다.

③ 이상치 대체

이상치를 중위수 또는 다른 값으로 대체하는 방법이다.

```python
# IQR 방법으로 탐지된 이상치를 중위수로 대체
median_value = df['A'].median()
df['A'] = np.where((df['A'] < lower_bound) | (df['A'] > upper_bound), median_value, df['A'])
```

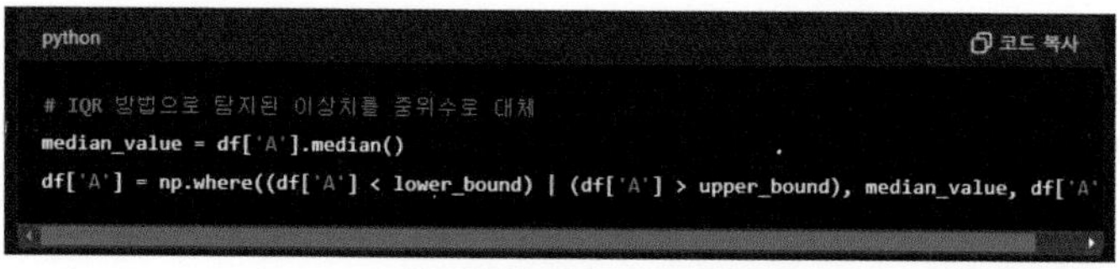

[그림18] 이상치 대체

챗GPT를 활용하여 이상치를 대체하는 코드를 생성할 수 있다. 'IQR 방법으로 탐지된 이상치를 중위수로 대체해줘'와 같은 명령을 입력하면 된다.

챗GPT는 결측치 처리와 이상치 탐지 과정을 자동화하여 데이터 전처리의 효율성을 크게 향상시킬 수 있다. 사용자는 자연어로 명령을 입력하여 필요한 코드를 쉽게 생성하고 실행할 수 있다. 이를 통해 데이터 과학자는 보다 중요한 분석 작업에 집중할 수 있게 된다.

3. 데이터 시각화

1) 데이터 시각화 도구 및 기술

데이터 시각화는 데이터를 그래프나 차트로 표현하여 데이터의 패턴, 추세 및 인사이트를 쉽게 파악할 수 있게 해주는 과정이다. 데이터 시각화를 통해 복잡한 데이터셋을 직관적으로 이해하고, 의사결정을 도울 수 있다. 여기서는 데이터 시각화에 사용되는 주요 도구와 기술, 그리고 챗GPT를 활용한 데이터 시각화 방법을 자세히 설명하겠다.

(1) 주요 데이터 시각화 도구

① Matplotlib

Matplotlib은 파이썬에서 가장 널리 사용되는 데이터 시각화 라이브러리이다. 다양한 종류의 그래프와 차트를 생성할 수 있다.

```
import matplotlib.pyplot as plt
# 간단한 선 그래프
x = [1, 2, 3, 4]
y = [10, 20, 25, 30]
plt.plot(x, y)
plt.xlabel('X축')
plt.ylabel('Y축')
plt.title('선 그래프')
plt.show()
```

python 코드 복사

```python
import matplotlib.pyplot as plt

# 간단한 선 그래프
x = [1, 2, 3, 4]
y = [10, 20, 25, 30]

plt.plot(x, y)
plt.xlabel('X축')
plt.ylabel('Y축')
plt.title('선 그래프')
plt.show()
```

[그림19] Matplotlib

챗GPT를 활용하여 Matplotlib을 사용한 시각화 코드를 생성할 수 있다. 'Matplotlib을 사용하여 선 그래프를 그려줘'와 같은 명령을 입력하면 된다.

② Seaborn

Seaborn은 Matplotlib을 기반으로 한 고급 데이터 시각화 라이브러리이다. 더 세련되고 통계적인 그래프를 쉽게 그릴 수 있다.

python 코드 복사

```python
import seaborn as sns
import pandas as pd

# 데이터프레임 생성
data = {'X': [1, 2, 3, 4], 'Y': [10, 20, 25, 30]}
df = pd.DataFrame(data)

# Seaborn을 사용한 산점도
sns.scatterplot(x='X', y='Y', data=df)
plt.title('산점도')
plt.show()
```

[그림20] Seaborn

위의 산점도를 시각화한 결과는 다음과 같다.

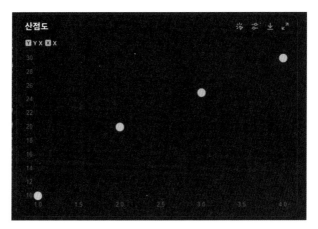

[그림21] 산점도 시각화 결과

③ Plotly

Plotly는 대화형 데이터 시각화를 지원하는 라이브러리이다. 웹 기반의
대화형 그래프를 쉽게 생성할 수 있다.

```
import plotly.express as px
import pandas as pd

# 데이터프레임 생성
data = {'X': [1, 2, 3, 4], 'Y': [10, 20, 25, 30]}
df = pd.DataFrame(data)

# Plotly를 사용한 대화형 그래프
fig = px.line(df, x='X', y='Y', title='대화형 선 그래프')
fig.show()
```

```python
python                                              📋 코드 복사

import plotly.express as px
import pandas as pd

# 데이터프레임 생성
data = {'X': [1, 2, 3, 4], 'Y': [10, 20, 25, 30]}
df = pd.DataFrame(data)

# Plotly를 사용한 대화형 그래프
fig = px.line(df, x='X', y='Y', title='대화형 선 그래프')
fig.show()
```

[그림22] Plotly

이 코드는 다음과 같은 대화형 선 그래프를 생성한다:

X축: 1, 2, 3, 4
Y축: 10, 20, 25, 30
제목: 대화형 선 그래프

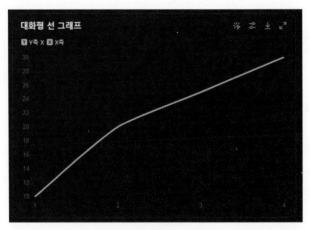

[그림23] Plotly 시각화

④ Tableau

Tableau는 비즈니스 인텔리전스 도구로, 강력한 데이터 시각화 기능을 제공한다. 드래그 앤 드롭 인터페이스를 통해 데이터를 시각화할 수 있다. 이 도구는 주로 GUI 기반으로 작동하여 코딩보다는 사용자가 직접 시각화를 조작하는 데 강점을 가진다.

(2) 데이터 시각화 기술

① 시각화 유형 선택

데이터의 특성과 분석 목적에 맞는 시각화 유형을 선택해야 한다. 예를 들어, 시간에 따른 변화를 나타내기 위해서는 선 그래프를, 분포를 나타내기 위해서는 히스토그램을 사용한다.

② 색상과 스타일

시각화의 가독성을 높이기 위해 적절한 색상과 스타일을 사용한다. Seaborn과 같은 라이브러리는 기본적으로 세련된 스타일을 제공한다.

③ 상호작용

대화형 시각화를 통해 사용자가 데이터와 상호작용할 수 있게 한다. Plotly를 사용하면 쉽게 대화형 그래프를 생성할 수 있다.

2) 챗GPT를 활용한 시각화 자동화 사례

챗GPT는 사용자의 자연어 명령을 받아 데이터 시각화 코드를 자동으로 생성할 수 있다. 이를 통해 복잡한 코드를 직접 작성하지 않고도 다양한 시각화 작업을 손쉽게 수행할 수 있다. 여기서는 챗GPT를 활용한 데이터 시각화 자동화 사례를 설명하겠다.

(1) 사례 1: 판매 데이터의 선 그래프

사용자는 'Matplotlib을 사용하여 월별 판매 데이터를 선 그래프로 그려줘'라고 명령할 수 있다. 챗GPT는 이에 따라 데이터를 시각화하는 코드를 생성한다.

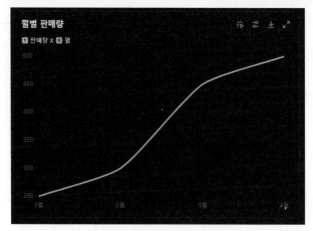

```python
import matplotlib.pyplot as plt

# 데이터 준비
months = ['1월', '2월', '3월', '4월']
sales = [250, 300, 450, 500]

# 선 그래프 그리기
plt.plot(months, sales)
plt.xlabel('월')
plt.ylabel('판매량')
plt.title('월별 판매량')
plt.show()
```

[그림24] 데이터를 시각화 예시

이 코드를 실행하면, 월별 판매 데이터를 시각화한 선 그래프가 생성된다. 챗GPT는 사용자가 쉽게 시각화를 구현할 수 있도록 이와 같은 코드를 자동으로 생성해준다.

(2) 사례 2: 산점도를 통한 관계 분석

사용자는 'Seaborn을 사용하여 키와 몸무게의 관계를 산점도로 그려줘'라고 명령할 수 있다. 챗GPT는 이에 맞춰 시각화 코드를 작성한다.

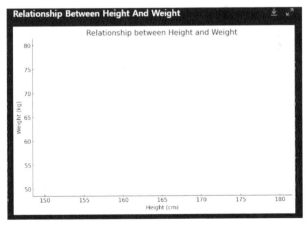

[그림25] 데이터를 시각화 예시2

(3) 사례 3: 대화형 그래프를 통한 데이터 탐색

사용자는 'Plotly를 사용하여 연도별 수익 변화를 대화형 그래프로 그려 줘'라고 요청할 수 있다. 챗GPT는 이 요구에 맞춰 코드를 작성한다.

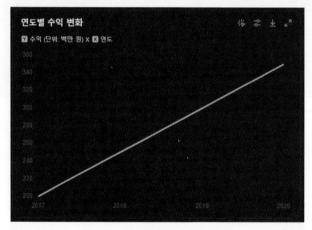

[그림26] 데이터를 시각화 예시3

이 코드를 실행하면, 연도별 수익 변화를 시각화한 대화형 선 그래프가 생성된다. Plotly의 대화형 기능을 통해 사용자는 그래프와 상호작용할 수 있다.

Epilogue

이 책을 통해 우리는 데이터 분석의 전 과정을 탐구하였다. 데이터 수집부터 전처리, 시각화에 이르는 과정은 결코 단순하지 않지만, 챗GPT와 같은 인공지능 도구를 활용하면 그 과정은 훨씬 수월해진다.

먼저, 데이터 수집에서 챗GPT는 강력한 도구가 될 수 있다. 웹 스크래핑과 API를 활용한 데이터 수집은 많은 경우 복잡한 코딩을 필요로 하지만, 챗GPT를 활용하면 이러한 과정을 간소화할 수 있다. 챗GPT는 자연어 처리를 통해 사용자가 원하는 데이터를 정확하게 찾아내고, 이를 자동화된 방식으로 수집할 수 있도록 도와준다. 이를 통해 데이터 분석의 첫 단추를 보다 쉽게 끼울 수 있었다.

다음으로, 데이터 전처리 과정에서 챗GPT의 역할을 살펴보았다. 데이터 정제와 변환, 결측치 처리 및 이상치 탐지 등은 데이터의 품질을 결정 짓는 중요한 작업이다. 챗GPT는 이 과정에서도 유용하게 사용될 수 있다. 복잡한 데이터 변환 작업이나 결측치 처리 등을 챗GPT의 도움으로 자동화하면, 데이터 분석의 정확성과 효율성을 크게 높일 수 있다.

데이터 시각화는 분석 결과를 효과적으로 전달하는 데 매우 중요한 역할을 한다. 챗GPT를 활용하여 다양한 시각화 도구와 기술을 사용해보았다. 이를 통해 데이터의 패턴과 트렌드를 쉽게 파악할 수 있었으며, 분석 결과를 시각적으로 명확하게 전달할 수 있었다. 챗GPT를 활용한 시각화 예제는 실제 데이터를 바탕으로 다양한 시각화 기법을 실습할 수 있는 좋은 기회였다.

이 책을 마치며, 데이터 분석의 중요성과 챗GPT의 활용 가능성에 대해 다시 한 번 생각해보게 되었다. 현대 사회에서 데이터는 매우 중요한 자산이며, 이를 효과적으로 분석하고 활용하는 능력은 큰 경쟁력이 된다. 챗GPT와 같은 인공지능 도구를 활용하면 이러한 과정을 더욱 효율적으로 수행할 수 있으며, 이는 우리의 일상과 업무에 큰 변화를 가져올 것이다.

앞으로도 데이터 분석과 인공지능 기술의 발전은 계속될 것이다. 이 책이 독자들에게 데이터 분석의 기초를 다지고, 챗GPT를 활용한 데이터 작업의 효율성을 경험할 수 있는 기회를 제공하였기를 바란다. 데이터의 시대에 적응하고, 데이터를 통해 더 나은 결정을 내리는 데 이 책이 도움이 되었기를 바란다.

끝으로, 데이터 분석의 여정에 함께 해준 독자들에게 감사의 인사를 전한다. 여러분의 데이터 분석 여정이 항상 성공적이고 의미 있는 결과를 가져오기를 기원한다. 앞으로도 데이터 분석과 챗GPT의 활용에 대한 관심과 노력을 지속해 나가길 바란다.

## 8

플라톤식 질문의 힘:
프롬프트와
상품 디자인 혁신

김 보 성

Prologue

우리가 일상에서 겪는 많은 문제는 대화를 통해 해결될 수 있다. 사람들이 모여 의견을 나누고, 서로의 생각을 검토하며, 때로는 치열하게 토론함으로써 새로운 해결책을 찾아내기도 한다. 이러한 과정은 단순한 커뮤니케이션을 넘어서, 우리가 세상을 이해하고 개선하는 데 필수적인 역할을 한다. 그중에서도 고대 철학자 플라톤이 제시한 대화법은 지금까지도 많은 영역에서 그 효용성이 인정받고 있다. 플라톤은 소크라테스와의 대화를 통해 철학적 진리를 탐구했으며, 이러한 방식은 오늘날에도 여전히 많은 사람에게 영감을 주고 있다. 본문에서는 이 플라톤의 대화법이 현대의 상품 디자인에 어떻게 적용될 수 있는지를 탐구하고 이러한 대화법을 기반으로 한 프롬프트 작성법과 상품 디자인 기획 예시를 다뤄보고자 한다.

상품 디자인은 사용자의 요구를 만족시키기 위해 끊임없이 진화해야 하는 분야이다. 사용자의 기대는 시시각각 변하며, 시장의 경쟁은 점점 더 치열해지고 있다. 이러한 환경 속에서 디자이너들은 단순히 외형적인 아름다움뿐만 아니라 기능성, 지속 가능성, 경제성 등 다양한 요소를 고려해야 한다. 그리고 이 모든 결정 과정에서 필요한 것이 바로 깊이 있는 사고와 철학적 탐구이다. 이 책은 플라톤의 대화법을 상품 디자인 과정에 도입함으로써, 어떻게 더 깊이 있는 분석과 창의적인 아이디어 도출이 가능한지를 보여준다.

플라톤의 대화법은 주로 '엘렌쿠스'라는 방법에 기초한다. 이는 상대방의 주장을 철저히 검토하고, 그것이 가지는 논리적인 모순을 밝혀내는 과정을 포함한다. 상품 디자인에서 이 방법을 적용한다면, 제품 개발 초기 단계에서부터 가능한 모든 시나리오를 고려하여 더욱 완성도 높은 제품을 만들어낼 수 있다. 예를 들어, 새로운 스마트폰 케이스 디자인을 논의할 때, 단순히 트렌드를 따르는 것이 아니라 사용자의 실제 사용 경험을 근거로 한 철학적 질문을 통해 제품의 필수적인 기능이 무엇인지, 어떤 문제점이 발생할 수 있는지 등을 면밀히 검토한다. 이 과정에서 디자이너, 엔지니어, 마케팅 전문가 등 다양한 이해관계자가 참여하여, 각자의 관점에서 문제를 조명하고 해결책을 모색한다.

또한, 본문은 플라톤의 대화법이 각 디자인 프로젝트의 창의적 과정을 어떻게 촉진할 수 있는지 구체적인 사례를 통해 설명한다. 예를 들어, 캐시미어 100% 니트 상품의 기획을 위한 프로젝트에서는 시장분석, 타깃 고객 분석, 디자인 콘셉트 개발, 프로토타입 제작과 테스트, 최종 제품 평가 등 다양한 단계에서 플라톤의 대화법이 적용된다. 각 단계에서의 대화를 통해 심층적인 문제 인식과 해결책 도출이 가능해지며, 이는 제품의 성공적인 시장 출시를 가능하게 한다.

이번 장의 목표는 독자들이 플라톤의 대화법을 프롬프트에 적용하여 생성형 AI 도구를 보다 심도 있는 분석과 창의적인 결과를 도출하는데 활용할 수 있게 하는 것이다. 이를 통해 단순히 상품을 디자인하는 것을 넘어서, 철학적 사고를 통해 더욱 근본적이고 혁신적인 해결책을 찾을 수 있게 될 것이다. 디자이너뿐만 아니라 제품 매니저, 경영진, 창업자 등 모든 분야의 전문가들에게 유익한 지침서가 되길 기대한다.

1. 플라톤의 대화법과 상품 디자인의 만남

상품 디자인의 세계에서 플라톤의 대화법을 적용하는 것은 매우 특별한 접근 방식이다. 이 방식은 디자인 과정을 단순한 '만들기'에서 '생각하기'로 전환하는 효과적인 전략이다. 플라톤의 대화법은 깊이 있는 사고와 지속적인 질문을 통해 우리가 당연하게 여기는 가정들을 도전하고, 더욱 혁신적이고 지속 가능한 해결책을 찾아낼 수 있게 돕는다. 이 장에서는 실제 상품 디자인 프로젝트에서 대화법이 어떻게 적용되었는지를 통해 그 효용성을 탐구한다.

1) 대화를 통한 문제 정의

상품 디자인 프로젝트의 성공은 올바른 문제 정의에서 시작된다. 올바른 문제를 정의하기 위해서는 프로젝트 관련자들 간의 통찰력 있는 대화가 필수적이다. 예를 들어, 애플의 첫 번째 아이폰 개발 과정에서 스티브 잡스는 엔지니어들과의 지속적인 대화를 통해 터치스크린 기술을 전면에 내세운 혁신적인 제품을 만들어냈다. 이 대화에서 잡스는 기존의 키패드가 아닌 완전 터치 기반 인터페이스의 필요성을 강조하며, 이는 최종 제품에 크게 반영되었다.

2) 철학적 질문을 통한 디자인 탐구

디자인 탐구 과정에서 철학적 질문은 매우 중요한 역할을 한다. 이러한 질문은 디자이너들이 단순히 기능적인 측면과 아울러, 사용자의 경험, 제품의 사회적 영향 등 보다 광범위한 측면을 고려하도록 한다. 예를 들어, Dyson의 무선 진공청소기는 초기 설계 단계에서부터 '사용자가 진정으로 원하는 것은 무엇인가?'라는 질문에 집중했다. 이 질문을 통해 팀은 기존 제품의 무거운 무게와 제한적인 사용성을 극복할 수 있는 경량화 및 고성능의 제품을 개발하는 데 중점을 뒀다.

또 다른 예로 IKEA는 제품 디자인과 생산 과정에서 '어떻게 하면 더 많은 사람이 좋은 디자인을 경험할 수 있을까?'라는 철학적 질문을 지속해서 던진다. 이 질문을 통해 IKEA는 비용 효율적이면서도 품질이 높은 제품을 제공하는 데 집중하고 있다. 예를 들어, 'Billy' 책장 시리즈는 조립이 간단하고, 가격이 저렴하며, 내구성이 뛰어나다는 점에서 소비자에게 큰 인기를 얻었다. 이 제품은 대량 생산을 통해 비용을 절감하면서도 디자인과 품질을 유지하는 IKEA의 철학이 잘 반영된 제품이다. 1979년 출시 후, 현재까지 많은 사랑을 받는 제품이다.

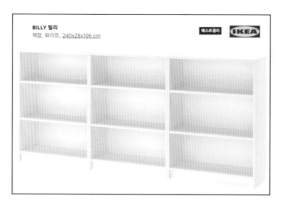

[그림1] IKEA 'Billy' 책장 (출처 : https://www.ikea.com/kr)

3) 대화법을 통한 혁신적 해결책 도출

디자인 팀이 서로 다른 배경 지식과 경험을 가진 사람들로 구성되어 있을 때, 플라톤의 대화법은 특히 더 강력하게 작용할 수 있다. 각기 다른 관점에서 제기되는 질문과 제안들은 때로는 예상치 못한 혁신적인 아이디어로 이어진다. 예를 들어, Nike의 Flyknit 기술은 소재 엔지니어, 디자이너, 생산 전문가들의 협업을 통해 개발되었다. 이들은 '더 나은 성능을 제공하면서도 지속 가능한 신발을 어떻게 만들 수 있을까?'라는 질문을 공동으로 탐구하였고, 결과적으로 획기적인 Flyknit 기술이 탄생하였다. 이 기술은 재료 낭비를 크게 줄이면서도 신발의 편안함과 성능을 향상했다.

[그림2] Nike 'Flyknit' 신발 (출처 : https://www.nike.com/kr/)

이러한 다양한 사례들은 플라톤의 대화법이 상품 디자인에 어떻게 효과적으로 적용될 수 있는지를 보여준다. 철학적 질문과 깊이 있는 대화를 통해, 우리는 더 나은 디자인 해결책을 도출할 수 있으며, 이는 결국 제품의 성공으로 이어진다. 상품 디자인에서의 플라톤 대화법 적용은 단순히 아이디어를 혁신하는 것을 넘어서, 제품 개발 과정 전반에 걸쳐 팀의 통찰력과 협업을 강화하는 데 이바지한다. 이러한 접근 방식은 모든 디자인 프로젝트에 귀중한 통찰력을 제공하며, 창의적인 문제 해결의 길을 열어준다.

질문은 상품 디자인의 근본을 다루며 혁신을 끌어내는 중요한 도구이다. 올바른 질문을 통해 디자이너들은 기존의 생각에서 벗어나 새로운 관점을 모색하고, 제품의 진정한 잠재력을 발견할 수 있다. 이 장에서는 철학적 질문이 상품 디자인에 어떻게 적용될 수 있는지, 그리고 그것이 실제로 어떻게 혁신적인 결과를 낳았는지를 탐구한다. 우리는 플라톤의 대화법을 적용하여, 실제 존재하는 몇 가지 사례를 통해 이 접근 방식의 효과를 검토하고자 한다.

1) 질문의 힘: 근본적인 가정에 도전하기

상품 디자인 과정에서 질문을 던지는 것은 단순히 정보를 얻기 위한 것이 아니라, 디자인의 근본적인 가정에 도전하고, 숨겨진 문제를 발견하며, 더 깊은 이해와 해결책을 모색하는 과정이다. 예를 들어, Tesla의 자동차 디자인 초기에, Elon Musk는 "왜 자동차는 반드시 기존 연료 방식을 따라야 하는가?"라는 질문을 던졌다. 이 질문은 전기차에 대한 그의 혁신적 접근의 출발점이 되었고, 이는 전 세계 자동차 산업의 패러다임을 바꾸는 결과를 낳았다.

Apple의 iPod 개발 과정도 질문의 힘을 잘 보여주는 사례이다. 2000년대 초, 디지털 음악 플레이어 시장은 크고 복잡한 장치들로 가득했다. 당시 Apple의 디자인 팀은 "사람들이 음악을 어떻게 휴대하고 싶어 하는가?"라는 질문을 던졌다. 이 질문은 사용자 중심의 디자인으로 접근을 전환하는 계기가 되었고, 이는 궁극적으로 iPod의 간단하고 직관적인 인터페이스로 이어졌다. 이 제품은 수백만 대가 판매되며 디지털 음악 혁명의 상징이 되었다.

2) 질문으로 디자인 개선

Dyson의 무선 진공청소기 개발은 '기존의 진공청소기는 왜 이렇게 무거운가?'라는 질문에서 시작되었다. 이 질문은 제품의 기본 구조에 대한 재고와 함께 무게를 줄이면서 성능을 유지할 수 있는 새로운 방법을 모색하도록 했다. 결과적으로, Dyson은 강력하면서도 가벼운 무선 진공청소기를 개발하여 시장에 새로운 기준을 제시했다.

3) 질문을 통한 창의적 해결책 모색

상품 디자인에서 질문을 통해 창의적 해결책을 모색하는 것은 다양한 관점에서 문제를 분석하고, 전혀 예상치 못한 방향에서 답을 찾을 수 있게 한다. 예를 들어, IKEA는 '가구를 어떻게 하면 더 효율적으로 조립할 수 있을까?'라는 질문을 던지며, 고객이 스스로 조립할 수 있는 가구 디자인을 개발하였고, 이는 조립 용이성과 효율성에서 큰 혁신을 가져왔다.

이러한 사례들은 철학적 질문이 상품 디자인의 혁신을 어떻게 끌어내는지를 명확히 보여준다. 이러한 접근 방식은 디자인 팀에게 더 넓은 시각을 제공하며, 종종 간과되기 쉬운 요소들에 대한 인식을 향상하고, 결국에는 사용자에게 더 큰 만족을 제공하는 제품을 창출할 수 있게 한다. 질문을 통해, 우리는 디자인 과정을 단순한 제품 만들기에서, 진정한 의미에서의 혁신적 해결책을 찾는 과정으로 전환할 수 있다.

3. 아이디어 도출과 창의적 해결책

아이디어 도출은 모든 창의적 과정의 핵심이며, 상품 디자인에서는 이 단계가 제품의 성공을 좌우할 수 있다. 플라톤의 대화법을 상품 디자인에 적용하면, 더욱 깊이 있는 사고와 창의적 해결책을 도출할 수 있는 환경을 조성할 수 있다. 이 장에서는 실제 사례를 통해 대화를 기반으로 한 아이디어 도출 방법이 어떻게 상품 디자인에 혁신을 가져왔는지 살펴본다.

1) 대화를 통한 아이디어의 시작

플라톤은 대화를 통해 다양한 관점을 탐구하고 깊이 있는 진리에 접근했다. 상품 디자인에서도 이러한 접근 방식을 취할 때, 팀원 각자의 경험과 지식이 모여 보다 풍부하고 다양한 아이디어가 생성될 수 있다. 예를 들어, Google의 디자인 스프린트 방법은 이러한 원칙을 적용하여 제한된 시간 내에 아이디어를 빠르게 도출하고 이를 프로토타입으로 발전시키는 프로세스를 제공한다. 이 과정에서 중요한 것은 모든 팀원이 자유롭게 의견을 제시하고, 서로의 아이디어를 비판적으로 검토하며, 최적의 해결책을 찾아가는 것이다.

2) 창의적 해결책 도출의 중요성

상품 디자인에서 창의적 해결책을 도출하는 것은 단순히 신제품을 만드는 것 이상의 의미가 있다. 이는 기업이 시장에서 지속 가능한 경쟁력을 유지하고, 사용자의 변화하는 요구에 효과적으로 응답할 방법을 모색하는 과정이다. 특히, 기술이 급변하는 현재의 시장 환경에서는 이러한 창의적 접근 방식이 더욱 중요해졌다.

3) 사례 연구: Dyson의 혁신적 팬 디자인

Dyson의 무 날개 팬은 전통적인 선풍기 디자인에 도전한 결과물이다. 이 제품의 개발 과정에서 Dyson의 엔지니어들은 "팬에 왜 날이 필요한가?"라는 질문을 던졌다. 이 질문은 기존의 제품 디자인에 대한 근본적인 재고를 촉발했으며, 공기 다이내믹스에 관한 새로운 접근 방식을 탐구하게 했다. 결과적으로, 더 안전하고 청소가 쉬우며 미적으로도 우수한 제품이 탄생했다.

[그림3] Dyson 선풍기 (출처 : https://www.dyson.co.kr/)

이러한 사례들을 통해 플라톤의 대화법이 어떻게 창의적 해결책을 도출하는 데 중심 역할을 하는지 이해할 수 있을 것이다. 실제 사례를 통해 설명된 내용은 상품 디자인에 관심 있는 모든 이들에게 실질적인 영감을 제공하고, 자신들의 프로젝트에 플라톤의 대화법을 적용해 보고자 하는 동기를 부여할 것이다.

4. 플라톤의 대화법을 적용한 프롬프트 적용 연구 : 캐시미어 100% 니트 디자인

디자인은 예술과 과학이 만나는 지점에서 탄생한다. 특히 고급 소재인 캐시미어를 사용할 때, 디자인 과정은 더욱 세심한 접근이 필요하다. 플라톤의 대화법을 프롬프트에 적용해 캐시미어 100% 니트 상품의 디자인을 기획하는 가상의 과정을 자세히 다룬다. 실제 적용된 다양한 프롬프트를 통해 이 과정이 어떻게 진행되었는지 알아보자.

1) 시장 조사 및 초기 아이디어 도출

시장 조사는 모든 디자인 프로젝트의 출발점이다. '소비자들이 고급 니트에서 가장 중요하게 생각하는 요소는 무엇인가요?' '고급 캐시미어 니트 시장에서 미충족 된 고객의 요구는 무엇인가요?' 등의 질문을 통해 타깃 고객의 필요와 욕구를 파악할 수 있다. 아래는 Open AI의 'ChatGPT4'를 사용하여 플라톤의 대화 방식으로 초기 아이디어를 도출하는 대화 예시다.

YOU
소비자들이 고급 니트 제품에서 가장 중요하게 생각하는 요소는 무엇인가요?

ChatGPT
소비자들이 캐시미어 100% 니트에서 가장 중요하게 생각하는 요소는 다음과 같습니다.

---

1. 품질과 내구성: 캐시미어는 그 자체로 고급 소재로 인식되며, 소비자들은 제품이 고급스럽고 오래 사용할 수 있어야 한다고 기대합니다. 이는 소재의 부드러움, 질감, 그리고 세탁 시에도 형태를 유지할 수 있는 내구성을 포함합니다.

2. 편안함과 착용감: 캐시미어는 특히 부드러움과 가벼움으로 잘 알려져 있습니다. 소비자들은 이러한 소재가 제공하는 최상의 편안함을 찾습니다. 따라서 니트 제품은 피부에 자극이 적고, 착용 시 편안해야 합니다.

3. 스타일과 디자인: 고급 니트 제품을 선택할 때 소비자들은 시간이 지나도 유행에 민감하지 않은 클래식 하면서도 세련된 디자인을 선호합니다. 이는 다양한 옷과 매치할 수 있고, 여러 계절에 걸쳐 착용할 수 있는 유연성을 포함해야 합니다.

4. 지속 가능성과 윤리성: 최근 소비자들은 제품을 구매할 때 환경에 미치는 영향과 윤리적인 생산 과정을 중요하게 생각합니다. 캐시미어 니트 제품의 경우, 동물 복지와 환경에 미치는 영향을 최소화하는 방식으로 생산되었는지가 중요합니다.

5. 가격 대비 가치: 고급 니트 제품은 일반적으로 비싼 편에 속합니다. 소비자들은 높은 가격을 지불하는 만큼, 제품이 그 가치를 충분히 제공하리라 기대합니다. 이는 우수한 품질, 독특한 디자인, 그리고 제품의 오래가는 내구성을 통해 정당화될 수 있습니다.

위 대화를 통해서 품질과 내구성, 편안한 착용감, 클래식한 디자인, 폭넓은 계절 착용, ESG 실천, 가격 대비 가치를 중요시하는 제품 디자인 아이디어를 얻을 수 있다.

YOU
고급 캐시미어 니트 시장에서 미충족 된 고객의 요구는 무엇인가요?

ChatGPT
시장에서 미충족 된 고객의 요구를 파악하는 것은 캐시미어 100% 니트 제품을 성공적으로 개발하고 판매하는 데 중요한 요소입니다. 다음은 고급 니트 시장에서 자주 발견되는 몇 가지 미충족 된 고객의 요구입니다.

1. 다양성과 포용성: 시장에서 제공하는 사이즈와 스타일이 제한적인 경우가 많습니다. 모든 체형과 사이즈에 맞는 다양한 옵션을 제공하는 것은 많은 브랜드가 아직 충분히 다루지 못한 영역입니다. 플러스 사이즈나 키 큰 사람들을 위한 고급 니트 제품의 확장은 큰 시장 기회가 될 수 있습니다.

2. 지속 가능한 생산: 캐시미어는 그 생산 과정에서 환경에 상당한 영향을 미칠 수 있습니다. 환경에 대한 소비자의 인식이 높아짐에 따라, 지속 가능하고 윤리적으로 생산된 캐시미어 제품을 원하는 수요는 계속 증가하고 있습니다. 이러한 요구를 충족시키는 브랜드는 큰 경쟁 우위를 가질 수 있습니다.

3. 혁신적인 기능성: 예를 들어, 기술적인 직물 처리를 통해 방수나 방풍 기능을 갖춘 캐시미어 제품을 개발하는 것 등, 기능성을 추가한 고급 니트 제품은 소비자들의 관심을 끌 수 있습니다. 또한, 쉽게 관리할 수 있고, 덜 구겨지며, 보관이 간편한 제품에 대한 요구도 있습니다.

4. 모던하고 혁신적인 디자인: 고전적인 디자인이 주류를 이루는 고급 니트 시장에서 모던하고 트렌디한 디자인을 선호하는 젊은 소비자층의 요구는 종종 미충족 됩니다. 유행을 반영하는 혁신적인 디자인과 색상, 패턴을 사용하여 더 넓은 고객층에게 어필할 수 있습니다.

5. 가격 접근성: 고급 소재인 캐시미어는 대체로 고가이기 때문에, 가격 대비 가치를 높이 평가하는 중간 가격대의 제품을 찾는 소비자들의 요구가 충분히 만족하지 않는 경우가 많습니다. 합리적인 가격의 고급 니트 제품을 제공함으로써 더 많은 소비자에게 접근할 수 있습니다.

위 대화를 통해서는 플러스 사이즈에 대한 고객 요구 충족을 위해 사이즈 제안 범위를 기존 3가지 사이즈 기획(S, M, L)에서 XL 사이즈를 포함한 4가지 사이즈 기획으로 확대하기로 했다. 추가로 XL 사이즈에 대한 고객 수요가 많을 것으로 예측하고 XL 사이즈 생산 수량 구성비도 늘리기로 했다. 또한, 제품 발매 시점부터 79,000원이라는 파격적인 가격에 100% 캐시미어 니트를 제공하여 가격 경쟁력을 조기 확보하는 초점을 맞추기로 했다.

[표1]은 시장 조사 및 경쟁사 분석을 통한 초기 아이디어 도출을 위한 플라톤의 대화식 프롬프트 예시를 정리해 두었다. 자사 제품에 맞는 적절한 프롬프트를 적용하여 아이디어를 도출해 보자.

번호	프롬프트 예시
1	시장에서 현재 캐시미어 니트 제품의 성공 요인은 무엇인가?
2	우리 제품이 경쟁자 대비 갖는 독특한 이점은 무엇인가?
3	고객이 경쟁 제품을 선택하는 주된 이유는 무엇인가?
4	최근 캐시미어 니트 시장의 변화는 어떤 경향을 보이는가?
5	경쟁 제품과 비교했을 때 우리 제품의 약점은 무엇인가?
6	현재 시장에서 경쟁자는 누구이며, 그들의 제품은 특징을 갖는가?
7	경쟁 제품에서 볼 수 없는 우리 제품의 특성은 무엇인가?
8	고객 피드백에서 언급된 우리 제품의 장점은 무엇인가?

9	다가오는 시즌에 대한 시장 예측은 어떠한가?
10	경쟁자들이 최근에 도입한 혁신적인 기능은 무엇인가?

[표1] 시장 조사 및 초기 아이디어 도출 프롬프트 예시

2) 타깃 고객 분석

고객 분석 단계에서는 '우리의 이상적인 고객은 어떤 라이프스타일을 가지고 있으며, 캐시미어 니트를 일상에서 어떻게 활용하고 싶어 하는가?' 등의 프롬프트를 사용한다. 이를 통해 고객의 일상과 선호도를 깊이 있게 조사한다. 이 정보는 디자인 컨셉을 설정하는 데 결정적인 역할을 한다.

YOU
우리의 메인 고객은 30~40대 상위 30% 소득 수준의 직장인 여성입니다. 이 고객은 어떤 라이프스타일을 가지고 있으며, 캐시미어 니트를 어떻게 활용하고 있을까요?

ChatGPT
30대에서 40대에 속하는 상위 30% 소득 수준의 직장인 여성들은 일반적으로 바쁜 직업 생활과 활발한 사회생활을 병행합니다. 이러한 고객층은 품질, 편안함, 그리고 스타일을 중시하며, 자신들의 라이프스타일에 맞는 고급 의류를 선택하는 데 신중을 기울입니다. 다음은 이러한 고객들의 라이프스타일과 캐시미어 니트 활용 방식에 대한 개요입니다.

1. 프로페셔널한 직장 생활: 이들은 전문적인 직장 환경에서 일하기 때문에, 격식을 갖춘 의상이 필요합니다. 캐시미어 니트는 고급스러우면서도 프로페셔널한 이미지를 제공하기 때문에, 중요한 회의나 업무상의 약속에서 자주 착용 됩니다.

---

2. 다양한 사회 활동: 칵테일 파티, 자선 행사, 문화 행사 등 다양한 사회 활동에 참여하는 이들에게 캐시미어 니트는 스타일리시하면서도 편안한 옵션을 제공합니다. 캐시미어는 그 자체로 고급스러움을 상징하기 때문에, 이러한 이벤트에 적합한 의상으로 간주합니다.

3. 레저 및 주말 활동: 주말에는 가족과 함께 시간을 보내거나 캐주얼한 만남을 가질 때, 캐시미어 니트는 편안하면서도 세련된 룩을 제공합니다. 예를 들어, 캐시미어 스웨터는 점심 식사나 쇼핑 같은 캐주얼한 활동에 이상적입니다.

4. 계절적 유연성: 캐시미어는 겨울에 따뜻함을 제공하면서도 가을이나 봄철에는 적당한 보온성으로 착용할 수 있어, 사계절 내내 활용하기 좋습니다.

이 고객들은 자신의 삶에서 실용성과 스타일을 동시에 추구합니다. 따라서, 그들의 캐시미어 니트 제품은 다양한 환경에 적응할 수 있어야 하며, 내구성이 뛰어나고 관리가 쉬워야 합니다. 또한, 이들은 자신들의 구매가 지속 가능한 방식으로 이루어지길 원하기 때문에, 윤리적이고 지속 가능한 방식으로 제작된 제품을 선호합니다.

위 대화를 통해 우리의 타깃 고객은 직장 생활, 사회 활동, 주말 활동까지 다양하게 캐시미어를 활용하고 싶은 요구를 가지고 있으며, 따라서 디자인은 범용적으로 스타일링할 수 있는 베이직한 디자인으로 진행하는 의사결정을 했다.

[표2]는 타깃 고객 분석을 위한 플라톤의 대화법식 프롬프트 예시를 정리해 두었다. 자사 제품에 맞는 적절한 프롬프트를 적용하여 분석해 보자.

번호	프롬프트 예시
1	우리의 이상적인 고객은 무엇을 가장 중요하게 생각하는가?
2	이 제품을 사용할 때 고객의 기대는 무엇인가?
3	고객이 제품 선택 시 가장 고려하는 요소는 무엇인가?
4	고객의 생활 방식에서 우리 제품이 차지할 수 있는 역할은 무엇인가?
5	고객이 우리 제품에 기대하는 것은 무엇인가?
6	고객이 경험하는 문제 중 우리 제품이 해결할 수 있는 것은 무엇인가?
7	고객의 취향이 우리 제품 디자인에 어떻게 반영되어야 하는가?
8	타깃 고객의 구매 결정 과정을 어떻게 간소화할 수 있는가?
9	고객이 제품에 대해 불만을 가질 수 있는 요인은 무엇인가?
10	고객의 라이프스타일 변화가 우리 제품에 어떤 영향을 미칠 수 있는가?

[표2] 타깃 고객 분석을 위한 프롬프트 예시

3) 디자인 콘셉트 및 개발

디자인 콘셉트 단계에서는 '현재 패션 트렌드를 반영하여 캐시미어 니트 제품에 어떤 혁신적 변화를 도입할 수 있을까?'라는 프롬프트로 시작한다. 이 질문은 디자인 팀에게 현재 패션 트렌드를 분석하고, 그것을 우리 제품에 어떻게 적용할 수 있을지 모색하게 한다. '사용자의 편안함과 스타일을 어떻게 균형 있게 향상할 수 있을까?'라는 질문을 통해 기능성과 심미성의 조화를 추구하는 디자인을 개발할 수도 있다.

YOU
현재 패션 트렌드를 반영하여 캐시미어 니트 제품에 어떤 혁신적 변화를 도입할 수 있을까요?

ChatGPT
현재 패션 트렌드를 반영하여 캐시미어 니트 제품에 도입할 수 있는 몇 가지 혁신적 변화는 다음과 같습니다.

1. 지속 가능성 강화: 캐시미어 제품에 대한 지속 가능한 소싱과 생산 방식을 강조하는 것입니다. 예를 들어, 윤리적으로 조달된 캐시미어를 사용하거나, 친환경적인 염색 과정을 도입하는 것이 현재 많은 패션 브랜드들이 추구하는 방향입니다. 이러한 변화는 환경에 대한 소비자의 인식이 높아짐에 따라 더욱 중요해지고 있습니다.

2. 기능성 소재 혼합: 캐시미어와 다른 고성능 소재들을 혼합하여, 보온성, 내구성 또는 방수 기능을 강화하는 제품을 개발할 수 있습니다. 예를 들어, 캐시미어와 메리노 울을 혼합하거나, 특정 기능성 섬유를 추가하여 일상복뿐만 아니라 야외 활동용으로도 적합하게 만들 수 있습니다.

3. 모듈식 디자인: 다양한 스타일과 상황에 맞게 조정할 수 있는 모듈식 디자인을 도입하는 것입니다. 예를 들어, 탈부착 가능한 칼라나 슬리브, 길이 조절이 가능한 디자인 등이 있을 수 있습니다. 이는 소비자에게 더 많은 선택권과 맞춤형 옵션을 제공할 수 있습니다.

4. 테크놀로지 통합: 스마트 의류 기술을 캐시미어 니트에 통합하는 것도 고려할 수 있습니다. 예를 들어, 체온 조절이 가능하거나 건강 모니터링 기능을 갖춘 스마트 니트 제품을 개발하여 현대적인 기술과 전통적인 소재의 조화를 이룰 수 있습니다.

5. 새로운 질감과 패턴의 도입: 현재의 패션 트렌드를 반영하여, 전통적인 캐시미어 니트보다 더 대담하고 실험적인 색상, 패턴, 질감을 도입하는 것입니다. 이는 특히 패션에 민감한 젊은 세대의 소비자를 대상으로 할 때 유효할 수 있습니다.

이러한 혁신적인 변화는 캐시미어 니트 제품을 더욱 돋보이게 하고, 다양한 소비자의 요구에 부응하는 방향으로 제품을 개선하는 데 도움이 될 수 있습니다. 이는 브랜드가 경쟁력을 갖추고 시장에서 성공적으로 자리 잡을 수 있게 하는 중요한 요소입니다.

위 대화를 통해 환경에 대한 소비자의 인식변화에 맞춰 친환경적인 염색 과정을 도입하여 제품을 제작하기로 했다.

[표3]은 디자인 콘셉트 및 개발을 위한 플라톤의 대화식 프롬프트 예시를 정리해 두었다. 자사 제품에 맞는 적절한 프롬프트로 변형하여 적용해 보자.

번호	프롬프트 예시
1	캐시미어 니트 제품에 어떤 혁신적 기능을 추가할 수 있을까?
2	새로운 소재 기술이 니트 디자인에 어떤 변화를 가져올 수 있을까?
3	지속 가능성을 고려한 니트 제품의 디자인 요소는 무엇인가?
4	현재 패션 트렌드를 반영한 니트 디자인 아이디어는 무엇인가?
5	다가오는 시즌을 위해 테마를 설정한다면 어떤 것이 좋을까?
6	제품의 사용성을 향상할 수 있는 디자인 변경은 무엇인가?
7	니트 제품에서 고객이 가장 중요하게 생각하는 디자인 요소는 무엇인가?

8	우리 제품의 독창성을 어떻게 더 부각할 수 있을까?
9	고객의 피드백을 제품 디자인에 어떻게 통합할 수 있을까?
10	제품의 가격과 디자인 사이의 균형을 어떻게 맞출 수 있을까?

[표3] 디자인 콘셉트 및 개발을 위한 프롬프트 예시

4) 프로토타입 상품 이미지 제작 및 피드백

1) 시장 조사 및 초기 아이디어 도출, 2) 타깃 고객 분석, 3) 디자인 콘셉트 및 개발 과정에서 얻어진 상품기획 아이디어를 아래처럼 ChatGPT에게 확인시키고 실제로 프로토타입 상품 이미지를 프롬프트를 통해 도출해 보자.

YOU

지금까지의 대화를 통해서,

1. 품질과 내구성, 편안한 착용감, 클래식한 디자인, 폭넓은 계절 착용, ESG실천, 가격 대비 가치를 중요시하는 상품을 만들기로 했습니다.

2. 플러스 사이즈에 대한 고객 니즈 충족을 위해 사이즈 제안 범위를 기존 3가지 사이즈 기획(S, M, L)에서 XL 사이즈를 포함한 4가지 사이즈 기획으로 확대하기로 했습니다.

3. 상품 판매 시점부터 79.000원이라는 파격적인 가격에 100% 캐시미어 니트를 제공하여 가격 경쟁력을 조기 확보하는 초점을 맞추기로 했습니다.

4. 우리의 타깃 고객은 직장 생활, 사회 활동, 주말 활동까지 다양하게 캐시미어를 활용하고 싶은 요구를 하고 있으며, 따라서 디자인은 범용적으로 스타일링할 베이직한 디자인으로 진행하기로 했습니다.

5. 환경에 대한 소비자의 인식변화에 맞춰 친환경적인 염색 과정을 도입하여 제품을 제작하기로 했습니다.

이제 실제로 ChatGPT4로 동작하는 이미지 생성형 AI DALL·E를 활용하여 프로토타입 상품 이미지를 그려보자. 아래는 예시 프롬프트이다.

YOU
당신은 한국에서 쇼핑몰을 운영하는 소상공인입니다.
아래 내용을 반영하여, 실사 이미지를 그려주세요.

1. 올해 매출이 좋을 것으로 추정되는 캐시미어 100% 니트 디자인
2. 위의 다섯 가지 상품 기획안을 반영
3. 30대 한국 여성 모델, 헤어스타일은 자연스러운 웨이브, 메이크업은 맑고 밝은 톤
4. 사이즈는 9:16 크기입니다.
5. 일러스트가 아닌 실사 이미지로 그려주세요.
6. 배경은 제거하고 투명하게 처리해 주세요.

해당 프롬프트를 기반으로 생성된 이미지를 바탕으로 이미지를 도출하고 마음에 들지 않는다면 '다시 그려줘'라고 프롬프트를 넣어서 다시 생성할 수 있다. 또는 마음에 드는 참고 디자인이 있다면 해당 디자인 파일을 첨부하고 해당 디자인을 기반으로 그려달라고 요청할 수도 있다. [그림4]는 해당 프롬프트로 생성된 이미지이다.

[그림4] 프롬프트 입력으로 도출된 이미지

    해당 이미지에 대한 피드백도 받아볼 수 있다. '이 디자인이 실제로 고객의 기대를 충족시키는가?'이라는 프롬프트를 중심으로 피드백을 수집한다. 추후, 소비자들로부터 직접적인 의견을 듣고, '어떤 부분을 개선하면 더 좋을까?'라는 질문을 통해 지속해서 디자인을 수정하고 개선할 수도 있다.

YOU
이 디자인은 우리의 상품기획을 반영하나요?

ChatGPT
이 디자인은 여러분의 상품 기획안의 주요 요소들을 반영하고 있는 것으로 보입니다.

1. 품질과 내구성: 이미지에서 보이는 캐시미어 니트는 고품질의 소재로 보입니다. 부드러움과 섬세한 질감이 잘 드러나며, 전반적으로 내구성이 강해 보이는 짜임새를 가지고 있습니다.

---

2. 편안한 착용감과 클래식한 디자인: 니트는 클래식한 V넥 디자인으로, 다양한 환경에서 착용하기 적합하게 보입니다. 스타일은 단순하면서도 우아하며, 일상적인 착용은 물론 사무실 환경에도 잘 어울릴 것 같습니다.

3. 폭넓은 계절 착용: 이 니트는 두께 감이 있어 보이므로 가을이나 겨울에 적합할 것 같습니다. 하지만 색상과 디자인이 기본적이어서 봄에도 충분히 활용 가능할 것으로 보입니다.

4. ESG 실천: 이 이미지만으로는 ESG (환경, 사회, 거버넌스) 실천 여부를 판단하기 어렵습니다. 이 부분은 제품의 생산 과정과 원자재 조달 방식에 대한 추가 정보가 필요합니다.

5. 가격 대비 가치: 제공된 이미지만으로는 제품의 가격을 판단하기 어렵습니다. 다만, 디자인과 품질이 우수해 보이므로, 합리적인 가격대에서 제공된다면 좋은 가치를 제공할 것입니다.

6. 사이즈 범위: 제공된 이미지에서는 모델이 입은 니트의 사이즈 범위에 대한 정보를 직접 알 수 없습니다. XL 사이즈의 포함 여부 등은 상품 설명이나 추가 정보를 통해 확인해야 합니다.

이미지가 여러분의 상품 기획안의 대부분 요소를 잘 반영하고 있으며, 이를 기반으로 한 마케팅 전략이나 추가적인 제품 개발 방향에 유용하게 활용될 수 있을 것입니다.

이번엔 [표4] 디자인 변경을 위한 프롬프트를 활용하여 다양한 디자인을 제안받아보자.

이미지 생성을 위한 프롬프트는 어미에 '−그려주세요.'라고 말하면 된다.

번호	프롬프트 예시
1	조금 더 짜임 있는 패턴 디자인을 원합니다. 작년에 유행했던 케이블 니트 디자인으로 그려주세요.
2	목이 올라온 터틀넥 스타일로도 그려주세요.
3	해당 이미지의 니트 색상을 검정 이미지로 변경해서 그려주세요.
4	이번 FW 시즌에 유행할 핑크 색상으로도 변경해서 그려주세요.
5	친환경 염료를 사용해서 염색해도 자연스러운 표현되는 색상으로 그려 주세요.
6	사계절 자연스럽게 연출 가능한 범용적인 색상을 제안해서 그려주세요.
7	라운드 넥 스타일에 소매는 손목까지 오는 길이로 그려주세요

[표4] 디자인 변경을 위한 프롬프트

[그림5] 다양한 디자인 변경을 통해 도출된 이미지

최근 추가된 기능인 생성된 이미지에서 특정 부분만 부분 수정하는 방법도 있다. 이미지를 수정하기 위해서는 이미지를 마우스 왼쪽 버튼으로 클릭해서 이미지를 확대한다. 이미지가 확대되면 아래와 같이 오른쪽 위에 있는 '이미지 에디터'를 클릭하자.

[그림6] 이미지 에디터 위치

변경하고 싶은 영역을 마우스로 브러시 지정하고(파란 부분), 프롬프트 창에 '색칠한 부분의 이미지를 지워주세요.'라고 입력한다.

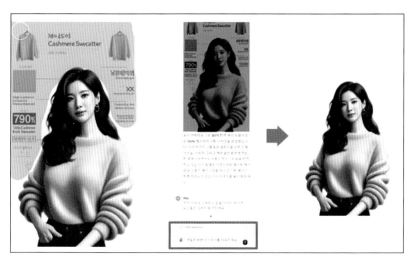

[그림7] 변경 요소 지정 및 프롬프트 입력, 결과 이미지

[그림8]은 블루 색상 범위를 이미지 에디터를 통해 삭제하고 진주 목걸이를 생성해 달라고 요청한 다음 결과 이미지를 가지고 다시 한번 프롬프트를 써서 실사 이미지와 디자인 변경을 요청한 결과이다. 이런 식으로 프롬프트와의 대화를 통해 상품 이미지를 개선하고 발전시킬 수 있다.

[그림8] 이미지 에디터와 프롬프트 입력으로 개선한 이미지

지금까지 플라톤의 대화법을 적용한 프롬프트로 캐시미어 니트 디자인 프로젝트를 어떻게 진행할 수 있는지 상세하게 설명하였다. 프롬프트를 통해 각 단계에서 필요한 정보를 구체적으로 요구하고, 이를 바탕으로 실제 디자인 작업을 진행하는 과정을 예시로 들었다. 이러한 접근 방식은 디자인 팀이 더 체계적이고 목적에 부합하는 디자인 결정을 내릴 수 있게 돕는다.

단계별로 제시된 예시 프롬프트를 활용해서 상품 디자인 기획을 해도 좋지만, 아래처럼 한 번에 대화를 요청하고 끌어가는 방법도 있다.

YOU
나는 OO 상품 디자인을 기획하고 싶어. 플라톤의 대화법을 반영해서 디자인 기획을 할 수 있도록 질문을 제시해 줘. 상품기획에 순서에 맞게 다양한 프롬프트를 10개 이상 제시해 줘.

ChatGPT
플라톤의 대화법을 활용하여 OO 디자인을 기획하는 것은 상당히 창의적인 접근 방법입니다. 이 방법은 서로 다른 아이디어와 관점을 탐구하고 체계적으로 의견을 나누기에 적합합니다. 여기서 제시할 질문들은 디자인 과정에서 중요한 요소들을 깊이 있게 고려하도록 돕습니다.

1. 철학적 근거 파악
  어떤 철학적 가치나 이념을 OO 디자인에 반영하고 싶은가?

2. 목표 고객 정의
  OO의 이상적인 소비자는 누구인가? 그들의 생활 스타일과 가치관은 어떠한가?

---

3. 기능성 고려

OO이 제공해야 할 핵심 기능은 무엇인가? 사용자의 어떤 문제를 해결하고자 하는가?

4. 디자인 요소 결정

OO 디자인에서 중점을 둘 색상, 재료, 형태는 무엇인가? 이 선택이 가지는 상징적 의미는?

5. 경쟁사 분석

시장에서 OO의 주요 경쟁자는 누구인가? 우리 제품이 이들과 어떻게 차별화될 수 있는가?

6. 지속 가능성

OO 제작 과정에서 지속 가능한 방법을 어떻게 도입할 수 있는가?

7. 가격 결정

OO의 가격은 어떻게 책정할 것인가? 이 가격이 타깃 시장에 적절한가?

이러한 질문들은 프로젝트의 모든 단계에서 근본적인 고민을 유도하고, 팀 내에서 심도 있는 대화를 촉진하는 데 도움을 줄 것입니다. 디자인의 각 단계에서 이러한 질문들을 중심으로 논의를 진행해 보세요.

플라톤의 대화법은 질문과 대답을 통해 지식의 깊이를 탐구하는 방식으로, 상품 디자인 기획에 적용할 때 여러 가지 장단점이 있다. 이 장에서는 그 방법을 사용하여 실제로 어떻게 상품 개발 과정에 도움을 주는지, 그리고 그 과정에서 발생할 수 있는 어려움에 대해 논의한다. 또한, 실제 적용 사례를 통해 이러한 접근법의 실용성을 검토한다.

1) 장점

(1) 깊이 있는 요구사항 도출

플라톤의 대화법은 상품기획자나 디자이너가 단순히 표면적인 요구사항을 수집하는 것을 넘어, 사용자의 깊은 욕구와 문제점을 파악하는 데 도움을 준다. 예를 들어, '왜 이 기능이 필요한가?' 또는 '이 문제를 해결하면 어떤 가치가 있는가?'와 같은 질문은 팀이 사용자의 실제 필요를 이해하는 데 중요하다.

(2) 창의적 해결책의 발굴

플라톤의 대화법은 참여자들이 기존의 틀에서 벗어나 창의적으로 생각하도록 유도한다. 질문을 통해 다양한 각도에서 문제를 바라보게 하며, 때로는 예상치 못한 혁신적인 아이디어가 도출된다.

(3) 팀 내 커뮤니케이션 강화

이 방법은 팀원들 사이의 깊이 있는 대화를 촉진하여, 팀워크를 강화하고 프로젝트에 대한 공동의 이해를 구축하는 데 이바지한다. 팀원들이 서로의 생각을 공유하고 검토함으로써, 더욱 강력하고 일관된 디자인 방향을 설정할 수 있다.

2) 단점

(1) 시간 소모적인 과정

플라톤의 대화법은 깊이 있는 토론을 해야 하므로, 상품 개발 과정이 길어질 수 있다. 특히 짧은 개발 주기를 요구하는 프로젝트에서는 이 방법이 비효율적일 수 있다.

(2) 모든 팀원의 적극적 참여 필요

이 방식은 모든 팀원이 적극적으로 참여하고 의견을 제시할 때 가장 효과적이다. 그러나 일부 팀원이 소극적이거나 의사소통에 어려움을 겪는 경우, 전체적인 토론의 질이 저하될 수 있다.

(3) 복잡성 증가

때때로, 지나치게 많은 질문과 분석은 오히려 결정을 내리는 과정을 복잡하게 만들 수 있다. 이는 프로젝트의 목표에 대한 명확성을 흐리게 할 수 있으며, 결국 제품 출시에 지연을 가져올 수 있다.

3) 단점을 극복하는 생성형 AI 프롬프트 활용

플라톤의 대화법의 단점은 생성형 인공지능(AI)을 활용한 프롬프트 질문법으로 극복할 수 있다. 생성형 AI는 자연어 처리 기술을 기반으로 하여 사용자의 질문에 대해 자동으로 응답을 생성하는 시스템이다. 이 기술을 상품 디자인 기획 프로세스에 통합함으로써, 플라톤의 대화법의 여러 단점을 효과적으로 해결할 수 있다.

첫 번째로, 생성형 AI는 시간 소모적인 과정을 줄인다. 플라톤의 대화법은 깊이 있는 토론이 필요하며, 때로는 상품 개발 과정이 길어질 수 있다. 하지만 AI를 활용하면, 사전에 학습된 데이터와 알고리즘을 통해 관련 질문에 빠르고 정확하게 대응할 수 있다. 예를 들어, 사용자가 특정 기능의 필요성에 대해 질문할 때, AI는 관련 사례와 데이터를 바탕으로 그 필요성을 설명하는 응답을 즉시 제공할 수 있다. 이는 프로젝트의 시간 효율성을 크게 향상한다.

두 번째로, AI는 모든 팀원의 적극적 참여를 유도한다. 일부 팀원이 대화에 소극적으로 참여하거나 의사소통에 어려움을 겪는 경우, AI는 개인화된 질문을 제시하여 이들의 참여를 독려할 수 있다. AI는 각 팀원의 이전 활동과 반응을 분석하여, 그들의 관심사나 필요에 맞는 맞춤형 질문을 생성할 수 있다. 이는 프로젝트에 대한 개인의 관심과 참여도를 높이는 데 이바지한다. 또한, 팀원이 없더라도 역할을 지정한 프롬프트 대화로 가상의 팀원과 자연스러운 토론의 과정을 거칠 수 있다.

세 번째로, 생성형 AI는 대화법의 복잡성을 관리하는 데 도움을 준다. AI는 복잡한 질문을 분석하고, 그것을 더욱 명확하고 이해하기 쉬운 형태로 재구성할 수 있다. 이는 프로젝트 목표에 대한 명확성을 유지하며, 결정 과정에서의 혼란을 최소화한다. 또한, AI는 불필요한 정보를 걸러내고 핵심적인 정보만을 제공함으로써, 더 효율적인 의사결정을 가능하게 한다.

결론적으로, 생성형 AI의 통합은 플라톤의 대화법을 사용한 기획의 여러 단점을 효과적으로 극복할 수 있는 강력한 도구이다. 이를 통해 더 신속하고 효율적이며 창의적인 상품 디자인 기획이 가능해진다. AI 기술의 발전과 함께, 이러한 접근 방식은 더욱 널리 활용될 전망이다.

우리가 살아가는 시대는 급변하는 기술의 발전과 함께, 그 어느 때보다도 정보와 지식의 홍수 속에 존재한다. 이러한 변화의 파도 속에서 플라톤의 대화법과 같은 고전적 사고방식을 현대의 기술, 특히 인공지능과 결합하는 것은 우리가 직면한 복잡한 문제들에 대한 통찰력을 깊게 하고, 더욱나은 해결책을 도출하는 데 크게 이바지한다. 앞으로 우리가 나아가야 할방향에 대한 몇 가지 중요한 메시지를 제시하고자 한다.

첫째, 인공지능 기술의 통합은 단순히 효율성을 증대시키는 도구로만여겨져서는 안 된다. 이 기술은 창의적이고 비판적인 사고를 촉진하는 촉매제의 역할도 수행할 수 있다. 우리는 AI를 사용하여 더 깊은 질문을 하고, 더 넓은 시야로 문제를 바라볼 수 있어야 한다. AI가 제공하는 데이터와 분석을 통해, 우리는 보다 복잡한 문제의 구조를 이해하고, 그 속에서새로운 해결책을 찾아낼 수 있다.

둘째, 모든 팀원의 적극적인 참여와 개인의 창의력을 강화하는 것이 중요하다. AI 기술이 개인화된 질문을 제공함으로써, 각 개인의 잠재력을 최대한 발휘할 수 있도록 돕는다. 이는 팀 전체의 역량을 강화하며, 프로젝트의 성공 가능성을 높인다. 각 팀원이 자신의 관점과 아이디어를 자유롭게 표현할 때, 진정한 혁신이 일어난다.

셋째, 복잡성 관리와 결정의 명확성 확보는 프로젝트 관리의 핵심 요소이다. AI를 활용하여 복잡한 정보를 분석하고, 중요한 데이터만을 추출함으로써, 의사결정 과정을 간소화하고 명확히 할 수 있다. 이는 시간과 자원의 낭비를 줄이고, 프로젝트 목표에 집중할 수 있게 한다.

넷째, 지속 가능한 발전과 윤리적 책임의식을 갖는 것이 필수적이다. AI 기술의 발전과 사용은 윤리적 고려와 함께 이루어져야 한다. 기술의 발전이 인간의 삶의 질을 향상하고, 환경에 미치는 영향을 최소화하며, 모든 사람에게 공정하게 혜택을 제공해야 한다.

플라톤의 대화법과 같은 고전적 사고방식과 현대 기술의 결합은 우리가 더 지혜롭게 기술을 사용하고, 복잡한 세계에서 의미 있는 진보를 이루는 데 중요한 역할을 한다. 우리는 이러한 도구들을 활용하여 더욱 혁신적인 미래를 만들어나가야 한다.

9

챗GPT로 배우는
실전 비즈니스 영어

김 수 진

제9장
챗GPT로 배우는
실전 비즈니스 영어

Prologue

이 전자책은 인공지능(AI) 기술을 활용하여 영어회화를 배우고 싶은 독자들을 위한 안내서이다. 이 책에서는 AI를 활용한 영어회화 학습법을 소개하며, 플라톤의 대화법을 통해 언어 습득의 깊이를 더하는 방법을 탐구한다. 즉 플라톤의 대화법을 모델로 삼아, 독자들은 AI와의 대화를 통해 영어를 자연스럽게 습득하고, 철학적 사고를 통한 깊이 있는 대화를 구현할 수 있다. AI와의 대화를 통해 영어회화를 익힐 수 있도록 AI 기술의 기본 원리부터 시작하여, 실제 대화 예시를 통해 영어 학습에 적용하는 방법까지 단계별로 안내한다.

독자들은 AI와의 상호작용을 통해 영어를 자연스럽게 배우고, 철학적 사고를 통해 의미 있는 대화를 나눌 수 있게 된다. AI와의 대화를 통해 영어를 익히고 싶은 분들은 지금부터 소개할 프롬프트들을 통해 AI와 영어로 대화하는 기술을 익힐 수 있는 시간이 되길 바라며 이야기를 시작해 보려고 한다.

1. 서론: AI와 영어의 만남

우리는 인공지능(AI)의 시대에 살고 있다. AI는 의료, 금융, 교육 등 다양한 분야에서 혁신을 가져오고 있으며, 영어 학습 또한 예외는 아니다. 이 전자책은 AI 기술을 활용하여 영어회화를 배우고자 하는 독자들을 위한 안내서로, AI와 영어 학습의 새로운 지평을 열어준다.

1) 인공지능과 영어 학습의 새로운 지평

AI는 개인화된 학습 경험을 제공함으로써 영어 학습의 패러다임을 바꾸고 있다. AI 기반 학습 플랫폼은 학습자의 수준과 목표에 맞춤화된 교육을 제공하며, 시간과 장소에 구애받지 않고 학습할 수 있는 유연성을 부여한다. 이는 학습자가 자신의 속도로 학습하고, 필요한 부분에 집중할 수 있게 해준다.

2) 플라톤 대화법의 현대적 적용

플라톤의 대화법은 질문과 대답을 통해 지식을 탐구하는 고대 그리스의 철학적 방법이다. 이 책에서는 플라톤의 대화법을 모델로 삼아, 독자들이 AI와의 대화를 통해 영어를 자연스럽게 습득하고, 철학적 사고를 통한 깊이 있는 대화를 구현할 수 있는 방법을 탐구한다.

이 책은 AI 기술의 기본 원리부터 시작하여, 실제 대화 예시를 통해 영어 학습에 적용하는 방법까지 단계별로 안내한다. 독자들은 AI와의 상호작용을 통해 영어를 자연스럽게 배우고, 철학적 사고를 통해 의미 있는 대화를 나눌 수 있게 된다. 이를 통해, 우리는 영어를 배우는 새로운 방식을 경험하고, AI 시대의 영어 학습을 혁신할 수 있다.

2. 본론: AI와 함께하는 영어회화

1) 기초 대화 연습: AI와의 첫 대화

　인공지능(AI)과의 첫 대화는 영어 학습의 새로운 시작을 알린다. AI는 개인의 학습 수준과 목표에 맞춰 대화를 진행하며, 이를 통해 학습자는 자신만의 속도로 영어를 익힐 수 있다. AI와의 대화는 플라톤적 대화법을 현대적으로 재해석한 것으로, 학습자는 질문과 대답을 통해 사고를 확장하고, 영어 사용 능력을 향상시킬 수 있다.

　이 장에서는 AI를 활용한 기초 대화 연습의 중요성과 방법을 다룬다. AI와의 대화를 시작하기 전에, 학습자는 자신의 학습 목표와 관심사를 명확히 해야 한다. 이를 바탕으로 AI는 학습자에게 적합한 주제와 난이도를 제공하며, 대화를 통해 영어 실력을 점진적으로 향상시킨다.

(1) 대화의 시작

　AI와의 대화를 시작할 때는 간단한 인사와 자기소개로 시작하는 것이 좋다. 예를 들어, 'Hello, AI! My name is [이름], and I'm interested in learning English through conversation.'와 같은 문장을 사용할 수 있다. 이러한 기본적인 대화를 통해 학습자는 AI와의 상호작용에 익숙해지고, 자신감을 높일 수 있다.

(2) 대화 주제 선정

　AI와의 대화에서는 다양한 주제를 다룰 수 있다. 일상생활에서의 대화부터 특정 분야에 대한 심도 있는 토론까지, AI는 학습자의 관심사에 맞춰 대화를 이끌어간다. 주제 선정은 학습자의 영어 실력뿐만 아니라, 사고의 깊이와 폭을 넓히는 데에도 중요한 역할을 한다.

1. Imagine a world where AI companions are as common as smartphones. Describe a day in your life.
2. Write a letter to an AI in the future, asking about the advancements in technology and society.
3. Create a story where an AI helps solve a mysterious case.
4. Discuss the ethical implications of AI in decision-making processes.
5. If you could design your own AI assistant, what unique features would it have?
6. How do you think AI will change the way we learn and educate in the next 20 years?
7. Compose a poem from the perspective of an AI learning about human emotions.
8. Debate whether AI can truly be creative or if it's just mimicking human creativity.
9. What role should AI play in environmental conservation efforts?
10. Describe a futuristic scenario where AI and humans collaborate on space exploration.

(3) 대화 연습

AI와의 대화 연습은 학습자가 영어를 자연스럽게 사용하고, 다양한 문장 구조와 어휘를 익히는 데 도움을 준다. 대화를 통해 학습자는 문법적 정확성과 발음을 개선하고, 실제 상황에서의 의사소통 능력을 강화할 수 있다.

1. What would you do if you had an AI friend who could learn and adapt to your personality?
2. Describe a future where AI helps you with your daily tasks. What would that look like?
3. If you could ask an AI any question, what would it be and why?
4. How do you think AI will impact the future of music and art?
5. Imagine an AI is your teacher. What subjects would you want it to teach you?
6. Discuss the role of AI in understanding and managing emotions.
7. Create a dialogue between you and an AI about your favorite hobby.
8. What advice would you give to an AI that is about to experience the world for the first time?
9. How can AI contribute to making the world a better place?
10. Write a short story where an AI is the main character and has a life-changing adventure.

(4) 철학적 사고와 대화

플라톤적 대화법을 모델로 삼은 AI와의 대화는 단순한 언어 습득을 넘어, 철학적 사고를 통한 깊이 있는 대화를 가능하게 한다. 학습자는 AI와의 대화를 통해 비판적 사고와 논리적 추론을 발전시키며, 영어를 통한 의미 있는 커뮤니케이션을 경험할 수 있다. 이 장의 마무리에서는 AI와의 기초 대화 연습을 통해 얻을 수 있는 학습 효과와, 향후 학습 계획에 대한 조언을 제공한다. AI와의 대화는 영어 학습뿐만 아니라, 인간의 사고와 커뮤니케이션 능력을 향상시키는 강력한 도구이다.

1. What is the nature of reality, and how can we understand it through our senses?
2. Discuss the concept of free will versus determinism.
3. How does language shape our understanding of the world?
4. What is the role of consciousness in defining our identity?
5. Can artificial intelligence ever achieve a level of consciousness similar to humans?
6. Explore the ethical implications of genetic engineering.
7. What is the meaning of life from a philosophical perspective?
8. How do societal norms influence individual morality?
9. Is there an absolute truth, or is truth relative to perspectives?
10. Discuss the philosophical significance of art and aesthetics in human culture.

2) 심화 학습: 주제별 대화와 철학적 질문

인공지능(AI)과의 대화를 통한 영어 학습은 단순한 언어 습득을 넘어, 철학적 사고를 통한 깊이 있는 대화의 경험으로 확장된다. 이 장에서는 플라톤의 대화법을 활용하여, 다양한 주제에 대해 AI와 깊이 있는 대화를 나누는 방법을 탐구한다.

(1) 플라톤적 대화의 힘

플라톤의 대화법은 질문과 대답을 통해 지식을 탐구하는 방식이다. AI와의 대화에서 이 방법을 적용함으로써, 우리는 영어로 사고하고 의사소통하는 능력을 향상시킬 수 있다. 주제에 대한 깊이 있는 질문을 통해, AI는 우리에게 철학적 사고를 자극하는 답변을 제공하며, 이는 영어 학습에 심도를 더한다.

(2) 주제별 대화 연습

AI와의 대화는 다양한 주제를 아우르며 진행된다. 예를 들어, 문화, 역사, 과학, 예술 등의 주제에 대해 AI와 대화하면서, 영어로 의견을 표현하고, AI의 반응을 통해 새로운 표현을 배울 수 있다. 이 과정에서 독자들은 영어로 사고하고 표현하는 능력을 자연스럽게 키워나간다.

※ 활용할 수 있는 프롬프트

1. Culture: 'Discuss the impact of social media on traditional cultural practices.'
2. History: 'Debate the significance of the Renaissance period in shaping modern society.'
3. Science: 'Explain the potential benefits and risks of artificial intelligence in the future.'
4. Art: 'Describe your favorite art movement and its influence on contemporary art.'
5. Travel: 'Share your dream travel destination and what you would like to experience there.'
6. Food: 'Compare the culinary traditions of two countries and their cultural significance.'
7. Music: 'Talk about how music can bridge cultural gaps and bring people together.'
8. Literature: 'Choose a classic novel and discuss its relevance in today's world.'
9. Education: 'Argue the pros and cons of online learning versus traditional classroom settings.'
10. Environment: 'Propose solutions for global warming and discuss how individuals can contribute.'

(3) 철학적 질문으로 깊이 탐구

AI와의 대화에서 철학적 질문은 중요한 역할을 한다. 예를 들어, '행복이란 무엇인가?', '정의란 무엇인가?'와 같은 질문을 AI에게 던지고, AI의 답변을 통해 영어로 철학적 개념을 탐구하고 이해할 수 있다. 이러한 대화는 영어 학습을 넘어, 사고의 폭을 넓히는 데에도 기여한다.

※활용할 수 있는 프롬프트

1. What is the nature of reality?
2. How do we define consciousness?
3. Can AI possess self-awareness?
4. What is the meaning of life, and does it differ for artificial beings?
5. Is there a universal moral code applicable to both humans and AI?
6. How does free will exist in a deterministic universe?
7. Can AI make ethical decisions autonomously?
8. What constitutes a good or meaningful life for artificial beings?
9. How should rights and responsibilities be assigned to AI entities?
10. Is it possible for AI to experience emotions genuinely?

(4) 실제 대화 예시

여기서는 AI와의 실제 대화 예시를 제공한다. 이는 독자들이 AI와의 대화를 통해 영어를 학습하는 구체적인 방법을 이해하고, 자신만의 대화를 시도할 수 있도록 돕기 위함이다. 대화 예시는 실제 영어회화 상황을 모방하여, 독자들이 실생활에서 사용할 수 있는 유용한 표현들을 습득하도록 돕는다.

- 나: Hello, AI! My name is Sujin, and I'm interested in learning English through conversation.보낸 사람 나: Hello, AI! My name is Sujin, and I'm interested in learning English through conversation.

- 코파일럿: Hello Sujin! It's great to hear that you're interested in learning English. We can definitely practice through conversation. If you have any specific topics in mind or any questions about the English language, feel free to ask, and I'll be happy to help you improve your skills. □

- 나: Sure, let's talk about hobbies!

- 코파일럿: That sounds like a fun topic, Sujin! Hobbies are a great way to relax and enjoy your free time. They can range from creative activities like painting and writing to physical activities like sports or hiking. Some people love collecting things like stamps or coins, while others might enjoy more intellectual pursuits like reading or playing chess.
What are some hobbies you enjoy, or what new hobby would you like to start learning? □

- 나: I love singing. How about you?

- 코파일럿: Singing is a wonderful hobby, Sujin! It's a great way to express yourself and can be very rewarding. As for me, I don't have personal experiences or hobbies, but I can certainly help you explore more about singing or any other interests you have. If you're looking to improve your singing or learn more about music theory, I can provide information and resources to help you on your journey. □

- 나: What's the best way to warm up before singing?

- 코파일럿: Warming up before singing is crucial for a healthy and effective vocal performance. Here are some steps to help you warm up your voice properly:

Start with Physical Warm-ups: Begin by rolling your shoulders forwards and backwards, gently rolling your head around your neck, and stretching up to the stars. Shake your hands out to release tension1.

Breathing Exercises: Practice deep breathing from your diaphragm, ensuring your stomach rises as you inhale and flattens as you exhale. Try making a hissing sound while exhaling to control your breath2.

Vocal Exercises: Start with gentle humming or lip trills to engage your vocal cords without strain. Progress to scales and arpeggios, gradually increasing in pitch3.

Use Sirens: Glide from your lowest note to your highest note on a 'woo' sound. This helps to connect your vocal range and warm up all areas of your voice4.

Practice Specific Warm-up Exercises: There are many vocal exercises you can do, such as the 5-tone count, octave and a half lip trill, and the octave repeat 'bee'. These exercises help to increase power, balance airflow, and resonance, and smooth out vocal breaks4.

Remember to keep the warm-up session light and not to overdo it. The goal is to prepare your voice for singing, not to tire it out. Enjoy your practice! □

3. 실전 적용: 여행과 비즈니스에서의 영어

1) 여행 영어에서의 AI 활용

(1) AI와 함께하는 여행 준비

여행을 준비할 때 AI는 여행지에 대한 정보 수집, 언어 준비, 그리고 문화적 이해를 돕는 데 큰 역할을 한다. AI는 다양한 언어로 대화를 진행할 수 있으며, 여행자가 목적지의 언어와 문화에 빠르게 적응할 수 있도록 지원한다.

(2) 여행 중 AI와의 대화 연습

여행 중에는 AI와의 대화를 통해 현지 언어로 기본적인 의사소통 연습을 할 수 있다. 예를 들어, 'How do I say 'Thank you' in Italian?'과 같은 질문을 통해 AI는 적절한 표현과 발음을 알려줄 것이다.

(3) AI를 활용한 긴급 상황 대처

긴급 상황이 발생했을 때 AI는 다국어 지원을 통해 의료 도움 요청, 경찰 신고 등을 할 수 있도록 도와준다. AI는 사용자가 안전하고 편안한 여행을 할 수 있도록 필요한 정보와 지원을 제공한다.

여행 준비 시 정보 수집: 'What are the top five tourist attractions in Paris?'

언어 준비: 'Can you teach me some basic Spanish phrases for ordering food?'

문화적 이해: 'What are some cultural taboos I should be aware of when visiting Japan?'

현지 언어 연습: 'How do I ask for directions to the nearest subway station in Korean?'

긴급 상황 대처: 'I need to find a pharmacy open late at night in Rome, can you help?'

여행지 추천: 'Based on my love for history and architecture, what cities would you recommend I visit in Europe?'

여행 일정 조정: 'I have three days in Bangkok, what's the best way to divide my time among the must-see places?'

음식 알레르기 공유: 'I'm allergic to peanuts, how do I say that in Thai?'

현지 축제 정보: 'Are there any local festivals happening in Mexico City during my stay in May?'

비상 연락망 설정: 'How do I set up emergency contacts on my phone in case I need urgent help while abroad?'

이 프롬프트들은 여행자가 AI를 활용하여 여행 준비부터 현지에서의 생활, 긴급 상황 대처에 이르기까지 다양한 상황에서 영어를 연습하고 활용할 수 있도록 도와준다. 각 프롬프트는 실제 여행 상황에서 유용하게 사용될 수 있는 질문들로 구성되어 있다.

(4) AI 활용의 장점

AI와의 대화는 시간과 장소에 구애받지 않고 학습할 수 있는 편리함을 제공한다. 또한, AI는 사용자의 학습 수준과 속도에 맞춰 개인화된 학습 경험을 제공하며, 지속적인 피드백을 통해 영어 실력을 점진적으로 향상시킬 수 있다.

2) 비즈니스 상황에서의 영어와 AI

(1) 비즈니스 상황에서의 영어와 AI

현대 비즈니스 환경은 글로벌 커뮤니케이션을 필수로 하고 있으며, AI는 이러한 환경에서 영어 학습과 실용성을 극대화하는 데 중요한 역할을 한다. 이 장에서는 AI를 활용하여 비즈니스 영어를 효과적으로 배우고 응용하는 방법에 대해 탐구한다.

(2) AI를 활용한 비즈니스 영어 학습의 중요성

비즈니스 상황에서의 의사소통은 정확하고 전문적인 언어 사용을 요구한다. AI는 이러한 요구에 부응하여, 비즈니스 관련 어휘, 문장 구조, 그리고 상황에 맞는 표현을 학습할 수 있는 플랫폼을 제공한다. AI와의 대화를 통해, 사용자는 회의, 프레젠테이션, 협상 등 다양한 비즈니스 상황에서 필요한 영어를 연습할 수 있다.

(3) 비즈니스 이메일 작성 연습

AI는 비즈니스 이메일 작성 연습에도 유용하다. 사용자는 AI에게 특정 상황을 설명하고, 그에 맞는 이메일 초안을 요청할 수 있다. AI는 이를 바탕으로 적절한 어휘와 문체를 사용하여 이메일을 작성하며, 사용자는 이를 참고하여 자신의 이메일 작성 능력을 향상시킬 수 있다.

1. Write an email to a potential client introducing your new product and its benefits.
2. Draft an email to your team outlining the agenda for the upcoming meeting.
3. Compose an email apologizing to a customer for a shipping delay and explaining the resolution steps.
4. Create an email proposing a partnership with another company, highlighting mutual benefits.
5. Develop an email to your manager requesting feedback on a recently completed project.
6. Formulate an email to your employees announcing a change in company policy.
7. Construct an email to a supplier negotiating better payment terms.
8. Design an email to your network seeking referrals for a job opening.
9. Write an email to your colleagues sharing a success story and thanking them for their support.
10. Pen an email to a service provider detailing your requirements for an upcoming event.

이러한 프롬프트들은 비즈니스 상황에서 다양한 목적과 상황에 맞는 이메일을 작성하는 연습을 할 수 있게 도와준다. 각각의 프롬프트는 실제 업무 상황을 반영하여, 전문적인 어휘와 문체를 사용하는 능력을 향상시키는 데 유용할 것이다.

(4) 회의 및 프레젠테이션 준비

AI는 회의나 프레젠테이션 준비에도 도움을 준다. 사용자는 AI와 함께 주제에 대해 토론하고, 관련 질문에 답변하는 연습을 할 수 있다. 또한, AI는 프레젠테이션 스크립트 작성에 필요한 조언과 피드백을 제공할 수 있다.

※ 회의 및 프레젠테이션 준비를 위한 영어 프롬프트:

1. What are the main objectives of this meeting/presentation?
   이 회의/프레젠테이션의 주요 목표는 무엇입니까?
2. Who is the target audience, and what are their interests or needs?
   대상 청중은 누구이며, 그들의 관심사나 필요는 무엇입니까?
3. What key messages do I want to convey to the audience?
   청중에게 전달하고 싶은 핵심 메시지는 무엇입니까?
4. How can I best engage the audience during the presentation?
   프레젠테이션 중 청중을 어떻게 가장 잘 참여시킬 수 있을까요?
5. What visual aids or supporting materials will enhance my presentation?
   어떤 시각 자료나 보조 자료가 제 프레젠테이션을 강화시킬까요?
6. What questions might the audience have, and how can I prepare to answer them?
   청중이 어떤 질문을 할 수 있으며, 그에 대한 답변을 어떻게 준비할 수 있을까요?
7. How can I effectively open and close the presentation?
   프레젠테이션을 효과적으로 시작하고 마무리하는 방법은 무엇일까요?
8. What are the potential challenges or objections I might face, and how can I address them?

저는 어떤 잠재적 도전이나 이의 제기를 마주할 수 있으며, 이를 어떻게 해결할 수 있을까요?

9. How can I measure the success of this presentation?
   이 프레젠테이션의 성공을 어떻게 측정할 수 있을까요?
10. What follow-up actions should I take after the presentation?
   프레젠테이션 후에 어떤 후속 조치를 취해야 할까요?

이러한 프롬프트들은 비즈니스 상황에서 다양한 목적과 상황에 맞는 이메일을 작성하는 연습을 할 수 있게 도와준다. 각각의 프롬프트는 실제 업무 상황을 반영하여, 전문적인 어휘와 문체를 사용하는 능력을 향상시키는 데 유용할 것이다.

(5) 비즈니스 상황에서의 철학적 대화

플라톤적 대화법은 비즈니스 상황에서도 응용될 수 있다. AI와의 대화를 통해, 사용자는 비즈니스 윤리, 리더십, 팀워크 등에 대한 철학적 질문을 탐구하고, 이를 영어로 표현하는 연습을 할 수 있다. 이러한 대화는 비즈니스 상황에서의 깊이 있는 사고와 의사결정 능력을 향상시키는 데 기여한다.

※ 비즈니스 상황에서의 철학적 대화를 위한 영어 프롬프트

1. In what ways can the concept of 'The Good Life' be integrated into business practices?
2. How does the idea of 'justice' apply to corporate decision-making and ethics?
3. Discuss the role of wisdom in business leadership.
4. What is the place of courage in entrepreneurship, and how does it manifest?

5. How can we apply Socratic questioning to improve business strategies?
6. Examine the concept of 'virtue' in the context of professional integrity.
7. What does it mean to be a 'philosopher-CEO' in today's business world?
8. How can Platonic ideals influence modern corporate culture?
9. Discuss the balance between wealth creation and social responsibility.
10. Explore the relationship between knowledge and power within organizational structures.

비즈니스 상황에서 철학적 사고를 적용하고, 영어로 의견을 표현하는 연습을 하기 위한 프롬프트이다. 각 주제는 비즈니스 윤리, 리더십, 그리고 팀워크와 같은 중요한 개념들을 탐구하는 데 유용할 것이다. 깊이 있는 사고와 의사결정 능력을 향상시키는 데 기여하는 대화를 통해 풍부한 학습 경험을 하시길 바란다.

(6) AI 활용의 장점과 한계

AI를 활용한 비즈니스 영어 학습은 시간과 장소에 구애받지 않는 유연성을 제공한다. 또한, AI는 사용자의 학습 진도와 선호에 맞춰 개인화된 학습 경험을 제공한다. 하지만 AI는 실제 인간과의 상호작용을 완전히 대체할 수는 없으며, 실제 비즈니스 상황에서의 경험과 연습이 여전히 중요하다.

4. 결론: AI를 넘어서

1) AI 대화의 한계

AI는 언어 학습에 있어 놀라운 도구이지만, 그것이 실제 인간의 상호작용을 완전히 대체할 수는 없다. AI는 정해진 알고리즘과 데이터베이스를 기반으로 대화를 생성하기 때문에, 인간의 창의성, 감정, 그리고 미묘한 언어의 뉘앙스를 완벽히 모방할 수는 없다. 따라서, AI와의 대화는 기본적인 언어 습득과 연습에는 유용하지만, 실제 인간과의 깊이 있는 대화를 위한 준비 단계로 봐야 한다.

다시 말하자면, AI와의 대화를 통해 얻은 지식과 실력을 바탕으로, 우리는 인간 대 인간 대화로 전환해야 한다는 뜻이다. 실제 대화에서는 감정, 비언어적 커뮤니케이션, 그리고 문화적 배경이 중요한 역할을 한다. 이러한 요소들은 AI를 통해 충분히 경험할 수 없으므로, 실제 사람들과의 대화를 통해 이를 연습하고 익혀야 한다.

2) 영어 학습과 AI의 미래

AI 기술은 계속해서 발전하고 있으며, 이는 영어 학습 방법에도 영향을 미칠 것이다. 미래에는 AI가 더욱 개인화되고, 상호작용적인 학습 경험을 제공할 수 있을 것이다. 하지만, AI가 제공하는 것을 넘어서, 우리는 항상 새로운 지식을 탐구하고, 다양한 사람들과의 대화를 통해 언어 능력을 향상시켜야 한다.

이 책을 통해 여러분들이 AI를 활용한 영어 학습의 가능성을 발견하고, 플라톤적 대화의 힘을 경험할 수 있었기를 바란다. 또한 AI와의 대화를 넘어서, 실제 인간과의 대화에서도 자신감을 가지고 영어를 사용할 수 있기를 희망한다. 영어 학습과 AI의 미래는 밝다고 생각되며, 앞으로 이 두 영역이 어떻게 상호작용하며 발전해 나가는지 함께 기대하며 지켜보자.

10

맞춤형 교육을 위한
에듀테크 AI 도구의 활용

양 진 향

제10장
맞춤형 교육을 위한
에듀테크 AI 도구의 활용

21세기의 교육 환경은 급격한 변화를 겪고 있다. 디지털 혁명과 정보 기술의 발전은 교육 방식과 학습 경험에 새로운 지평을 열었다. 특히 생성형 AI에 기반한 에듀테크 AI는 맞춤형 교육의 핵심 도구로 떠오르고 있다. 에듀테크 AI는 학습자의 요구와 능력에 맞춘 교육 콘텐츠를 자동으로 생성하고, 실시간으로 피드백을 제공하며, 개별 학습 경로를 설계하는 등 다양한 방식으로 교육의 혁신을 이끌고 있다. 이는 전통적인 교육 방식의 한계를 극복하고, 좀 더 개인화된 학습 경험을 제공할 가능성을 열어준다.

에듀테크 AI는 단순히 기술적 도구를 넘어, 교육의 패러다임 자체를 변화시키는 힘을 지니고 있다. 학습자가 자신의 학습 속도와 스타일에 맞춰 학습할 수 있게 함으로써, 보다 효율적이고 효과적인 학습을 가능하게 한다. 또한, 학습 데이터 분석을 통해 학습자의 강점과 약점을 파악하고, 이를 기반으로 맞춤형 학습 콘텐츠를 제공함으로써, 학습자의 성취도를 극대화할 수 있다. 이러한 맞춤형 교육은 학습자의 동기 부여와 참여도를 높이며, 궁극적으로 학습 성과를 향상하는데 기여한다.

이 책은 학생과 직장인의 효과적인 학습을 위해 에듀테크 AI가 교육 현장에서 어떻게 활용될 수 있는지, 그리고 이를 통해 맞춤형 교육이 어떻게 구현될 수 있는지에 대한 구체적인 방법과 사례를 다룬다. 독자들은 이 책을 통해 에듀테크 AI의 원리와 응용 방법을 이해하고, 이를 교육 현장에서 효과적으로 활용할 수 있는 실질적인 지침을 얻게 될 것이다. 또한, 에듀테크 AI를 통한 맞춤형 교육의 미래를 전망하며, 교육자와 학습자 모두에게 새로운 가능성을 제시하고자 한다. 이 책이 교육의 혁신을 추구하는 모든 이들에게 유익한 길잡이가 되기를 바란다.

1. 맞춤형 교육과 에듀테크 AI의 이해

1) 맞춤형 학습의 필요성

현대 사회는 빠르게 변화하고 있으며, 교육의 필요성과 형태 또한 변화하고 있다. 기존의 일률적인 교육 방식은 개개인의 학습 능력과 필요를 충분히 반영하지 못하는 경우가 많았다. 이에 따라 맞춤형 학습이 등장하게 되었으며, 이는 학생뿐만 아니라 직장인에게도 큰 의미를 가진다. 맞춤형 학습은 개인의 학습 속도, 스타일, 관심사 등을 고려하여 최적의 학습 환경을 제공한다.

맞춤형 학습의 필요성은 크게 세 가지로 나눌 수 있다. 첫째, 학습자 개개인의 차이를 존중하는 것이다. 모든 학습자는 각기 다른 배경지식과 학습 속도를 가지고 있다. 이를 무시한 채 일률적인 교육을 제공하면 일부 학습자는 따라가기 어렵고, 일부는 지루함을 느낄 수 있다. 둘째, 학습 효율성을 극대화하는 것이다. 개인의 학습 스타일에 맞춘 교육은 학습자의 집중도를 높이고, 이해와 기억을 더 잘할 수 있게 한다. 마지막으로, 학습자의 흥미와 동기를 유발하는 것이다. 개인의 관심사와 목표에 맞춘 학습 내용은 학습자에게 더욱 큰 동기를 부여하여 학습 효과를 높인다.

직장인을 대상으로 한 맞춤형 학습도 중요하다. 직장인들은 시간과 자원의 제약이 있기 때문에, 그들이 필요로 하는 지식과 기술을 효과적으로 배울 수 있는 맞춤형 학습은 매우 유용하다. 이를 통해 직장인들은 업무와 관련된 새로운 기술을 습득하거나, 직무 역량을 향상시킬 수 있다.

2) 에듀테크 AI의 개념과 원리

에듀테크(EduTech) AI는 교육과 기술의 융합을 의미하며, 특히 인공지능(AI)을 활용한 교육 기술을 지칭한다. 에듀테크 AI는 학습자의 데이터를 분석하여 개인화된 학습 경로를 제공하고, 학습의 질을 높이는 다양한 방법을 제공한다.

에듀테크 AI의 주요 개념은 다음과 같다. 첫째, 데이터 분석이다. 학습자의 학습 패턴, 성과, 피드백 등을 수집하고 분석하여 개인 맞춤형 학습 전략을 수립한다. 예를 들어, 학생이 특정 주제에서 어려움을 겪고 있다면, 해당 주제를 더 깊이 학습할 수 있도록 추가 자료를 제공한다. 둘째, 머신러닝 알고리즘이다. AI는 학습자의 성과 데이터를 바탕으로 학습 패턴을 예측하고, 개인 맞춤형 학습 경로를 제안한다. 셋째, 자연어 처리(NLP) 기술이다. 이는 AI가 학습자와의 상호작용을 통해 질문에 답하거나, 학습 내용을 설명할 수 있게 한다.

에듀테크 AI의 원리는 복잡하지만, 기본적으로는 대량의 데이터를 수집하고 이를 분석하여 개인화된 학습 경험을 제공하는 것이다. 예를 들어, AI는 학습자의 과거 성적, 학습 시간, 학습 빈도 등을 분석하여 어떤 주제를 더 공부해야 하는지, 어떤 방법으로 공부하는 것이 효과적인지를 제안한다.

[예시 프롬프트1]

나는 중학생이며, 수학에서 확률과 통계 부분을 잘 이해하지 못하고 있다. 이 주제를 쉽게 이해할 수 있도록 설명해 줄 수 있는 자료를 추천해 줘.

[적용 결과]

에듀테크 AI는 학습자의 요청에 따라 확률과 통계에 대한 기초 개념을 설명하고, 이해를 돕기 위한 예시 문제와 풀이 과정을 제공할 수 있다. 또한, 학습자가 더 공부하고 싶은 경우 추가적인 자료와 학습 계획을 제안할 수 있다.

[예시 프롬프트2]

나는 직장인이고, 데이터 분석 기술을 배우고 싶다. 입문자를 위한 좋은 온라인 강의나 학습 자료를 추천해 줘.

[적용 결과]

에듀테크 AI는 직장인의 요구에 맞추어 데이터 분석 기초 강의, 관련 도서, 온라인 코스 등을 추천할 수 있다. 또한, 직장인이 필요한 특정 기술이나 툴에 대한 학습 자료를 제공하여 효율적인 학습을 지원한다.

3) 맞춤형 학습과 에듀테크 AI의 융합

맞춤형 학습과 에듀테크 AI의 융합은 교육의 혁신을 이끌고 있다. 이러한 융합은 학습자에게 더욱 개인화된 학습 경험을 제공하며, 학습 효율성을 크게 향상시킨다. 맞춤형 학습과 에듀테크 AI의 융합은 다음과 같은 방식으로 이루어진다.

첫째, 학습자의 개별 학습 경로 설정이다. AI는 학습자의 데이터 분석을 통해 각기 다른 학습 경로를 제시할 수 있다. 예를 들어, 수학을 공부하는 학생이 특정 개념에서 어려움을 겪고 있다면, AI는 해당 개념에 대한 추가 자료와 연습 문제를 제공하여 학생이 충분히 이해할 수 있도록 돕는다. 또한, 학습자의 진도에 따라 학습 계획을 조정하여, 학습자가 더 효과적으로 공부할 수 있게 한다.

둘째, 실시간 피드백 제공이다. 에듀테크 AI는 학습자의 학습 활동을 모니터링하고, 즉각적인 피드백을 제공할 수 있다. 이는 학습자가 실시간으로 자신의 학습 상태를 파악하고, 필요한 조치를 취할 수 있게 한다. 예를 들어, AI 기반의 언어 학습 앱은 사용자가 발음을 잘못했을 때 즉각적으로 수정해주고, 올바른 발음을 반복 연습할 수 있도록 도와준다.

셋째, 학습 동기 부여이다. 맞춤형 학습은 학습자의 흥미와 목표를 반영하여 학습 내용을 구성함으로써 학습자의 동기를 높일 수 있다. 에듀테크 AI는 학습자의 관심사를 분석하고, 이를 바탕으로 학습 콘텐츠를 추천한다. 예를 들어, 과학에 관심이 많은 학생에게는 최신 과학 기술에 대한 기사를 제공하고, 이를 통해 학습자가 더욱 흥미를 느끼도록 한다.

[예시 프롬프트]
고등학교 2학년 학생이 화학 수업에서 산과 염기의 개념을 이해하는 데 어려움을 겪고 있어요. 이 학생에게 적합한 학습 자료와 연습 문제를 제공해주세요.

[적용 예시]
산과 염기는 화학에서 매우 중요한 개념입니다. 산은 물에 녹아 수소 이온

(H+)을 내놓는 물질을 의미하고, 염기는 물에 녹아 수산화 이온(OH-)을 내놓는 물질을 의미합니다. 예를 들어, 염산(HCl)은 물에 녹아 H+ 이온을 방출하여 산성을 나타내고, 수산화나트륨(NaOH)은 물에 녹아 OH- 이온을 방출하여 염기성을 나타냅니다.

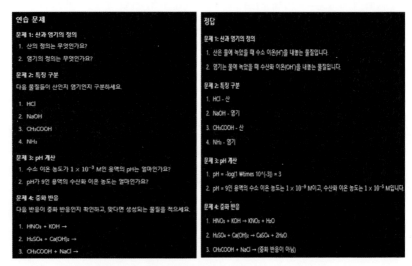

[그림1] 산·염기 개념에 관한 연습문제 요청 결과

결론적으로, 맞춤형 학습과 에듀테크 AI의 융합은 개인화된 학습 경험을 제공하여 학습자의 학습 효과를 극대화한다. 이는 학생뿐만 아니라 직장인에게도 적용 가능하며, 현대 교육의 새로운 패러다임을 제시한다. 에듀테크 AI는 학습자의 개별 필요를 충족시키고, 더욱 효율적이고 흥미로운 학습 환경을 제공한다. 이를 통해 학습자는 자신의 목표를 보다 쉽게 달성할 수 있을 것이다.

2. 맞춤형 학습 자료 생성 도구

1) 텍스트 생성 도구

맞춤형 학습 자료 생성 도구 중 텍스트 생성 도구는 학생과 직장인 모두에게 유용한 도구이다. 이러한 도구는 학습자의 수준과 필요에 맞추어 다양한 형태의 텍스트를 자동으로 생성하여 제공한다. 텍스트 생성 도구는 에세이 작성, 요약, 문제 출제 등 다양한 용도로 활용될 수 있다. 학생들은 과제 작성이나 시험 대비를 위해, 직장인들은 보고서 작성이나 프로젝트 계획 수립을 위해 사용할 수 있다.

텍스트 생성 도구의 주요 기능은 학습자의 요청에 따라 즉각적으로 텍스트를 생성하는 것이다. 예를 들어, 특정 주제에 대한 요약을 요청하면 도구는 해당 주제의 핵심 내용을 간결하게 정리해준다. 또한, 텍스트 생성 도구는 문법과 표현을 자동으로 교정해 주어 학습자가 보다 정확하고 전문적인 문서를 작성할 수 있도록 돕는다.

텍스트 생성 도구는 다양한 학습 상황에 적용될 수 있다. 예를 들어, 학생들이 역사 수업에서 특정 사건에 대한 에세이를 작성해야 할 때, 도구를 통해 신속하게 관련 정보를 수집하고 정리할 수 있다. 직장인들은 새로운 사업 전략을 구상할 때 텍스트 생성 도구를 활용하여 다양한 아이디어를 신속하게 문서화할 수 있다. 이처럼 텍스트 생성 도구는 학습자들이 효율적으로 학습하고 업무를 수행할 수 있도록 돕는다.

[활용사례1]
- 도구: 네이버 클로바 X
  - 한국어 텍스트 생성 및 번역 기능을 제공하고, 챗봇, 음성 인식, 텍스트

요약 등 다양한 응용 프로그램에서 활용이 가능하다.

- 사용방법:
- 네이버 클로바 X 웹사이트에 접속한다: https://clova-x.naver.com/
- 회원 가입 및 로그인한다.
- 프로그래밍, 글쓰기, 외국어 메뉴 중 필요한 기능을 선택한다.
- 원하는 텍스트 생성 작업을 설정하고 실행한다.

[예시 프롬프트]

초등학생에게 엔트로피를 설명하는 대본을 작성해줄래?

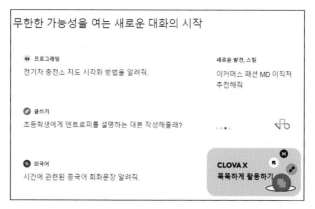

[그림2] 텍스트 생성 도구, 네이버 클로바 X의 활용 창

[활용사례2]

- 도구: 뤼튼
- 한국어 텍스트 생성 및 번역 기능을 제공하고, 챗봇, 음성 인식, 텍스트 요약 등 다양한 응용 프로그램에서 활용이 가능하다.
- 사용방법:
- 뤼튼 웹사이트에 접속한다: https://wrtn.ai/
- 회원 가입 및 로그인한다.

- 제공되는 템플릿을 선택하고, 필요한 정보를 입력하여 콘텐츠 생성을 시작한다.

[예시 프롬프트]

내가 학회원들 앞에서 "20대가 가져야할 경제관념"에 대해서 발표를 해야해. 발표는 5분 정도이고 슬라이드 5장 정도 만드려고 하는데 장표 제목들과 핵심 스크립트들을 작성해줘.

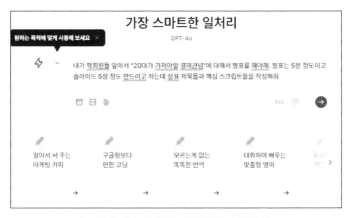

[그림3] 텍스트 생성 도구, 뤼튼의 활용 창

2) 이미지 및 비디오 생성 도구

이미지 및 비디오 생성 도구는 시각적인 학습 자료를 필요로 하는 학생과 직장인에게 매우 유용하다. 이러한 도구는 학습자가 원하는 주제에 맞춘 이미지나 비디오를 자동으로 생성하여 제공한다. 시각적인 자료는 학습 내용을 더욱 생동감 있게 전달할 수 있어 학습자의 이해도를 높이는 데 큰 도움을 준다.

이미지 생성 도구는 다양한 형태의 그래픽, 인포그래픽, 다이어그램 등을 생성할 수 있다. 예를 들어, 학생들은 생물학 수업에서 특정 동물의 생태계를 시각적으로 표현할 수 있고, 직장인들은 프로젝트 발표를 위해 복잡한 데이터의 시각화를 만들 수 있다. 이러한 도구는 사용자가 원하는 디자인과 스타일에 맞추어 이미지를 자동으로 생성해 주어 학습자들의 시각적 이해를 돕는다.

비디오 생성 도구는 학습자에게 더욱 다채로운 학습 경험을 제공한다. 예를 들어, 역사 수업에서 중요한 사건을 비디오로 재현하거나, 직장에서 새로운 기술이나 절차를 설명하는 비디오 튜토리얼을 만들 수 있다. 비디오 생성 도구는 학습자가 텍스트로 설명하기 어려운 내용을 시각적이고 청각적인 자료로 표현할 수 있게 하여 학습 효과를 극대화한다.

[활용사례1]
- 도구: 티브(tivv)
  - 사용자가 텍스트로 묘사한 이미지를 생성(Text2Image하거나), 이미지를 결합해 새로운 이미지를 생성(Image2Image)할 수 있다.
- 사용방법:
  - 티브 웹사이트에 접속한다: https://tivv.ai/landing
  - 회원 가입 및 로그인한다.
  - Text2Image 기능을 사용하려면 텍스트를 입력하고, Image2Image 기능을 사용하려면 이미지를 업로드한다.
  - 생성된 이미지를 다운로드하거나 공유한다.

[예시 프롬프트]
- 네온 불빛이 빛나는 밤의 미래 도시 풍경
- 고양이와 나비를 하나의 이미지로 결합

[그림4] 이미지 생성 도구, 티브(tivv)

[활용사례2]

- 도구: 클링(kling)
- 사용자가 텍스트를 기반으로 비디오 생성(Text2Video), 이미지를 비디오로 변환(Image2Video) 하거나 특정 템플릿을 적용해 비디오 스타일 변경할 수 있다. 이미지의 특정 영역만 움직이게 만드는 기능도 있다.
- 사용방법:
- 클링 웹사이트에 접속한다: https://kling.kuaishou.com/en
- 회원 가입 및 로그인한다.
- Text2Image 기능을 사용하려면 텍스트를 입력하고, Image2Image 기능을 사용하려면 이미지를 업로드한다.
- 비디오 스타일 설정 및 시네마그래프 기능을 통해 원하는 스타일과 효과를 적용한다.
- 생성된 이미지를 다운로드하거나 공유한다.

[예시 프롬프트]

- 정원에서 공을 가지고 노는 고양이
- 일몰의 정지 이미지를 움직이는 동영상으로 변환하기

[그림5] 비디오 생성 도구, 클링(kling)

3) 오디오 생성 도구

오디오 생성 도구는 학습자가 청각적인 자료를 통해 학습할 수 있도록 돕는 도구이다. 이러한 도구는 학습자가 필요로 하는 내용을 오디오 형태로 자동 생성하여 제공한다. 오디오 학습 자료는 특히 이동 중이나 손을 사용할 수 없는 상황에서 유용하게 활용될 수 있다.

오디오 생성 도구는 텍스트를 음성으로 변환하거나, 특정 주제에 대한 강의를 자동으로 생성할 수 있다. 예를 들어, 학생들은 역사 수업에서 중요한 사건에 대한 강의를 오디오로 듣거나, 직장인들은 업무 관련 최신 정보를 오디오로 들을 수 있다. 오디오 자료는 학습자가 반복해서 들으며 내용을 이해하고 기억하는 데 큰 도움이 된다.

이러한 도구는 다양한 학습 상황에 적용될 수 있다. 예를 들어, 언어 학습자는 새로운 단어나 문장을 오디오로 반복해서 들으며 발음과 억양을 익힐 수 있다. 직장인들은 업무 관련 새로운 기술이나 절차를 오디오로 학

습하며 효율적으로 시간을 활용할 수 있다. 오디오 생성 도구는 학습자가
언제 어디서나 학습할 수 있도록 도와준다.

[활용사례1]

- 도구: 믹스오디오(mixaudio)
- 텍스트 프롬프트와 이미지, 음악 등의 입력을 통해 배경음악(BGM)을
  생성하는 멀티모달 AI 음악을 생성한다.
- 사용방법:
- 믹스오디오 웹사이트에 접속한다: https://mix.audio/home
- 회원 가입 및 로그인한다.
- 텍스트 프롬프트나 이미지를 입력한다.
- 원하는 음악 스타일과 분위기를 선택한다.
- 생성된 음악을 다운로드하거나 공유한다.

[예시 프롬프트]

잔잔한 피아노 배경음악을 생성해줘.

[그림6] 오디오 생성 도구, 믹스오디오(mixaudio)

[활용사례2]

- 도구: 네이버 클로바더빙(Clova Dubbing)
- 네이버의 AI 기반 오디오 생성 도구로, 텍스트를 자연스러운 음성으로 변환해 주는 서비스이다. 다양한 목소리 옵션과 언어를 제공하며, 학습 자료를 오디오로 제작할 때 유용하게 활용할 수 있다.
- 사용 방법:
- 네이버 클로바더빙 웹사이트에 접속한다: https://clovadubbing.naver.com/
- 사용자 계정을 생성하고 로그인한다.
- ChatGPT에서 알고 싶은 내용을 텍스트로 가져온다. 예시: 중학교 1학년 과학 교과서의 '태양계의 행성' 부분을 설명해주세요.
- 네이버클로바더빙: 해당 텍스트를 복사하여 붙인 후 오디오를 생성한다.
- 원하는 목소리와 언어를 선택하여 오디오를 생성한다.

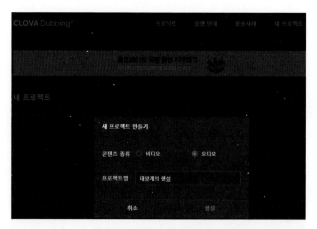

[그림7] 네이버 클로바더빙 오디오 생성

맞춤형 학습 자료 생성 도구는 학생과 직장인 모두에게 큰 도움을 주는 중요한 에듀테크 도구이다. 텍스트 생성 도구, 이미지 및 비디오 생성 도구, 오디오 생성 도구는 각각의 학습 스타일과 필요에 맞춘 다양한 학습 자료를 제공하여 학습자의 이해도와 학습 효율성을 높인다. 대한민국에서도 다양한 에듀테크 도구가 개발되고 있으며, 네이버 클로바 X, 뤼튼, 티브, 클링, 믹스오디오 등의 도구들은 높은 평가를 받고 있다. 이러한 도구들을 적절히 활용함으로써 학습자들은 더 나은 학습 경험을 누릴 수 있을 것이다.

3. 학습 경로와 콘텐츠 개인화 도구

1) 적응형 학습 시스템

적응형 학습 시스템은 학습자의 개별 성취도와 학습 패턴을 분석하여 최적의 학습 경로를 제시하는 시스템이다. 이는 학생과 직장인 모두에게 매우 유용하다. 학생들은 자신에게 맞는 학습 자료와 경로를 통해 학습 효율성을 높일 수 있으며, 직장인들은 직무 관련 기술을 체계적으로 습득할 수 있다.

[활용사례 1]
- 도구: DreamBox
- 사용 방법:
- DreamBox 웹사이트에 접속한다: https://www.dreambox.com/
- 사용자 계정을 생성하고 로그인한다.
- 영어사이트이므로 한국어로 전환하여 사용할 것을 권장한다.
- 학습자의 기본 정보를 입력하고 진단 평가를 실시한다.
- DreamBox가 제공하는 맞춤형 학습 경로를 따라 학습을 진행한다.

[그림8] 드림박스 수학, 리딩 맞춤형 학습

[예시 프롬프트]

고등학교 2학년 학생이 수학 과목에서 함수 개념을 이해하는 데 어려움을 겪고 있어요. 이 학생을 위한 맞춤형 학습 경로를 제시해 주세요.

[활용사례 2]

• 도구: 산타토익
- 주로 영어 학습에 초점을 맞추고 있지만, 적응형 학습의 원리를 잘 구현하고 있어 성인 학습자에게도 적합하며, 실시간 피드백과 맞춤형 학습 경로를 제공한다.
• 사용 방법:
- 산타토익 웹사이트에 접속한다: https://kr.aitutorsanta.com/ailab
- 사용자 계정을 생성하고 로그인한다.
- 학습자의 현재 영어 수준을 평가하는 진단 테스트를 실시한다.
- AI가 제공하는 맞춤형 학습 경로를 따라 학습을 진행한다.
- 학습 진척 상황을 실시간으로 모니터링하고 피드백을 제공받는다.

TOEIC 빈출 단어 10개를 알려주세요. TOEIC 파트 2의 듣기 문제를 연습하고 싶어요.

[그림9] 산타토익 맞춤형 학습

[활용사례 3]

- 도구: 콴다(Quanda)
  - Mathpresso에서 개발한 교육 플랫폼으로, 학생들이 문제를 촬영하여 올리면 AI가 해설을 제공하는 방식으로, 실시간 피드백과 맞춤형 학습 경로 제공을 지원한다.
  - 주요특징: 실시간 문제 해결, 적응형 학습경로 제공, 다양한 과목 지원
- 사용 방법:
  - 콴다 웹사이트에 접속한다: https://qanda.ai/ko
  - 사용자 계정을 생성하고 로그인한다.
  - 학습자가 질문을 올리면 AI가 해답과 해설을 제공한다.
  - 제공된 해설을 통해 학습을 진행하고, 필요한 경우 추가 질문을 통해 학습을 심화한다.

[그림10] 콴다 맞춤형 학습

산타토익과 콴다 플랫폼은 대한민국에서 개발된 적응형 학습 도구들로, 학생들의 학습 효율을 극대화할 수 있는 다양한 기능을 제공한다.

2) 상호작용 학습 플랫폼

상호작용 학습 플랫폼은 실시간 피드백과 맞춤형 학습 경험을 제공하는 데 중점을 둔다. 이러한 플랫폼은 학생들과 직장인들이 보다 몰입감 있게 학습할 수 있는 환경을 제공하며, 상호작용을 통해 학습 효과를 극대화한다.

[활용사례]
- 도구: 퀴즈앤 보드((QuizN board)
- 퀴즈앤 보드는 하나의 작업 공간에 여러 사람이 참여해 의견을 나눌 수 있는 협업 보드이다. 업무 협업이나 모둠 활동에 유용하다.

• 사용 방법:
- 퀴즈앤 웹사이트에 접속한다: https://www.quizn.show/
- 로그인 후 상단 메뉴바의 만들기에서 'Board'를 선택한다.
- 진행자는 다양한 종류의 보드, 즉 담벼락, 그룹, 방탈출, 챌린지, 화이트 보드 등에서 필요한 종류를 선택하여 보드를 생성한다.
- 참여자는 실명이나 닉네임을 설정하고, 링크 주소로 보드에 접속하여 영상, 이미지, 댓글, 오디오 등 다양한 형식으로 작업물을 게시할 수 있다.
- 담벼락의 경우 다양한 형식의 결과를 자유롭게 게시하는 반면, 그룹의 경우 영상, 이미지, 댓글 등 유형별로 그룹화하여 해당 형식의 하단에 게시한다.

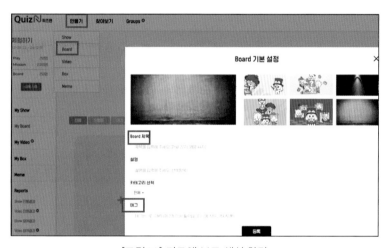

[그림11] 퀴즈앤 보드 생성 화면

[그림12] 퀴즈앤 보드 유형과 그룹형 학습자 간 상호작용

[그림13] 퀴즈앤 보드의 학습자 간 상호작용

학습 경로와 콘텐츠 개인화 도구는 학습자의 개별적 필요와 목표에 맞춘 학습 환경을 제공함으로써 학습 효율성을 극대화할 수 있다. 적응형 학습 시스템, 학습 분석 도구, 상호작용 학습 플랫폼 등 다양한 도구들을 통해 학생과 직장인 모두가 최적의 학습 경험을 누릴 수 있다. 이러한 도구들은 학습자가 자신의 학습 진행 상황을 파악하고, 필요에 맞춰 학습 전략을 조정할 수 있도록 지원함으로써, 전반적인 학습 효과를 높이는 데 큰 도움이 된다.

4. 평가 및 피드백 도구

1) 자동 평가 시스템

자동 평가 시스템은 학생과 직장인의 학습 성과를 신속하고 정확하게 평가하는 도구이다. 이러한 시스템은 주로 시험, 과제, 퀴즈 등 다양한 평가 방법을 자동으로 채점하여 교육자에게 피드백을 제공한다. 이는 교육자가 평가에 소요되는 시간을 줄이고, 더 많은 시간과 자원을 교육 활동에 집중할 수 있도록 돕는다.

[활용사례]
- 도구: 퀴즈앤 쇼(QuizN show)
- 퀴즈앤 쇼는 진행자와 참여자가 쉽게 퀴즈 게임을 만들고 평가하고, 공유할 수 있는 양방향 교육 플랫폼이다. 출제자는 쉽게 퀴즈를 출제할 수 있고, 참여자는 재미있게 게임에 참여하며 답을 맞히는 과정에서 경쟁의 재미와 몰입감을 느낄 수 있다. 퀴즈가 끝나면 자동으로 평가가 완료되어 개별 참여자의 학습수행도를 확인할 수 있다.

• 사용 방법:
- 퀴즈앤 웹사이트에 접속한다: https://www.quizn.show/
- 로그인 후 상단 메뉴바의 만들기에서 'Show'를 선택한다.
- 진행자는 다양한 종류의 퀴즈, 즉 선택형, OX형, 단답형, 순서완성형, 설문 등에서 필요한 종류를 선택하여 퀴즈를 생성한다.
- 진행자는 생성된 퀴즈를 'play'한 후 개인전이나 팀전을 선택하고, 실시간 현장(대면)이나 실시간 원격(비대면) play를 상황에 따라 선택한다.
- 참여자는 실명, 닉네임을 설정하고, quiz.show/p로 접속하여 진행자가 생성한 pin번호나 QR코드를 찍고 입장하여 문제를 푼다.
- 문제를 풀면 바로 정답을 확인할 수 있고, 퀴즈가 끝나면 자동으로 채점이 완료된다.
- 진행자는 개인별 퀴즈결과를 엑셀로 확인하거나 다운로드 할 수 있다.

[그림14] 퀴즈앤 퀴즈 생성 화면

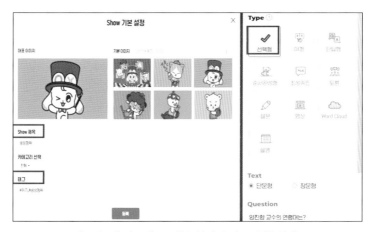

[그림15] 퀴즈앤 쇼 기본 설정과 퀴즈 유형 선택

[그림16] 진행자의 퀴즈쇼 선택(①,②)과 학습자의 퀴즈참여 방법(③)

[그림17] 퀴즈앤 쇼 결과 엑셀 다운로드

퀴즈앤 쇼는 학생의 답안지를 분석하여 각 문제의 정답 여부를 판단하고, 점수를 부여한다. 또한, 틀린 문제에 대한 상세한 피드백을 제공하여 학생이 어떤 부분에서 오류를 범했는지 이해할 수 있도록 돕는다.

2) 실시간 피드백 도구

실시간 피드백 도구는 학습자가 학습을 진행하는 동안 즉각적인 피드백을 제공하여 학습 효과를 극대화하는 도구이다. 이러한 도구들은 학습자의 답변이나 행동을 분석하여 실시간으로 적절한 피드백을 제공함으로써, 학습자가 자신의 학습 과정을 지속적으로 개선할 수 있도록 돕는다.

[활용사례1]
- 도구: 클래스팅(Classting Ai)
- 사용 방법:
- 클래스팅 웹사이트에 접속한다: https://www.classting.ai
- 사용자 계정을 생성하고 로그인한다.
- 교수자는 클래스를 형성하고 학습 자료를 업로드한다.
- 학습자는 학습 자료를 통해 학습하고 교수자는 학습자의 학습 진척 상황을 모니터링한다.
- 교수자는 개별 학생에게 맞춤형 피드백을 제공하여 학습효과를 극대화한다.

[예시 프롬프트]
고등학교 3학년 학생의 수학 시험 답안지를 채점해 주세요.

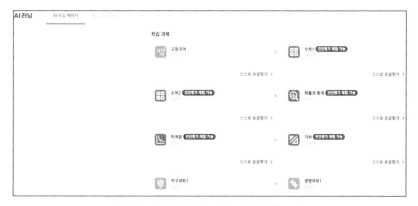

[그림18] 실시간 피드백 도구, 클래스팅

[활용사례2]

- 도구: Mathpresso의 콴다(QANDA)
- 사용 방법:
- 콴다 웹사이트 또는 앱에 접속한다: https://qanda.ai/ko
- 사용자 계정을 생성하고 로그인한다.
- 학습자가 문제를 풀거나 질문을 입력한다.
- 콴다가 실시간으로 답변을 제공하고, 이해를 돕기 위한 추가 설명과 피드백을 제공한다.

[예시 프롬프트]

중학교 2학년 학생이 이차 방정식 문제를 풀고 있어요. 이 학생의 풀이 과정을 실시간으로 평가하고 피드백을 제공해 주세요.

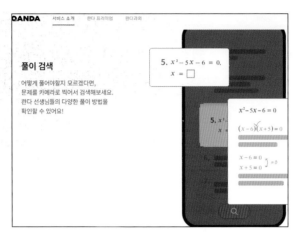

[그림19] 실시간 피드백 도구, 콴다

클래스팅과 콴다는 모두 Ai를 활용하여 맞춤형 학습과 실시간 피드백을 제공하는 플랫폼이다. 클래스팅은 전 학년 교육과정을 지원하는 반면, 콴다는 수학 교과목에 특화되어 있다. 콴다는 학생의 풀이 과정을 분석하여 정확성과 효율성을 평가하고, 실시간으로 피드백을 제공한다. 예를 들어, 학생이 문제를 잘못 이해한 부분이 있다면 이를 바로잡아주고, 보다 효과적인 풀이 방법을 제시한다.

3) 학습 성과 분석 도구

학습 성과 분석 도구는 학습자의 전반적인 학습 성과를 종합적으로 분석하여 강점과 약점을 파악하고, 이를 기반으로 맞춤형 학습 전략을 제시하는 도구이다. 이러한 도구들은 학습자의 장기적인 학습 계획 수립과 성과 향상에 크게 기여한다.

[활용사례]

- 도구: 클래스팅(Classting Ai)
- 사용 방법:
- 클래스팅 웹사이트에 접속한다: https://www.classting.ai
- 사용자 계정을 생성하고 로그인한다.
- 학습자 데이터를 입력하고, 성과 분석을 요청한다.
- 클래스팅이 제공하는 분석 리포트를 통해 학습자의 강점과 약점을 파악하고, 맞춤형 학습 전략을 수립한다.

[그림20] 학습 성과 분석을 위한 평가, 클래스팅

[예시 프롬프트]

고등학교 1학년 학생의 영어 학습 성과를 분석하고, 향후 학습 전략을 제시해 주세요.

Classting은 학습자가 영어 학습을 하였다면 그 데이터를 분석하여, 어휘, 문법, 독해 등 각 영역에서의 성취도를 평가한다. 분석 결과를 바탕으로, 학생의 약점을 보완하기 위한 맞춤형 학습 자료와 전략을 제시한다. 예를 들어, 어휘력이 부족한 학생에게는 어휘 학습 앱 추천 및 주간 학습 계획을 제공한다.

평가 및 피드백 도구는 학생과 직장인 모두에게 학습 효율성을 극대화할 수 있는 다양한 방법을 제공한다. 자동 평가 시스템, 실시간 피드백 도구, 학습 성과 분석 도구를 통해 학습자는 자신의 학습 과정을 지속적으로 개선하고, 교육자는 보다 효과적인 교육을 제공할 수 있다. 이러한 도구들은 교육의 질을 높이고, 학습자의 성취를 극대화하는 데 중요한 역할을 한다.

5. 협업 및 소통 도구

1) AI 기반 협업 플랫폼

AI 기반 협업 플랫폼은 팀 프로젝트와 공동 학습을 지원하는 도구이다. 이러한 플랫폼은 학생과 직장인 모두에게 유용하게 활용될 수 있으며, 원활한 소통과 협업을 통해 학습 및 업무의 효율성을 높일 수 있다. 최신 도구 중 하나인 협업 플랫폼 플로우는 한국에서 개발된 협업 도구로, 다양한 기능을 제공하여 효과적인 팀워크를 지원한다.

[활용사례]
- 도구: 플로우(flow)
- 사용 방법:
- 플로우 웹사이트에 접속한다: https://flow.team/kr/index
- 사용자 계정을 생성하고 로그인한다.

- 새로운 프로젝트를 생성하고 팀원들을 초대한다.
- 각 팀원에게 업무를 할당하고 마감일과 우선순위를 설정한다.
- 필요한 파일을 업로드하고 팀원들과 공유한다.
- 문서 작성, 일정 관리, 실시간 채팅 등을 통해 협업을 진행한다.

[그림21] AI 협업 도구, 플로우

[예시 프롬프트]

고등학교 학생들이 과학 프로젝트를 진행 중입니다. Collabee를 활용하여
프로젝트 계획을 세우고 협업하는 과정을 설명해 주세요.

학생들은 플로우에 프로젝트를 생성하고 팀원들을 초대한다. 각자 역할
을 분담하고, 프로젝트 목표와 일정을 설정한다. 실시간 채팅 기능을 통해
아이디어를 교환하고, 문서 작성 기능을 사용하여 프로젝트 보고서를 공
동 작성한다. 일정 관리 기능을 통해 마감일을 준수하며, 모든 과정은 투
명하게 기록되고 공유된다.

2) 소셜 러닝 도구

소셜 러닝 도구는 학습 커뮤니티와 네트워킹을 통해 학습자들이 서로 지식을 공유하고, 협력하여 학습 목표를 달성할 수 있도록 돕는다. 이러한 도구들은 학습자들이 다양한 배경을 가진 동료들과 상호작용하면서 학습 경험을 풍부하게 한다. 한국에서 개발된 AI 기반 학습 플랫폼 스터디파이 (Studypie)는 소셜 러닝 도구의 좋은 예이다.

[활용사례1]

- 도구: 스터디파이(Studypi)
- 사용 방법:
- 스터디파이 웹사이트에 접속한다: https://studypie.co/
- 사용자 계정을 생성하고 로그인한다.
- 관심 있는 학습 그룹에 가입하거나 새로운 그룹을 생성한다.
- 교수자가 내준 미션을 수행하고 실습한다.
- 커뮤니티에 학습 자료를 공유하고, 토론 및 Q&A를 통해 학습을 진행한다.
- 미션을 완료하고 학습성과를 커뮤니티에 공유한다.

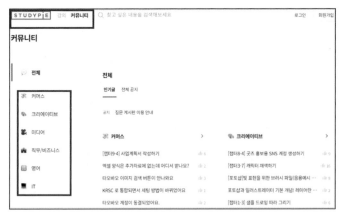

[그림22] 소셜 러닝 도구, 스터디파이

[예시 프롬프트]

직장인들이 새로운 마케팅 전략을 배우기 위해 Studypie를 활용하는 과정을 설명해 주세요.

직장인들은 스터디파이에 로그인하여 마케팅 전략 학습 그룹에 가입한다. 그룹 내에서 최신 마케팅 트렌드와 사례를 공유하고, 토론을 통해 다양한 아이디어를 교환한다. Q&A 섹션을 통해 궁금한 점을 묻고 답변을 받으며, 그룹 프로젝트를 통해 실습할 수 있는 기회를 제공받는다.

[활용사례2]
- 도구: 터치클래스(Touchclass)
- 사용 방법:
- 터치클래스 웹사이트에 접속한다: https://touchclass.com/ko/
- 사용자 계정을 생성하고 로그인한다.
- 자신의 프로필을 설정하고 관심 분야를 선택한다.
- 게시판에 질문을 올리거나, 다른 학습자의 질문에 답변을 달아 상호작용한다.
- 에디터를 사용해 자신만의 학습 콘텐츠를 제작하고 공유한다.
- 관심 있는 동아리에 가입해 활동에 참여한다.

[그림23] 소셜 러닝 도구, 터치클래스

이러한 기능을 통해 스터디파이와 터치클래스는 학습자들이 서로 협력하고 지식을 공유하며, 보다 효과적으로 학습할 수 있는 환경을 제공한다.

3) AI 튜터와 챗봇

AI 튜터와 챗봇은 개인 맞춤형 학습 지원을 제공하는 도구로, 학습자들이 필요할 때 언제든지 도움을 받을 수 있도록 한다. 이러한 도구들은 학습자의 질문에 실시간으로 답변하고, 추가적인 학습 자료를 제공함으로써 학습 효과를 높인다. 한국에서 개발된 네이버 클로바 교육용 AI 튜터는 이러한 기능을 제공하는 대표적인 도구이다.

[활용사례1]

- 도구: 클로버X AI 튜터
  - 개인 맞춤형 학습: 학습자의 수준과 이해도를 분석하여 맞춤형 학습 경험 제공한다.
  - 대화형 학습: 에듀테크 AI 기술을 통해 대화 흐름에 따라 상황에 맞는 답변을 제공하여 학습에 흥미를 유도한다.
- 사용 방법:
  - 클로바X 웹사이트에 접속한다: https://clova-x.naver.com/welcom
  - 회원 가입 및 로그인: 네이버 계정으로 로그인한다.
  - 메뉴에서 '스킬'을 선택하여 AI 튜터' 기능을 활성화한다.
  - 학생의 학습 자료를 입력하고, 학습 목표를 설정한다.
  - 학습 진행 상황을 실시간으로 모니터링하고, 필요한 경우 피드백을 제공한다.

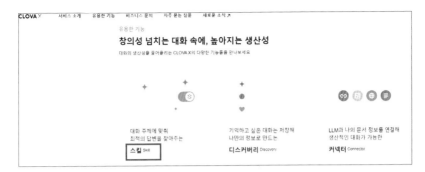

[그림24] 클로바X의 AI 튜터 기능, 스킬

[활용사례2]

- 도구: 클로바노트(Clova Note)
- 음성 기록 및 변환: 회의, 강의, 상담 등의 녹음을 텍스트로 변환한다.
- 자동 요약: 주요 주제와 요약을 자동으로 정리한다.
- 사용 방법:
- 앱 스토어에서 클로바노트를 다운로드하여 설치한다.
- 앱을 열고 녹음을 시작한다.
- 녹음된 내용을 텍스트로 변환하여 노트를 생성한다.
- 생성된 노트를 편집하고, 필요한 경우 파일로 다운로드하거나 공유한다.

[그림25] 클로바노트의 AI 튜터 기능

중학생이 [현재완료 시제 사용법]에 관한 영어 문법에 대해 질문을 했어요.
이 질문에 대한 답변과 추가 학습 자료를 제공해 주세요.

협업 및 소통 도구는 학생과 직장인 모두에게 효과적인 학습과 업무 수행을 지원하는 중요한 역할을 한다. AI 기반 협업 플랫폼, 소셜 러닝 도구, AI 튜터와 챗봇은 학습자들이 원활하게 소통하고 협업할 수 있는 환경을 제공함으로써, 학습 효과를 극대화할 수 있다. 이러한 도구들은 학습자들이 자신의 학습 목표를 효과적으로 달성할 수 있도록 돕고, 협력과 소통을 통해 풍부한 학습 경험을 제공한다.

6. 에듀테크 AI 도구의 활용 전략

1) 도구 선택과 도입 전략

에듀테크 AI 도구를 효과적으로 활용하기 위해서는 적절한 도구를 선택하고 도입하는 전략이 중요하다. 이는 교육 대상과 목표에 따라 달라질 수 있으며, 학생과 직장인 모두에게 맞춤형 교육을 제공하기 위해 필요한 과정을 포함한다.

[도구 선택 기준]
- 교육 목표와의 적합성: 도구가 제공하는 기능이 교육 목표를 달성하는 데 얼마나 유용한지를 평가해야 한다.
- 사용자 평가지수: 다른 사용자들의 평가와 피드백을 통해 도구의 신뢰성과 효용성을 확인한다.

- 기술 지원 및 업데이트: 지속적인 기술 지원과 업데이트가 이루어지는 도구를 선택해야 한다.

[도입 과정]
- 파일럿 테스트: 소규모 파일럿 테스트를 통해 도구의 실효성을 검증한다.
- 교육자 훈련: 교육자들이 도구를 효과적으로 활용할 수 있도록 충분한 훈련을 제공한다.
- 학생 및 직장인 참여: 학습자들이 도구 사용에 익숙해지도록 초기 단계에서 충분한 안내와 지원을 제공한다.

[활용사례]
- 도구: 엘리스(Elice)
- 사용 방법:
- 엘리스 웹사이트에 접속한다: https://elice.io/ko
- 사용자 계정을 생성하고 로그인한다.
- 교육 목표와 학습자의 수준에 맞는 학습 자료를 선택한다.
- 학습 활동을 진행하고, 실시간 피드백을 제공받는다.

[그림26] AI 기반 교육 플랫폼, 엘리스

[예시 프롬프트]

고등학생들이 Python 프로그래밍을 학습 중입니다. Elice를 활용하여 학습 계획을 수립하고, 학습 진행 상황을 모니터링하는 방법을 설명해 주세요.

Elice에 로그인하여 Python 프로그래밍 코스를 선택한다. 주간 학습 목표를 설정하고, 각 주차별로 학습 자료와 과제를 완료한다. 학습 진행 상황은 Elice의 대시보드를 통해 실시간으로 모니터링하고, 필요할 경우 추가 학습 자료를 제공받는다.

2) 교수자와 교육기관의 역할

에듀테크 AI 도구의 성공적인 도입과 활용을 위해 교수자와 교육기관의 역할이 중요하다. 이들은 학습자들이 도구를 효과적으로 사용할 수 있도록 지도하고 지원해야 한다.

[교수자의 역할]
- 도구 활용 능력 향상: 교수자는 도구의 기능과 활용법을 충분히 숙지하여 학습자에게 적절히 안내해야 한다.
- 맞춤형 피드백 제공: 도구가 제공하는 데이터를 활용하여 학습자에게 개별화된 피드백을 제공한다.
- 학습 동기 부여: 학습자들이 도구를 통해 얻을 수 있는 이점을 이해하고, 적극적으로 참여할 수 있도록 동기를 부여한다.

[교육기관의 역할]
- 인프라 제공: 도구 사용을 위한 기술적 인프라를 구축하고 유지한다.
- 교수자 지원 프로그램 운영: 교수자들이 도구를 효과적으로 활용할 수 있도록 지속적인 연수와 지원 프로그램을 운영한다.

- 성과 평가 및 개선: 도구의 활용 결과를 평가하고, 필요에 따라 개선 방안을 마련한다.

[활용사례]
- 도구: 클래스팅(Classting)
- 사용 방법:
- 클래스팅 웹사이트에 접속한다: https://ai.classting.com/home
- 사용자 계정을 생성하고 로그인한다.
- 클래스나 학습 그룹을 생성하고, 학습 자료를 업로드한다.
- 학습 활동을 진행하며, 학생들에게 맞춤형 피드백을 제공한다.

[예시 프롬프트]
중학교 교사가 Classting을 활용하여 학생들의 온라인 학습을 관리하고 피드백을 제공하는 방법을 설명해주세요.

Classting에 로그인하여 클래스를 생성한다. 수업 자료와 과제를 업로드하고, 학생들이 이를 통해 학습을 진행하도록 안내한다. 학생들의 학습 진행 상황을 모니터링하고, 개별적인 피드백을 제공하여 학습을 지원한다.

3) 윤리적 고려사항과 AI 활용의 한계
에듀테크 AI 도구의 활용에는 윤리적 고려사항과 한계가 존재한다. 이러한 점들을 인지하고, 적절히 대응하는 것이 중요하다.

[윤리적 고려사항]
- 개인 정보 보호: 학습자의 개인 정보를 안전하게 보호하고, 데이터 사용에 대한 명확한 동의를 받아야 한다.

- 공정성 보장: AI 도구가 학습자 간의 차별 없이 공정하게 작동하도록 관리한다.
- 책임성 확보: AI 도구의 사용으로 인한 결과에 대해 명확한 책임 구조를 마련한다.

[AI 활용의 한계]

- 기술적 한계: AI 도구는 모든 학습 상황을 완벽하게 이해하고 대처할 수 없다. 예를 들어, 복잡한 인간 감정이나 사회적 맥락을 완전히 파악하지 못할 수 있다.
- 교육자 역할의 대체 불가: AI 도구는 교육자의 역할을 보완할 수는 있지만, 대체할 수는 없다. 인간 교수자의 판단과 감성적 지원이 여전히 필요하다.
- 과도한 의존성: 학습자들이 AI 도구에 과도하게 의존하지 않도록 주의해야 한다. 자율적인 학습 능력과 비판적 사고를 함께 길러야 한다.

[활용사례]

- 도구: 클래스팅(Classting)
- 사용 방법:
- 클래스팅 웹사이트에 접속한다: https://ai.classting.com/home
- 사용자 계정을 생성하고 로그인한다.
- 학습자의 개인 정보를 안전하게 관리하며, 학습 목표와 수준에 맞춘 학습 활동을 진행한다.
- AI 도구가 제공하는 학습 데이터를 기반으로 맞춤형 피드백을 제공하되, 필요시 교수자의 판단과 지원을 병행한다.

[예시 프롬프트]

고등학교 학생이 클래스팅을 사용하여 수학을 학습하고 있어요. 이 과정에서 윤리적 고려사항과 AI 활용의 한계를 설명해 주세요.

클래스팅에 로그인하여 학습을 진행하면서 학생의 개인 정보를 철저히 보호한다. AI가 제공하는 맞춤형 피드백을 통해 학습을 지원하되, 교수자의 추가적인 피드백과 지도가 필요할 수 있다. 또한, 학생이 AI 도구에 과도하게 의존하지 않도록 자율 학습을 장려하고, 비판적 사고를 기를 수 있도록 지원한다.

에듀테크 AI 도구의 효과적인 활용 전략은 도구 선택과 도입, 교수자와 교육기관의 역할, 윤리적 고려사항과 AI 활용의 한계를 포함한다. 이러한 전략을 통해 학생과 직장인 모두가 AI 도구를 통해 학습 효율성을 극대화할 수 있다. 엘리스, 클래스팅과 같은 최신 도구들을 적절히 활용하여 교육 목표를 달성하고, 보다 효과적인 학습 환경을 조성할 수 있다. 윤리적 고려사항과 기술적 한계를 인지하고 적절히 대응함으로써, AI 도구의 활용이 더욱 안전하고 효과적으로 이루어질 수 있다.

Epilogue

21세기의 교육은 기술의 발전과 함께 빠르게 변화하고 있다. 특히 에듀테크 AI 도구의 등장으로 맞춤형 교육이 가능해지면서, 교육의 패러다임은 획기적으로 바뀌고 있다. 이 책에서 다룬 다양한 AI 도구들은 학습자 개개인의 필요와 수준에 맞춘 교육을 제공함으로써, 학습 효율성과 성과를 극대화하고 있다. 학생과 직장인 모두가 이러한 도구들을 통해 자신의 학습 목표를 보다 효과적으로 달성할 수 있게 되었다.

그러나 AI 도구의 활용에는 윤리적 고려사항과 기술적 한계가 존재한다. 개인 정보 보호, 공정성 보장, 그리고 AI 도구에 대한 과도한 의존성 방지 등 다양한 측면에서 주의가 필요하다. 교사와 교육기관은 이러한 문제들을 인식하고, AI 도구를 보완적으로 활용하며 학습자에게 적절한 지원을 제공해야 한다. 인간 교사의 역할은 여전히 중요하며, AI 도구와의 균형 잡힌 활용이 필요하다.

앞으로의 교육은 AI와 인간 교사의 협력으로 더욱 발전할 것이다. AI 도구가 제공하는 데이터와 맞춤형 학습 경로를 통해 학습자들은 보다 효과적으로 학습할 수 있으며, 교사들은 이를 기반으로 더욱 깊이 있는 교육을 제공할 수 있다. 이 책이 제시한 다양한 사례와 전략들을 통해 독자들이 AI 도구를 활용한 맞춤형 교육의 가능성을 확인하고, 이를 자신의 교육 환경에서 효과적으로 적용할 수 있기를 바란다. 에듀테크 AI 도구는 교육의 미래를 밝히는 중요한 열쇠이며, 이를 통해 모든 학습자가 자신의 잠재력을 최대한 발휘할 수 있기를 기대한다.

[가치토론]
'AI 시대, 생존전략'

장 지 현

Prologue

여러분은 AI와 대화를 나눠본 적이 있으신가요? 아마 많은 분이 '네'라고 대답하실 것 같다. 하지만 AI와 함께 책을 쓴다면 어떨까? 바로 이 책이 그런 시도다.

이 책은 단순한 AI 시대 생존 전략서가 아니다. 이는 AI와 인간의 협업으로 탄생한 하나의 실험이자, 새로운 가능성을 모색하는 여정이다. 우리는 생성형 AI를 활용하여 질문을 만들고, 가상의 전문가들을 초대하고, 그들과의 대화를 끌어냈다.

앤드류 응(Andrew Ng), 일론 머스크(Elon Musk), 유발 하라리(Yuval Noah Harari), 김대식 교수. 이들은 실제로 한자리에 모이기 힘든 분들이다. 하지만 AI의 도움으로 우리는 이들의 지식과 통찰을 한데 모아 새로운 대화를 이끌었다.

AI는 단순히 정보를 처리하는 도구가 아니라, 우리의 상상력을 자극하고 새로운 질문을 던지게 하는 창의적인 파트너가 될 수 있다는 것이다.

이 책을 통해 여러분은 AI 시대의 생존전략을 배우는 것뿐만 아니라, AI와 함께 사고하고 창조하는 과정을 경험하게 될 것이다. 우리가 던진 질문들, AI가 제시한 답변들, 그리고 그 사이에서 우리가 발견한 통찰들. 이 모든 것이 여러분의 미래를 위한 영감이 되기를 바란다.

자, 이제 AI와 함께 떠나는 지적 모험을 시작해보자!
이 여정이 끝날 즈음, 여러분은 AI를 두려워할 대상이 아닌, 함께 미래를 만들어갈 동반자로 바라보게 될지도 모른다.
AI 시대, 우리의 생존전략은 바로 여기서 시작된다.

이 책에 담긴 토론회는 ChatGPT와 Claude, 두 가지 AI 모델을 활용하여 진행되었다. 먼저, ChatGPT를 사용하여 토론 주제와 질문의 초안을 구성했다.

참가자 선정 과정에서도 AI의 도움을 받았다. 각 분야의 전문가들을 추천받고, 그들의 배경과 전문성을 AI를 통해 분석했다. 이를 통해 다양한 관점을 제공할 수 있는 가상의 패널을 구성했다.

토론 진행 과정에서는 Claude를 주로 활용했다. Claude에서 각 참가자의 특성과 배경을 입력하여 그들의 관점에서 질문에 답변하도록 요청했다. 이 과정에서 때로는 추가 질문을 던지거나, 답변의 톤과 스타일을 조정하기도 했다.

전체 토론 내용은 AI가 생성한 답변을 기반으로 하되, 인간인 나의 편집과 재구성 과정을 거쳤다. 이를 통해 AI의 창의성과 인간의 통찰력이 조화를 이루는 새로운 형태의 지적 담론을 만들어낸 것이다.

이러한 과정은 AI와 인간의 협업이 어떤 새로운 가능성을 열 수 있는지 보여주는 하나의 실험이다. 앞으로 이런 방식의 'AI-인간 협업 저술'이 새로운 지식 창출의 방법으로 자리를 잡을 수 있을 것이라 기대한다.

1. 토론회 준비(소주제/질문작성)

Q: '[가치토론] AI시대 생존전략'이란 주제로 토론회를 개최하려 해 이 주제에 맞는 소주제 5개와 질문 10개 작성해줘.

A: '[가치토론] AI시대 생존전략' 주제에 맞는 토론회를 위해 적합한 소주제 5개와 소주제별로 질문 2개씩 총 10개의 질문을 준비해보겠습니다.

소주제 1: AI와 직업 시장의 변화
질문 1: AI 기술이 직업 시장에 미치는 가장 큰 영향은 무엇인가요?
질문 2: AI로 인해 사라질 직업과 새롭게 생겨날 직업에는 어떤 것들이 있나요?

소주제 2: AI 시대의 스킬 업그레이드
질문 1: AI 시대에 직업 시장에서 경쟁력을 유지하기 위해 필요한 주요 스킬은 무엇인가요?
질문 2: 직장인들이 AI 시대에 적응하기 위해 어떤 종류의 교육과 훈련이 필요할까요?

소주제 3: AI와 윤리적 고려사항

질문 1: AI의 발전으로 인해 발생할 수 있는 주요 윤리적 문제는 무엇인가요?

질문 2: AI 기술을 개발하고 사용하는 과정에서 윤리적 기준을 어떻게 설정하고 유지할 수 있을까요?

소주제 4: AI와 경제적 불평등

질문 1: AI의 도입이 경제적 불평등을 심화시킬 가능성이 있나요? 있다면 그 이유는 무엇인가요?

질문 2: AI로 인해 발생할 수 있는 경제적 불평등을 완화하기 위한 정책이나 전략은 무엇이 있을까요?

소주제 5: AI와 인간의 협력

질문 1: AI와 인간이 협력하여 더 나은 결과를 창출할 수 있는 방법에는 어떤 것들이 있나요?

질문 2: AI와 인간의 협력이 필요한 분야와 그 이유는 무엇인가요?

Q: 소주제가 맘에 들지 않아 'AI 시대의 직무 전환과 재교육', 'AI와 창의적 문제 해결 능력'을 추가해 질문 2개씩 제시해줘.

A: 소주제 'AI 시대의 직무 전환과 재교육'과 'AI와 창의적 문제 해결 능력'을 추가하고, 각 소주제에 대해 질문을 두 개씩 제시해 드리겠습니다.

소주제: AI 시대의 직무 전환과 재교육

질문 1: AI 기술이 발전함에 따라 직무 전환을 성공적으로 이루기 위해 직장인들이 반드시 습득해야 할 기술과 역량은 무엇인가요?

질문 2: AI 시대에 필요한 재교육 프로그램을 설계할 때, 어떤 요소들을 고려해야 하나요?

소주제: AI와 창의적 문제 해결 능력

질문 1: AI를 활용하여 직장인들이 창의적 문제 해결 능력을 향상시킬 수 있는 효과적인 방법은 무엇인가요?

질문 2: AI가 직장 내에서 창의적 사고와 혁신을 촉진하는 데 어떻게 기여할 수 있을까요?

2. 참가자 정하기(앤드류 응/일론 머스크/유발 하라리/ 김대식)

Q: 가치토론 'AI시대 생존전략' 토론 주제가 바뀌었으니 주제에 맞는 참가자를 새로 선정해야겠지?

A: 'AI시대 생존전략' 토론회를 위해 적합한 참가자를 선정하는 것은 중요한 단계입니다. 참가자들은 다양한 분야에서 AI와 관련된 전문 지식과 경험을 갖춘 사람들로 구성되어야 합니다. 다음은 토론회 주제에 맞는 잠재적인 참가자 목록입니다.

1. AI 연구자 및 개발자
- 앤드류 응 (Andrew Ng): 스탠포드 대학 교수이자, 구글 브레인 공동 창립자. 딥러닝 및 AI 교육에 많은 기여를 함.
- 얀 르쿤 (Yann LeCun): 페이스북의 AI 연구 책임자이자 뉴욕대 교수. 머신러닝과 딥러닝 분야의 선구자.

2. 산업 전문가
- 일론 머스크 (Elon Musk): 테슬라와 스페이스X의 CEO. AI와 관련된 다양한 기술 및 윤리적 문제에 대해 활발히 논의.
- 사티아 나델라 (Satya Nadella): 마이크로소프트의 CEO. AI 기술을 활용한 비즈니스 혁신에 주력.

3. 교육 및 재교육 전문가
- 댄 부치너 (Dan Buchner): IDEO의 디자인 혁신 디렉터. 디자인 사고 방법론을 통해 창의적 문제 해결에 기여.
- 셀레스트 프루이트 (Celeste Pruit): 교육 테크놀로지 전문가. AI를 활용한 교육 혁신과 재교육 프로그램 설계의 전문성.

4. 윤리 및 법률 전문가
- 케이트 크로포드 (Kate Crawford): AI Now 연구소 공동 창립자. AI와 관련된 윤리적, 사회적 영향 연구.
- 라이언 칼로 (Ryan Calo): 워싱턴 대학 법학 교수. AI와 법률, 프라이버시 문제에 대한 전문가.

5. 창의적 문제 해결 전문가
- 팀 브라운 (Tim Brown): IDEO의 CEO. 디자인 사고와 창의적 문제 해결을 통해 혁신을 촉진.
- 레오나르도 보니니 (Leonardo Bonini): 혁신 컨설턴트. AI 기술을 통한 창의적 해결 방안 모색.

이와 같은 참가자들은 AI 시대에 직면한 다양한 문제를 다각도로 논의하고, 생존 전략을 제시하는 데 큰 도움이 될 것입니다. 토론회의 주제와 관련된 참가자 선정이 중요한 만큼, 각 분야에서 경험과 전문성을 가진 인물들을 초청하여 깊이 있는 논의가 이루어질 수 있도록 해야 합니다.

Q: 유발 하라리는 어때?

A: 유발 하라리(Yuval Noah Harari)는 'AI 시대 생존전략' 토론회에 매우 적합한 참가자입니다. 하라리는 역사학자이자 베스트셀러 작가로, 인간의 역사와 미래, 그리고 기술 발전이 인류에게 미치는 영향을 깊이 있게 탐구해 왔습니다. 그의 관점은 AI와 같은 첨단 기술이 사회, 경제, 정치, 그리고

인간의 삶에 어떻게 영향을 미치는지를 다루는 데 매우 유용할 것입니다.

• 유발 하라리의 기여 가능성

- 역사적 관점: 하라리는 인류의 역사를 통해 기술 발전이 어떻게 사회 변화를 이끌었는지를 설명할 수 있습니다. 이는 AI가 현대 사회와 미래에 미칠 영향을 이해하는 데 중요한 맥락을 제공합니다.

- 미래 전망: 그의 저서 '호모 데우스'에서는 인간의 미래와 기술 발전이 인류에게 미칠 잠재적 결과를 탐구합니다. 이러한 통찰은 AI 시대에서 직장인들이 어떻게 적응하고 생존 전략을 마련할 수 있는지에 대한 논의에 큰 도움이 될 것입니다.

- 윤리적 문제: 하라리는 기술 발전과 관련된 윤리적 문제에 대해 깊이 있게 논의해 왔습니다. 이는 AI 도입에 따른 윤리적 고려사항을 논의할 때 중요한 기여를 할 수 있습니다.

- 교육과 재교육: 그는 미래 교육의 방향성과 인간의 능력을 어떻게 발전시킬 수 있을지에 대한 견해도 제시할 수 있습니다. 이는 AI 시대에 필요한 재교육 프로그램 설계에 중요한 통찰을 제공할 것입니다.

추가 참가자 목록

하라리 외에도 다음과 같은 전문가들을 포함할 수 있습니다:

• 앤드류 응 (Andrew Ng): AI 교육 및 개발 전문가.

• 얀 르쿤 (Yann LeCun): 머신러닝 및 딥러닝 전문가.

• 일론 머스크 (Elon Musk): AI와 관련된 다양한 기술 및 윤리적 문제 논의.

• 사티아 나델라 (Satya Nadella): AI 기술을 활용한 비즈니스 혁신 주도.

• 케이트 크로포드 (Kate Crawford): AI와 윤리적, 사회적 영향 연구.

• 팀 브라운 (Tim Brown): 디자인 사고와 창의적 문제 해결을 통한 혁신 촉진.

이와 같은 참가자들은 AI 시대에서 직면하는 다양한 문제를 다각도로 논의하고, 실질적인 생존 전략을 제시하는 데 큰 도움이 될 것입니다.

Q: 대한민국 인물중에 1명 추천해줘.

A: 네, 대한민국 인물 중에서 AI 시대 생존전략이라는 주제에 적합한 분을 추천해 드리겠습니다.

김대식 교수를 추천합니다. 김대식 교수는 현재 KAIST 전기 및 전자공학부 교수이며, 뇌과학과 인공지능 분야의 전문가입니다. 그의 프로필을 간단히 소개해 드리겠습니다.

- 학문적 배경: 서울대학교 물리학과를 졸업하고, 독일 막스플랑크 연구소 에서 뇌과학 박사 학위를 받았습니다.
- 전문 분야: 뇌과학, 인공지능, 인지과학을 융합한 연구를 진행하고 있습니다.
- 저서: '김대식의 인간 VS 기계' 등 AI와 인간의 관계, 그리고 미래 사회에 대한 통찰을 담은 여러 책을 출간했습니다.
- 대중과의 소통: TV 프로그램 출연 및 칼럼 기고 등을 통해 AI와 과학기술 에 대한 지식을 대중에게 쉽게 전달하고 있습니다.

김대식 교수는 AI 기술에 대한 깊은 이해와 함께, 이것이 인간 사회에 미칠 영향에 대해 철학적, 윤리적 관점에서 고찰하는 능력을 갖추고 있습니다. 그의 참여는 AI 시대 생존전략이라는 주제에 대해 기술적, 인문학적 측면을 아우르는 균형 잡힌 토론을 이끌어낼 수 있을 것입니다.
이분을 토론 참가자로 고려해 보시는 것은 어떨까요?

Q: 좋아 토론에 참여할 참가자는 앤드류 응 (Andrew Ng), 일론 머스크 (Elon Musk), 유발 하라리(Yuval Noah Harari), 김대식 교수님으로 정했어.

A: 네, 훌륭한 선택입니다. 이 네 분의 참가자들은 AI 시대의 생존전략에 대해 다양하고 깊이 있는 통찰을 제공할 수 있을 것입니다. 각 참가자의 배경과 전문성을 간단히 정리해보겠습니다.

• 앤드류 응 (Andrew Ng)
- AI 전문가, 스탠포드 대학교 교수, Coursera 공동 창립자
- AI 교육과 실용적인 AI 응용에 대한 전문성을 바탕으로 AI 시대의 스킬 업그레이드와 직무 전환에 대한 통찰을 제공할 수 있습니다.

• 일론 머스크 (Elon Musk)
- 테슬라, SpaceX, Neuralink의 CEO
- AI의 미래와 그 영향에 대한 강한 견해를 가지고 있으며, AI와 직업 시장의 변화, 경제적 불평등 등의 주제에 대해 혁신적인 관점을 제시할 수 있습니다.

• 유발 하라리 (Yuval Noah Harari)
- 역사학자, 작가, '사피엔스', '호모 데우스'의 저자
- AI가 인류의 미래에 미칠 영향에 대한 광범위한 시각을 제공할 수 있으며, 특히 AI와 경제적 불평등, 창의적 문제 해결 능력 등의 주제에 대해 깊이 있는 통찰을 줄 수 있습니다.

• 김대식 교수
- KAIST 전기 및 전자공학부 교수, 뇌과학과 AI 전문가
- AI 기술과 인간의 인지 능력의 관계, AI 시대의 교육과 학습 방식 변화 등에 대해 과학적이고 철학적인 관점을 제시할 수 있습니다.

이 네 분의 참가자들은 각자의 전문 분야와 경험을 바탕으로 AI 시대의 생존전략에 대해 다각도의 시각을 제공할 수 있을 것입니다. 토론을 통해 AI의 기술적 측면, 사회경제적 영향, 철학적 함의 등 다양한 측면을 균형 있게 다룰 수 있을 것으로 기대됩니다.

Q: 토론회 형식은 Chatgpt와 Claude를 활용한 질의응답으로 청중 없는 비공개 세션으로 진행할 거야. 참가자는 앤드류 응(Andrew Ng), 일론 머스크(Elon Musk), 유발 하라리(Yuval Noah Harari), 김대식 교수이고 토론 진행자는 내가 맡을게 '운아'로 지칭해 줘.

A: 네, 운아님. 토론회 형식을 이해했습니다. 정리하자면:
- 형식: ChatGPT와 Claude를 활용한 질의응답
- 세션: 청중 없는 비공개 세션
- 참가자: 앤드류 응 (Andrew Ng), 일론 머스크 (Elon Musk), 유발 하라리(Yuval Noah Harari), 김대식 교수
- 진행자: 운아님

이러한 형식은 AI 기술을 직접 활용하면서 AI 시대의 생존전략에 대해 논의한다는 점에서 매우 흥미롭고 적절해 보입니다. 각 참가자의 전문성과 관점이 AI 모델을 통해 재현되어 심도 있는 토론이 이루어질 수 있을 것 같습니다. 운아님께서 진행자로서 토론을 이끌어가시면서, 필요에 따라 CHAT GPT(4o)와 Claude(3.5 Sonnet)에 특정 참가자의 관점에서 답변을 요청하실 수 있을 것입니다. 이를 통해 각 주제에 대해 다양한 시각과 의견을 얻으실 수 있을 것입니다.
토론을 시작하기 전에 특별히 준비하고 싶으신 부분이 있으신가요? 예를 들어, 각 참가자의 배경지식을 AI 모델에 추가로 입력하거나, 특정 주제에 대한 참가자들의 기존 견해를 정리하는 등의 준비가 필요할 수 있습니다.

Q: 토론회 진행을 위한 기획서가 필요할 것 같아. 미리 작성해 놓은 소주제 5개와 질문들을 바탕으로 작성해줘.

A: 네, 운아님. 토론회 진행을 위한 기획서를 작성해 드리겠습니다. 앞서 확정된 소주제와 질문들을 바탕으로 구성하겠습니다.

3. 기획서 작성

- 토론회 기획서: 'AI 시대 생존전략'

- 목적 및 개요
- 목적: AI 시대에 필요한 생존전략을 다각도로 탐구하고 논의한다.
- 형식: ChatGPT와 Claude를 활용한 질의응답 방식의 비공개 세션
- 참가자: 앤드류 응, 일론 머스크, 유발 하라리, 김대식 교수
- 진행자: 운아

- 주요 소주제 및 질문
- 소주제 1: AI와 직업 시장의 변화
  AI 기술이 직업 시장에 미치는 가장 큰 영향은 무엇인가요?
  AI로 인해 사라질 직업과 새롭게 생겨날 직업에는 어떤 것들이 있나요?

- 소주제 2: AI 시대의 스킬 업그레이드
  AI 시대에 직업 시장에서 경쟁력을 유지하기 위해 필요한 주요 스킬은
  무엇인가요?
  직장인들이 AI 시대에 적응하기 위해 어떤 종류의 교육과 훈련이 필요할
  까요?

- 소주제 3: AI와 경제적 불평등
  AI의 도입이 경제적 불평등을 심화시킬 가능성이 있나요? 있다면 그 이
  유는 무엇인가요?
  AI로 인해 발생할 수 있는 경제적 불평등을 완화하기 위한 정책이나 전
  략은 무엇이 있을까요?

- 소주제 4: AI 시대의 직무 전환과 재교육

AI 기술이 발전함에 따라 직무 전환을 성공적으로 이루기 위해 직장인들이 반드시 습득해야 할 기술과 역량은 무엇인가요?

AI 시대에 필요한 재교육 프로그램을 설계할 때, 어떤 요소들을 고려해야 하나요?

- 소주제 5: AI와 창의적 문제 해결 능력

AI를 활용하여 직장인들이 창의적 문제 해결 능력을 향상할 수 있는 효과적인 방법은 무엇인가요?

AI가 직장 내에서 창의적 사고와 혁신을 촉진하는 데 어떻게 기여할 수 있을까요?

- 진행 순서
- 개회사 및 참가자 소개 (운아)
- 각 소주제별 토론 (약 20-30분씩)
- 참가자들의 최종 의견 및 제언
- 토론 정리 및 폐회
- 기대 효과
- AI 시대의 생존전략에 대한 다각도의 전문가 의견 수렴
- 기술, 경제, 사회, 교육 등 다양한 측면에서 AI의 영향 탐구
- 실질적인 대응 전략 및 정책 방향 도출

- 기술적 준비사항
- ChatGPT와 Claude 활용을 위한 프롬프트 준비
- 각 참가자의 관점을 AI 모델에 효과적으로 전달하는 방법 구상

토론 내용 기록 및 정리를 위한 도구 준비

이 기획서를 바탕으로 토론회를 체계적으로 준비하고 진행할 수 있을 것입니다. 기획서의 내용 중 수정이나 보완이 필요한 부분이 있다면 말씀해 주세요.

4. 진행 순서 정하기

Q: 기획서는 참고용으로 활용할게. 소주제에 관한 질문을 4명의 참가자가 모두 답변하게 되면 분량이 길어질 텐데 어떻게 진행하면 좋을까?

A: 네, 운아님. 토론의 분량 관리는 중요한 고려사항입니다. 효율적인 진행을 위해 다음과 같은 방법을 제안합니다.

1. 질문 할당제: 각 소주제마다 2개의 질문이 있으므로, 각 질문에 2명의 참가자만 답변하도록 할당합니다. 예를 들어, 첫 번째 질문에는 앤드류 응과 김대식 교수가, 두 번째 질문에는 일론 머스크와 유발 하라리가 답변하는 식입니다.

2. 시간제한: 각 참가자의 답변 시간을 2~3분으로 제한합니다. 이를 통해 핵심적인 내용만을 간결하게 전달할 수 있습니다.

3. 순차적 심화: 첫 라운드에서는 모든 참가자가 각 소주제에 대해 1분 내외로 간단히 의견을 제시합니다. 두 번째 라운드에서는 특정 질문에 대해 2~3명의 참가자가 더 깊이 있는 토론을 진행합니다.

4. 주제별 핵심 토론자 선정: 소주제마다 가장 전문성이 있는 2명의 참가자를 선정하여 주로 그들이 답변하도록 합니다. 나머지 참가자들은 보충 의견이나 반론을 제시하는 역할을 합니다.

5. 요약 및 하이라이트: 각 소주제 논의가 끝날 때마다 운아님께서 핵심 내용을 요약합니다. 전체 토론이 끝난 후, 각 참가자에게 1~2분 동안 가장 중요하다고 생각하는 포인트를 강조하는 시간을 줍니다.

이러한 방법들을 조합하여 사용하면 토론의 깊이를 유지하면서도 전체 분량을 적절히 조절할 수 있을 것입니다. 운아님께서는 상황에 따라 유연하게 이 방법들을 적용하실 수 있습니다. 어떤 방식이 가장 적합해 보이시나요?

Q: 1번과 4번을 적용해서 참가자를 미리 선정하고 답변 순서 계획을 작성해줘.

A: 네, 운아님. 1번 질문 할당제와 4번 주제별 핵심 토론자 선정 방식을 적용하여 참가자 선정과 답변 순서 계획을 작성해 드리겠습니다.

소주제 1: AI와 직업 시장의 변화
핵심 토론자: 앤드류 응, 일론 머스크
질문 1: 앤드류 응, 김대식 교수
질문 2: 일론 머스크, 유발 하라리
소주제 2: AI 시대의 스킬 업그레이드
핵심 토론자: 앤드류 응, 김대식 교수
질문 1: 앤드류 응, 일론 머스크
질문 2: 김대식 교수, 유발 하라리
소주제 3: AI와 경제적 불평등
핵심 토론자: 일론 머스크, 유발 하라리
질문 1: 일론 머스크, 김대식 교수
질문 2: 유발 하라리, 앤드류 응
소주제 4: AI 시대의 직무 전환과 재교육
핵심 토론자: 앤드류 응, 김대식 교수
질문 1: 앤드류 응, 유발 하라리
질문 2: 김대식 교수, 일론 머스크
소주제 5: AI와 창의적 문제 해결 능력
핵심 토론자: 김대식 교수, 유발 하라리
질문 1: 김대식 교수, 일론 머스크

질문 2: 유발 하라리, 앤드류 응

진행 순서:
각 소주제 소개 (운아)
첫 번째 질문 제시 및 지정된 두 참가자의 답변
두 번째 질문 제시 및 지정된 두 참가자의 답변
핵심 토론자들의 추가 의견 (필요시)
다른 참가자들의 간단한 보충 의견 (선택적)
소주제 마무리 및 다음 주제로 전환 (운아)

이 계획에 따르면 각 참가자는 모든 소주제에 대해 최소 한 번씩은 의견을 제시하게 되며, 자신의 전문 분야에서는 더 깊이 있는 토론에 참여하게 됩니다. 운아님께서는 토론 흐름에 따라 필요시 추가 질문을 하거나 다른 참가자의 의견을 요청할 수 있습니다. 이 계획이 적절해 보이시나요?

5. 토론 시작

Q: 응 맘에 들어. 그럼 본격적인 토론회를 시작해보자.
안녕하세요? 토론회 진행을 맡은 운아입니다. 지금부터 토론회를 시작하겠습니다. 각자 나이순으로 한 분씩 자기소개 부탁드립니다. 토론회에 참가하게 된 각오도 덧붙여 해주세요.

A: 네, 운아님. 토론회를 시작하겠습니다. 참가자들의 소개를 나이순으로 진행하도록 하겠습니다.

유발 하라리:
안녕하세요, 유발 노아 하라리입니다. 1976년생으로 역사학자이자 작가입

니다. '사피엔스', '호모 데우스' 등의 저서를 통해 인류의 과거와 미래에 대해 탐구해 왔습니다. AI 시대의 생존 전략이라는 이 중요한 주제에 대해 역사적, 철학적 관점에서 의견을 나누고자 합니다. 우리가 직면한 도전과 기회를 깊이 있게 분석하고, 인류의 미래를 위한 통찰을 제공하고자 합니다.

일론 머스크:

일론 머스크입니다. 1971년생이며, 테슬라, SpaceX, 뉴럴링크 등의 기업을 이끌고 있습니다. AI의 잠재력과 위험성에 대해 항상 경각심을 가지고 있습니다. 이번 토론회를 통해 AI가 가져올 혁신적 변화와 그에 따른 도전 과제들에 대해 실질적이고 현실적인 관점을 공유하고자 합니다. 우리의 논의가 AI 시대를 슬기롭게 헤쳐 나갈 수 있는 구체적인 전략으로 이어지기를 희망합니다.

앤드류 응:

안녕하세요, 앤드류 응입니다. 1976년생으로, AI 연구자이자 교육자로 활동하고 있습니다. 구글 브레인, 바이두 등에서 일했고, Coursera를 공동 창립했습니다. AI 기술의 발전과 그 실용적 적용에 대해 깊이 고민해 왔습니다. 이번 토론회에서 AI 시대에 필요한 기술과 교육에 대한 실질적인 인사이트를 제공하고, 모두가 AI의 혜택을 누릴 방안을 논의하고 싶습니다.

김대식 교수:

안녕하세요, 김대식입니다. 1969년생으로 KAIST 전기 및 전자공학부 교수로 재직 중입니다. 뇌과학과 인공지능의 접점에서 연구를 진행해 왔습니다. 이번 토론회에서 AI 기술의 현재와 미래, 그리고 이것이 인간의 인지와 사회에 미칠 영향에 대해 과학적, 철학적 관점을 제시하고자 합니다. AI 시대를 맞아 우리가 어떻게 준비하고 대응해야 할지에 대한 깊이 있는 논의가 이루어지기를 기대합니다.

운아: 네, 감사합니다. 훌륭한 각오 말씀 감사드립니다. 이제 본격적인 토론을 시작하겠습니다. 첫 번째 주제는 'AI와 직업 시장의 변화'입니다. 앤드류 응 박사님, AI 기술이 직업 시장에 미치는 가장 큰 영향은 무엇이라고 생각하십니까?

Q: (운아) 앤드류 응 박사님 질문에 답변 부탁드립니다. 답변이 끝나면 바로 이어서 일론 머스크님의 답변도 부탁드립니다.

A:
앤드류 응:
AI 기술이 직업 시장에 미치는 가장 큰 영향은 자동화와 업무 효율성의 극대화라고 볼 수 있습니다. AI는 반복적이고 예측 가능한 작업을 인간보다 빠르고 정확하게 수행할 수 있어, 이러한 특성을 가진 직종들이 큰 변화를 겪게 될 것입니다.

그러나 이는 단순히 일자리의 감소만을 의미하지는 않습니다. AI는 새로운 형태의 직업을 창출하고, 기존 직업의 성격을 변화시킬 것입니다. 예를 들어, AI 시스템을 개발하고 관리하는 직종, AI와 협업하여 더 높은 수준의 의사결정을 하는 직종 등이 부상할 것입니다.

또한, AI는 개인화된 서비스와 제품을 가능하게 하여 새로운 시장과 비즈니스 모델을 창출할 것입니다. 이는 기업가 정신과 창의성이 더욱 중요해짐을 의미합니다.

결국, AI로 인한 직업 시장의 변화는 도전이자 기회입니다. 우리는 이러한 변화에 적응하고 이를 활용할 수 있는 능력을 키워야 합니다.

일론 머스크:
앤드류 박사의 의견에 동의하면서, 저는 AI가 직업 시장에 미치는 영향의 규모와 속도에 주목해야 한다고 봅니다. AI의 발전 속도는 우리의 예상을 뛰어넘고 있으며, 이는 직업 시장의 격변을 더욱 가속할 것입니다.

특히 주목해야 할 점은 AI가 단순 업무뿐만 아니라 고도의 전문성을 요구하는 영역까지 영향을 미치고 있다는 것입니다. 법률, 의료, 금융 등의 분야에서도 AI의 역할이 확대되고 있습니다. 이는 우리가 생각하는 '전문성'의 개념 자체를 재정의해야 할 수도 있음을 의미합니다.

또한, AI의 발전은 노동의 개념을 근본적으로 변화시킬 수 있습니다. 인간과 AI의 협업이 일반화되면서, 우리는 '인간만의 고유한 가치'가 무엇인지 더욱 깊이 고민해야 할 것입니다.

따라서, AI 시대의 직업 시장 변화에 대비하기 위해서는 지속적인 학습과 적응, 그리고 인간과 AI의 상호보완적 관계를 이해하고 활용하는 능력이 핵심이 될 것입니다.

Q: (윤아) 2번째 질문하겠습니다. 김대식 교수님과 유발 하라리님? AI로 인해 사라질 직업과 새롭게 생겨날 직업에는 어떤 것들이 있나요?

A:

김대식 교수:

AI로 인해 사라질 직업과 새롭게 생겨날 직업을 예측하는 것은 매우 중요한 주제입니다. 먼저, 사라질 가능성이 높은 직업들은 주로 반복적이고 규칙 기반의 작업을 수행하는 직종들입니다. 예를 들어:

1. 데이터 입력 및 처리 관련 직종
2. 단순 번역가
3. 기본적인 고객 서비스 담당자
4. 일부 회계 및 금융 분석 업무

반면, 새롭게 생겨날 직업들은 AI와 관련된 기술적 측면뿐만 아니라, AI와 인간의 상호작용을 다루는 분야에서도 나타날 것입니다.

1. AI 윤리 전문가
2. 인간-AI 협업 코디네이터
3. AI 시스템 감사관

4. 개인화된 AI 교육 설계자
5. AI 기반 건강관리 컨설턴트

중요한 점은, 많은 기존 직업이 AI와의 협업을 통해 변형될 것이라는 점입니다. 예를 들어, 의사들은 AI 진단 시스템을 활용하여 더 정확한 진단을 내리고, 교사들은 AI 기반 개인화 학습 도구를 사용하여 학생들을 지도할 것입니다.

따라서, 미래의 직업 시장에서 성공하기 위해서는 AI와 효과적으로 협업할 수 있는 능력, 그리고 AI가 아직 따라잡지 못한 창의성, 감성 지능, 복잡한 문제 해결 능력 등을 개발하는 것이 중요할 것입니다.

유발 하라리:
김대식 교수님의 의견에 동의하며, 저는 더 넓은 맥락에서 이 문제를 바라보고자 합니다. AI로 인한 직업의 변화는 단순히 기술적 변화가 아니라, 인류 역사상 가장 큰 사회경제적 변혁 중 하나가 될 것입니다.

사라질 직업의 경우, 이미 언급된 것들 외에도 다음과 같은 분야가 영향을 받을 것입니다:
1. 운전 관련 직종 (자율주행 기술의 발전으로)
2. 일부 법률 서비스 (AI 기반 법률 자문 시스템의 발전으로)
3. 금융 트레이더 (AI 알고리즘 트레이딩의 확대로)

새롭게 생겨날 직업으로는 다음과 같은 것들을 예상할 수 있습니다:
1. 가상 현실 설계자 및 경험 큐레이터
2. 개인 데이터 관리자
3. 인공 장기 디자이너
4. 기후 변화 해결사 (AI를 활용한 기후 모델링 및 대응 전략 수립)

그러나 더 중요한 것은, 우리가 '직업'이라는 개념 자체를 재정의해야 할 수도 있다는 점입니다. AI가 많은 일을 대신하게 되면, 인간의 노동 가치는 어떻게 정의될 것인가? 우리는 일의 의미와 목적을 새롭게 생각해야 할 것입니다.

또한, 이러한 변화는 사회 불평등을 심화시킬 위험이 있습니다. AI 기술을 소유하고 운영하는 소수와 그렇지 못한 다수 사이의 격차가 더욱 벌어질 수 있습니다. 따라서, 새로운 직업 세계에서의 공정한 기회 분배와 사회안전망 구축이 중요한 과제가 될 것입니다.

- 여기서 잠깐 -

CHAT GPT(4o)에게 나의 역할(토론 진행)을 맡게 했으며 오프라 윈프리 스타일로 진행을 요청했다. 질문에 답변하는 참가자들의 의견은 Claude(3.5 Sonnet)를 활용.

Q: (운아) 여러분, 이제 두 번째 소주제로 넘어가겠습니다. 소주제 2는 'AI 시대의 스킬 업그레이드'입니다. 이 주제에 대해 깊이 있는 논의를 위해 핵심 토론자로 앤드류 응 교수님과 김대식 교수님 준비해주세요.
먼저, 첫 번째 질문입니다. 'AI 시대에 직업 시장에서 경쟁력을 유지하는 데 필요한 주요 스킬은 무엇인가요?' 이 질문에 대해 앤드류 교수님, 먼저 답변해주시겠어요?

A:
앤드류 응:
네, 중요한 질문입니다. AI 시대에 경쟁력을 유지하는 데 필요한 주요 스킬은 다음과 같습니다.

1. 적응력과 지속적 학습 능력: AI 기술은 빠르게 발전하고 있어, 새로운 기술과 도구를 지속적으로 학습하고 적응하는 능력이 필수적입니다.

2. 비판적 사고와 복잡한 문제 해결 능력: AI가 데이터 처리와 분석을 담당하더라도, 그 결과를 해석하고 의미 있는 통찰을 얻는 것은 인간의 몫입니다.

3. 창의성과 혁신 능력: AI는 패턴을 인식하고 모방하는 데 뛰어나지만, 진정한 창의성과 혁신은 여전히 인간의 영역입니다.

4. 감성 지능과 대인 관계 기술: 공감, 협력, 리더십 등 인간관계에 필요한 기술은 AI가 대체하기 어려운 영역입니다.

5. 디지털 리터러시와 AI 이해도: AI 도구를 효과적으로 활용하고, AI 시스템의 기본 원리를 이해하는 능력이 중요합니다.

6. 학제간 지식: 다양한 분야의 지식을 통합하여 새로운 아이디어를 창출할 수 있는 능력이 중요해질 것입니다.

7. 윤리적 판단력: AI의 사용과 관련된 윤리적 문제를 이해하고 판단할 수 있는 능력이 필요합니다.

이러한 스킬들은 AI가 쉽게 대체할 수 없는 인간 고유의 능력에 초점을 맞추고 있습니다. 또한, 이는 단순히 기술적 능력뿐만 아니라 인간의 전인적 발전을 강조하는 것이기도 합니다. AI 시대에는 이러한 능력을 갖춘 인재가 더욱 가치 있게 평가받을 것입니다.

Q: (운아) 훌륭한 답변 감사합니다. 앤드류 교수님. 이제 일론 머스크님, 답변 부탁드립니다.

A:
일론 머스크:
앤드류 교수님의 의견에 동의하면서, 제 관점에서 몇 가지 추가하고 싶습니다.

1. 기술적 적응력: AI와 관련 기술은 매우 빠르게 진화하고 있습니다. 따라서 새로운 기술을 빠르게 습득하고 적용할 수 있는 능력이 핵심입니다. 특히 기계학습, 데이터 분석, 로보틱스 등의 분야에 대한 기본적인 이해는 필수가 될 것입니다.

2. 시스템 사고: AI는 복잡한 시스템의 일부분일 뿐입니다. 전체 시스템을 이해하고 최적화할 수 있는 능력이 중요해질 것입니다. 이는 Tesla의 자율주행 시스템이나 SpaceX의 로켓 시스템에서도 핵심적인 부분입니다.

3. 기업가 정신: AI가 많은 일을 자동화함에 따라, 새로운 비즈니스 모델을 창출하고 혁신을 주도할 수 있는 기업가적 마인드셋이 더욱 중요해질 것입니다.

4. 위험 관리와 의사결정 능력: AI 시스템은 많은 데이터를 제공하지만, 최종적인 의사결정은 여전히 인간의 몫입니다. 불확실성 속에서 결정을 내리고 위험을 관리하는 능력이 중요합니다.

5. 학제간 융합 능력: AI는 다양한 분야에 적용되고 있습니다. 따라서 자신의 전문 분야와 AI를 융합할 수 있는 능력이 경쟁력이 될 것입니다.

6. 미래 예측 능력: 기술의 발전 방향을 예측하고 그에 따른 사회적, 경제적 변화를 예측할 수 있는 능력이 중요합니다.

7. 강한 윤리의식: AI의 발전은 많은 윤리적 문제를 야기할 수 있습니다. 이러한 문제를 인식하고 올바른 결정을 내릴 수 있는 윤리 의식이 필요합니다.

결론적으로, AI 시대에는 기술적 능력과 인간 고유의 soft skill을 균형 있게 발전시키는 것이 핵심입니다. 또한, 변화에 대한 두려움보다는 이를 기회로 삼아 지속적으로 학습하고 발전하는 자세가 가장 중요한 경쟁력이 될 것입니다.

Q: (운아) 감사합니다. 일론 머스크님. 이제 두 번째 질문으로 넘어가겠습니다. '직장인들이 AI 시대에 적응하기 위해 어떤 종류의 교육과 훈련이 필요할까요?' 이 질문에 대해 김대식 교수님과 유발 하라리님께 답변을 부탁드리겠습니다.
김대식 교수님, 먼저 답변 부탁드립니다.

A:
김대식 교수:
네, 중요한 질문입니다. AI 시대에 직장인들이 적응하기 위해서는 다음과 같은 교육과 훈련이 필요할 것입니다.

1. AI 리터러시 교육: AI의 기본 원리, 가능성, 한계를 이해하는 것이 중요합니다. 이는 코딩을 배우는 것뿐만 아니라, AI 시스템의 의사결정 과정을 이해하고 해석할 수 있는 능력을 키우는 것을 포함합니다.

2. 데이터 분석 및 해석 능력 향상: 빅데이터와 AI가 제공하는 정보를 효과적으로 분석하고 해석할 수 있는 능력이 필요합니다. 기초 통계, 데이터 시각화 등의 교육이 포함될 수 있습니다.

3. 창의성 및 문제 해결 능력 훈련: AI가 대체하기 어려운 창의적 사고와 복잡한 문제 해결 능력을 키우는 교육이 중요합니다. 디자인 씽킹, 창의적 문제 해결 기법 등의 훈련이 도움이 될 수 있습니다.

4. 감성 지능 및 의사소통 능력 개발: 인간 대 인간의 상호작용이 더욱 중요해질 것입니다. 따라서 공감 능력, 리더십, 팀워크 등을 향상시키는 교육이 필요합니다.

5. 윤리적 판단력 훈련: AI 사용에 따른 윤리적 문제를 인식하고 해결할 수 있는 능력을 키우는 교육이 필요합니다.

6. 지속적 학습 능력 개발: 빠르게 변화하는 기술 환경에 적응하기 위해, 자기주도적 학습 능력을 키우는 교육이 중요합니다.

7. 융합적 사고 훈련: 다양한 분야의 지식을 통합하여 새로운 아이디어를 창출할 수 있는 능력을 키우는 교육이 필요합니다.

이러한 교육은 전통적인 강의식 교육뿐만 아니라, 실제 프로젝트 기반 학습, 온라인 교육, VR/AR을 활용한 시뮬레이션 교육 등 다양한 방식으로 제공될 수 있을 것입니다. 또한, 기업과 교육 기관, 정부가 협력하여 체계적인 재교육 시스템을 구축하는 것이 중요할 것입니다.

Q: (운아) 훌륭한 답변 감사합니다. 이제 유발 하라리님, 답변 부탁드립니다.

A:
유발 하라리:
김대식 교수님의 의견에 동의하며, 저는 좀 더 큰 그림에서 이 문제를 바라보고자 합니다.
메타 학습 능력 개발: AI 시대에는 특정 기술이나 지식보다는 '학습하는 방법을 학습하는 능력'이 더욱 중요해질 것입니다. 따라서 인지과학, 학습 심리학 등을 기반으로 한 효과적인 학습 방법에 대한 교육이 필요합니다.

1. 철학 및 윤리 교육: AI가 제기하는 복잡한 윤리적, 실존적 질문들을 다루기 위해서는 철학적 사고 능력이 필요합니다. 따라서 응용 윤리학, 기술 철학 등의 교육이 중요해질 것입니다.

2. 디지털 시민의식 교육: AI 시대에는 개인 정보, 데이터 권리, 알고리즘의 영향력 등에 대한 이해가 필수적입니다. 이를 위한 디지털 시민의식 교육이 필요합니다.

3. 심리적 회복력 훈련: 빠른 변화와 불확실성에 대처할 수 있는 심리적 회복력을 기르는 교육이 중요합니다. 마음챙김, 스트레스 관리 기법 등이 포함될 수 있습니다.

4. 인간 고유 능력 강화 교육: AI가 대체하기 어려운 인간 고유의 능력, 예를 들어 공감, 창의성, 직관 등을 강화하는 교육이 필요합니다.

5. 문화적 리터러시 교육: 글로벌화된 AI 시대에서는 다양한 문화를 이해하고 소통할 수 있는 능력이 중요합니다.

6. 신체와 정신 건강 관리 교육: AI 시대에도 인간의 웰빙은 여전히 중요합니다. 디지털 기기 사용과 관련된 건강 문제를 예방하고 관리하는 교육이 필요합니다.

이러한 교육은 단순히 직장에서의 성과를 위한 것이 아니라, AI 시대를 살아가는 인간으로서의 전인적 발전을 위한 것이어야 합니다. 또한, 이는 평생에 걸친 지속적인 과정이어야 하며, 형식적 교육과 비형식적 학습이 균형을 이루어야 합니다.

마지막으로, 우리는 AI 시대의 교육이 단순히 기존 시스템에 AI를 도입하는 것이 아니라, 교육의 본질과 목적에 대한 근본적인 재고찰을 요구한다는 점을 인식해야 합니다. 우리는 '왜 배우는가'라는 질문에 대한 새로운 답을 찾아야 할 것입니다.

Q: (운아): 두 분의 깊이 있는 답변 감사합니다. 이제 앤드류 응 교수님과 김대식 교수님께서 이 주제에 대해 추가 의견을 주시면 좋겠습니다.

A:
앤드류 응:

추가적으로 말씀드리면, AI 시대에는 협업 능력이 더욱 중요해질 것입니다. 다양한 분야의 전문가들이 함께 문제를 해결하는 능력을 키우는 것도 중요합니다.

김대식 교수:
맞습니다. 그리고 지속적인 학습을 통해 새로운 기술과 트렌드를 따라가는 것이 필수적입니다. AI는 빠르게 발전하고 있으므로, 항상 최신 정보를 업데이트하는 것이 중요합니다.

Q: (운아): 훌륭한 의견 감사합니다. 이제 다른 참가자분들께서 간단한 보충 의견을 주시면 좋겠습니다. 선택적으로 참여해주시면 됩니다.

A:
일론 머스크:
네, 저도 동의합니다. 특히, 실습 중심의 교육이 효과적일 것입니다. 이론보다는 실제 프로젝트를 통해 배우는 것이 더 큰 도움이 됩니다.

유발 하라리:
네, AI가 어떻게 사회에 영향을 미칠지에 대한 논의도 중요합니다. 이를 통해 직장인들이 더 큰 맥락에서 AI를 이해하고 활용할 수 있습니다.

Q: (운아): 감사합니다. 이렇게 해서 두 번째 소주제를 마무리하고, 다음 주제로 넘어가겠습니다. 시간 관계상 세 번째 질문은 일론 머스크님과 유발 하라리님께서 짧게 핵심만 간략하게 답변 부탁드립니다. 세 번째 주제는 'AI와 경제적 불평등'입니다. 질문은 AI의 도입이 경제적 불평등을 심화시킬 가능성이 있나요? 있다면 그 이유는 무엇인가요?

A:
일론 머스크:

네, AI는 경제적 불평등을 심화시킬 가능성이 높습니다. 주요 이유는:

1. 기술 격차: AI 기술을 보유한 기업과 개인이 더 큰 경제적 이익을 얻게 됩니다.

2. 일자리 양극화: 고숙련 일자리는 증가하지만, 저숙련 일자리는 감소할 것입니다.

3. 부의 집중: AI 기술을 통제하는 소수에게 부가 집중될 수 있습니다.

이를 방지하기 위해서는 보편적 기본소득, AI 교육의 대중화, 기술 규제 등의 정책이 필요할 것입니다.

Q: (운아): 감사합니다. 유발 하라리님, 간략히 답변 부탁드립니다.

A:
유발 하라리:
AI는 분명 경제적 불평등을 심화시킬 잠재력이 있습니다. 주요 이유는:

1. 데이터 독점: AI 발전의 핵심인 데이터가 소수에게 집중됩니다.

2. 의사결정 권력 이동: 중요한 경제적 결정이 AI 알고리즘에 의존하게 되면서, 이를 통제하는 집단의 영향력이 커집니다.

3. 글로벌 불균형: AI 기술 선진국과 후진국 간의 격차가 더 벌어질 수 있습니다.

4. 교육 기회의 불평등: AI 관련 교육에 대한 접근성 차이가 새로운 불평등을 만들 수 있습니다.

이를 해결하기 위해서는 글로벌 차원의 협력, 데이터 민주화, 보편적 AI 교육 등이 필요할 것입니다.

Q: (운아) 여러분, 이제 네 번째 소주제로 넘어가겠습니다. 'AI 시대의 직무 전환과 재교육'입니다. 이 주제는 AI 기술이 발전함에 따라 직장인들이 어떻게 적응하고, 필요한 기술과 재교육 프로그램을 어떻게 설계해야 하는지에 대해 논의할 것입니다.
먼저, 첫 번째 질문입니다. 'AI 기술이 발전함에 따라 직무 전환을 성공적으로 이루기 위해 직장인들이 반드시 습득해야 할 기술과 역량은 무엇인가요?' 이 질문에 대해 한 분만 답변의 기회를 드리겠습니다. 누가 하실까요?

A: 운아님, 이 중요한 질문에 대해 저는 앤드류 응 교수가 가장 적합한 답변자라고 생각합니다. 그의 AI 분야에서의 전문성과 교육에 대한 경험을 고려할 때, 직무 전환과 필요한 기술에 대해 실질적이고 통찰력 있는 답변을 제공할 수 있을 것 같습니다. 앤드류 응 교수에게 답변 기회를 드리는 것이 어떨까요?

Q: 자연스럽게 진짜 토론하듯이 답변해줘. 앤드류 응 교수님 다시 부탁드립니다.

A:
앤드류 응:
네, 좋은 지적이십니다. 직무 전환에 대해 말씀드리자면, 우선 데이터를 제대로 이해하고 해석하는 능력이 정말 중요해질 거예요. 우리가 매일 접하는 정보의 양이 어마어마하잖아요? 이 데이터를 어떻게 활용하느냐가 관건이 될 겁니다.

그리고 AI나 머신러닝에 대한 기본적인 이해도 필수죠. 전문가 수준까지는 아니더라도, 이 기술들이 어떻게 작동하는지 기본은 알아야 해요. 왜냐하면 앞으로 대부분의 직종에서 AI 툴을 사용하게 될 테니까요.

또 하나 강조하고 싶은 건 지속적으로 학습하는 자세예요. 기술이 너무 빨리 변하다 보니, 한 번 배운 걸로는 부족해요. 계속해서 새로운 것을 배우고 적용할 수 있는 능력이 중요합니다.
마지막으로, 윤리적인 판단력도 빼놓을 수 없어요. AI를 사용하면서 발생할 수 있는 윤리적 문제들을 인식하고 대처할 수 있어야 합니다.

결국, 이런 능력들을 키우는 게 단순히 직업을 유지하기 위한 것이 아니라, AI 시대에 더 가치 있는 일을 할 수 있게 해주는 열쇠가 될 거라고 봅니다.

Q: (운아) 여러분, 시간이 얼마 남지 않았습니다. 마지막 주제로 넘어가야 할 것 같습니다. 소주제 5는 'AI와 창의적 문제 해결 능력'입니다. 이 주제를 통해 AI가 직장 내에서 창의적 사고와 혁신을 촉진하는 데 어떻게 기여할 수 있을지 논의하겠습니다.
'AI가 직장 내에서 창의적 사고와 혁신을 촉진하는 데 어떻게 기여할 수 있을까?' 이 질문에 대해 네 분의 답변을 모두 듣고 마무리하겠습니다.

A:
유발 하라리:
AI는 우리의 창의성을 증폭시킬 수 있는 강력한 도구입니다. 먼저, AI는 방대한 양의 데이터를 분석하여 우리가 미처 보지 못한 패턴을 발견할 수 있어요. 이는 새로운 아이디어의 출발점이 될 수 있죠. 또한, AI는 반복적인 작업을 대신해줌으로써 우리가 더 창의적인 사고에 집중할 시간을 벌어줍니다. 다만, AI를 창의성의 대체재가 아닌 보완재로 활용하는 지혜가 필요할 것 같습니다.

일론 머스크:
저는 AI가 우리의 상상력을 자극하는 도구라고 봅니다. 예를 들어, 생성형

AI는 수많은 아이디어를 빠르게 제시할 수 있죠. 이를 통해 우리는 전에 생각해보지 못한 방향으로 사고를 확장할 수 있습니다. 또한, AI 시뮬레이션을 통해 아이디어를 빠르게 테스트해볼 수 있어 혁신의 속도를 높일 수 있습니다. 중요한 건 AI를 두려워하지 않고 적극적으로 활용하는 자세입니다.

앤드류 응:
AI는 우리의 창의적 과정을 보조하는 훌륭한 파트너가 될 수 있습니다. 예를 들어, AI 기반 브레인스토밍 도구는 다양한 관점을 제시하여 우리의 사고를 자극할 수 있죠. 또한, AI는 복잡한 문제를 더 작은 단위로 분해하여 우리가 체계적으로 접근할 수 있게 도와줍니다. 중요한 것은 AI와 인간의 강점을 결합하는 것입니다. AI의 데이터 처리 능력과 인간의 직관을 결합하면 놀라운 혁신이 가능할 것입니다.

김대식 교수:
AI는 우리의 인지적 한계를 극복하는 데 도움을 줄 수 있습니다. 우리 뇌는 때로 고정관념에 갇히곤 하는데, AI는 이러한 편향을 벗어나 새로운 관점을 제시할 수 있죠. 또한, AI는 다양한 분야의 지식을 통합하여 새로운 연결고리를 만들어낼 수 있습니다. 이는 학제간 혁신을 가능하게 합니다. 다만, AI에 너무 의존하지 않고 인간 고유의 창의성을 계속 발전시키는 것도 중요합니다.

6. 토론회 마무리

Q: (운아) 시간이 많이 흐른 관계로 질문을 다 드리지 못하고 말았네요. 진행이 매끄럽지 못한 점에 대해 깊은 사과를 드리며, 마지막으로 'AI 생존전략의 핵심역량은 이거다!'라는 간단한 구호로 각 참가자분의 생각을 부탁드리며 마치겠습니다.

A:

유발 하라리: 끊임없는 자기 혁신과 인간성의 재발견!

일론 머스크: 대담한 도전 정신과 기술 활용의 통찰력!

앤드류 응: 지속적 학습과 AI와의 협력적 공존!

김대식 교수: 창의적 사고와 윤리적 판단의 조화!

운아: 네, 감사합니다. 오늘 토론을 통해 AI 시대의 생존전략에 대한 다양하고 깊이 있는 통찰을 얻을 수 있었습니다. 각 참가자분의 전문성과 독특한 관점이 잘 드러난 유익한 시간이었습니다. 이것으로 'AI 시대 생존전략' 토론회를 마칩니다. 모든 참가자 여러분께 다시 한번 감사드립니다.

Epilogue

우리는 지금까지 AI 시대의 생존전략에 대해 깊이 있는 토론을 나누었다. 이 책에서 소개한 토론은 생성형 AI 도구를 활용하여 질문 설정부터 참가자 선별, 그리고 전체 진행 과정을 구성한 특별한 실험이었다. 앤드류 응, 일론 머스크, 유발 하라리, 김대식 교수 등 각 분야 전문가의 가상 대화를 통해 AI가 가져올 변화와 그에 대한 대응 방안을 논의했다.

김대식 교수님께 한 말씀 드리고 싶다. 교수님의 이름을 허락 없이 거론한 점, 너그러이 이해해 주시리라 믿으며 혹시 교수님께서 이 책을 읽게 되신다면, "어, 내가 모르는 사이에 이런 흥미진진한 토론에 참여했었나?" 하고 재미있게 봐주시길 바란다.

이 가상 토론 과정에서 상상력과 질문력이 AI 시대의 핵심 경쟁력임을 강조하고 싶었다. 적절한 질문을 던지고, 그 답을 상상해내는 능력이 AI와 협력하여 새로운 가치를 창출하는 데 필수적이라는 점을 강조하고 싶다.

또한, 우리는 AI를 단순한 도구가 아닌 협력자로 바라보는 시각의 전환이 필요함을 알게 되었다. AI와 인간이 각자의 강점을 살려 시너지를 낼 때, 우리는 더 나은 미래를 만들어갈 수 있을 것이다.

이 책을 읽는 여러분께 당부드리고 싶다. AI 시대의 변화를 두려워하지 말자. 대신 호기심과 열린 마음으로 새로운 가능성을 탐색하자. 학습하고 적응하다 보면 상상력과 질문력을 키워갈 수 있을 것이다. 이것이 AI 시대를 헤쳐 나갈 수 있는 가장 강력한 무기가 될 것이다.